해외건설총서 1
_ 시장개척 성공사례집

해외건설 도전이라 묻고 성공이라 답하다

해외건설

도전이라 묻고 성공이라 답하다

발간사

위기와 도전 그리고 극복 새로운 비상飛上을 꿈꾸며

최근 몇 년간 이어지고 있는 열악한 대외환경 여건으로 수주절벽에 서있는 우리 해외건설 업체들에게 지금은 그 어느 때 보다 위기 극복을 위한 불굴의 도전정신이 필요한 시기입니다. 하지만 다른 한편으로 보면 이러한 위기 상황은 새로운 생존전략과 체질개선을 통해 국면을 전환시킬 수 있는 절호의 기회로 볼 수도 있습니다.

침체의 늪을 벗어나기 위한 돌파구를 마련하기 위해서는 기존 진출시장에서의 역량 강화뿐만 아니라 미개척 시장으로 기업들의 활동 무대를 다변화해야 하겠습니다. 이러한 관점에서 초기 단계 사업 정보 선점과 후속 수주효과 창출을 위해 정부가 지원하는 '해외건설 시장개척 지원사업'은 매우 유용한 제도입니다.

'해외건설 시장개척 지원사업'은 사업타당성조사, 현지 수주교섭, 발주처 초청 등에 소요되는 비용 중 일부를 정부가 지원함으로써 진출 실적이 적고 위험부담이 큰 국가에 신규로 진출하려는 건설업체에게 마중물 역할을 하고 있습니다. 특히 자금력, 정보력 등 진출 기반이 취약하여 해외진출에 애로를 겪고 있는 중소기업은 이 제도를 활용함으로써 해외 경험 부족으로 인한 리스크를 완화하는 한편, 초기에 과다하게 발생하는 매몰 비용에 대한 부담도 덜고 있습니다. 금년에는 우리 기업에게 해외건설의 불모지나 다름없는 벨라루스에 진출할 수 있는 발판을 마련하기도 하였습니다.

이번에 해외건설 시장개척 수주성공 사례집 '도전이라 묻고, 성공이라 답하다'를 발간하여 이러한 성공의 기억들을 공유 및 전파하고자 합니다. 이를 통해 업계의 사기를 진작하고, 다가올 미래에 대한 비전을 제시함과 동시에 일반 국민을 대상으로 해외진출에 대한 생생한 경험을 홍보하여 우리 건설인들에 대한 인식을 제고하게 된 것을 매우 기쁘게 생각합니다.

이 사례집은 건설분야의 다양한 사례를 기획, 보도 및 편찬한 경험이 있는 건설경제신문사의 전문성을 바탕으로 스토리텔링 방식에 따라 편찬되었습니다. 2개 파트로 구성된 사례집의 1부는 해외진출 과정에서 겪게 되는 기업 담당자들의 내면적인 갈등과 논란의 해소, 현지의 생소한 문화 및 관행으로 인한 시행착오와 극복과정, 진출기업의 변화와 적응 등이 각각의 일화에 녹아 있습니다. 2부는 지난 1965년 해외에 첫발을 디딘 이후 세계 건설시장 곳곳에 새겨진 한국건설의 발자취와 건설인들의 땀과 열정이 배어 있습니다.

모쪼록 인터뷰를 통해 모아진 소중한 경험들이 국가 대항전 양상의 수주경쟁에서 우위를 확보하기 위한 정부의 정책 수립과 기업들의 사업추진 방향 설정에 이정표 역할을 하게 되기를 바랍니다.

해외건설협회도 고부가가치 신사업 분야 진출에 대한 업계 수요를 반영한 다양한 지원제도 발굴과, 지원 예산 확대를 위해 혼신의 노력을 다할 것을 약속드립니다. 끝으로 집필에 참여하신 건설경제신문사 전문기자단과 인터뷰에 적극적으로 협조해주신 기업 임직원 여러분들의 노고에 마음 속 깊이 감사드립니다.

2017년 12월

해외건설협회 회장 **박 기 풍**

추천사

우리의 인프라 개발 역량이 세계인의 삶의 질 높이는 초석이 되길!

해외건설 시장개척 성공사례집 '도전이라 묻고, 성공이라 답하다'의 발간을 진심으로 축하합니다.

그동안 우리 기업들은 세계 곳곳에 새로운 길을 만들고 랜드마크를 건설해왔으며, 이는 우리 경제가 성장하고 위기를 넘어서는 주춧돌이 되어주었습니다. 이제 해외건설은 누적 수주액이 7천억 불을 돌파할 만큼 눈부신 성장을 이뤘습니다. 그러나 저유가가 지속되고 글로벌 경기 침체가 이어지면서 발주물량이 감소하고 있습니다. 중국과 일본 등 경쟁국들도 공격적으로 해외건설 사업에 진출하고 있습니다. 지금 우리 해외 건설은 그 어느 때보다도 어려운 상황에 처해있습니다.

정부는 이러한 상황을 타개하고자 해외건설 기업들과 많은 노력을 기울이고 있습니다. 글로벌 인프라 협력 컨퍼런스(GICC)와 같은 발주처 초청 사업과 함께 수주 지원단 파견을 지속적으로 진행하고 있습니다. 이를 통해 우리 기업의 해외 진출을 돕고 세계의 발주기관, 다자개발은행 간의 신뢰와 협력을 증진시켜 가고 있습니다.

또한 지원 사업과 실제 수주 연계가 확대될 수 있도록 후속 지원을 강화하고 있습니다. 중점 지원 국가를 선정하고 전략적 참여가 필요한 프로젝트에 대해서는 현지에서 발주처를 만나 수주를 지원하고 있습니다.

사업 초기 선점 및 후속 수주 효과 창출을 위한 타당성조사 지원 사업에 대해서는 대외경제협력기금(EDCF) 지원도 진행하고 있습니다. 외교적인 지원 역시 범정부적 차원에서 추진 중입니다. 특히, 북미, 유럽 등 선진 시장과 중동 지역의 스마트시티, 신재생에너지, 지능형 교통 시스템(ITS) 등 신산업 분야에 진출할 경우 우선적으로 지원할 것입니다.

우리의 이러한 노력들이 계속될 때 최근 터키에서 완공한 '보스포러스 제3대교', '유라시아 해저터널'과 같은 대형 프로젝트를 수주하고 사업을 성공적으로 이끌 수 있을 것입니다.

본 사례집은 이러한 노력들과 함께 대한민국의 인프라 개발 역량을 유감없이 국제무대에서 보여주는데 기여하고자 만들어졌습니다.

'도전이라 묻고, 성공이라 답하다' 책자 속에는 '해외건설 시장개척 지원 사업'을 통해 우리 기업이 해외시장에서 수주에 성공한 10건의 우수 사례를 담고 있습니다. 이들 기업의 생생한 경험이 해외시장 진출을 도모하는 건설업계에 좋은 길라잡이가 되길 바랍니다. 아울러 유관 기관에서도 지원 방안을 마련하는데 의미 있는 시사점을 얻을 수 있기를 희망합니다.

작은 샘물들이 모여 시내를 이루고 강물을 거쳐 바다로 흐르듯, 우리 중소기업들이 해외 인프라 시장 개척의 선봉이 되어 더욱 많은 고부가가치 프로젝트를 수주하고 일자리를 창출하기를 간절히 기원합니다.

2017년 12월

국토교통부 장관 **김 현 미**

목 차

해외건설

도전이라 묻고 성공이라 답하다

목 차

2부 해외건설 50년 파노라마

'無에서 有' 위대한 신화… '덕수'가 있었다

01

1부_ 시장개척 성공사례

'도전과 성공'…
그들에겐 □ 있었다

'낯선 땅' 캄보디아 황무지에 씨앗을 심다

'도전의 연속' 살라타온댐 사업

시추

"이상하다 왜 아무리 파도 돌이 없지"

캄보디아 바탐방주 상케강변에서 요란한 소리를 내면서 작동하는 시추 기계 옆에 모인 유신 직원들의 표정이 굳어졌다. 시추 기계가 땅속으로 한참을 내려간 것 같은데 나오는 것은 계속 흙이다. 단단한 암반을 기다리는 사람들은 초초해지기 시작했다.

이미 시추공은 30m를 훌쩍 넘게 땅속으로 들어간 상태였다. 어디까지 파야 하는 건지 불안감이 엄습했다. 암반이 발견되지 않는 것 자체가 낭패지만 그렇다고 너무 깊은 곳에 암반층이 발견되더라도 의미가 없다.

어느덧 시추공이 땅속 60m 아래로 내려갔지만 나오는 것은 여전히 흙이다. 결국 시추가 중단된다. 끝내 암반을 찾지 못했다. 시추공을 다른 곳으로 옮겼다. 하지만 여기도 마찬가지다. 그렇게 뚫은 구멍이 4개. 이곳은 암반층이 없는 지형이었다. 유신 직원들이 상케강변에서 암반을 찾는 이유는 이곳이 살라타온댐 건설 부지이기 때문이다.

통상 댐 구조물을 설치하려면 단단한 암석지대가 있어야 한다. 암반에 지지대를 설치해야 수압이나 침식 등 여러 외부 요인들로부터 댐이 안전하게 유지될 수 있어서다. 상케강변에 시추공을 뚫어 지질을 조사하는 이유도 어느 지점에 구조물을 설치하는 것이 가장 안전한지 알아내기 위해서다. 하지만 댐 건설에 꼭 필요한 암반이

01. 살라타온댐 연결수로 현장조사 중 인 김규태 유신 부사장(오른쪽).

02. 살라타온댐 위치도.

이곳에는 없다.

국내와 완전히 다른 댐 설계 환경 앞에 유신 직원들은 눈앞이 깜깜해졌다. 나중에 안 사실이지만 캄보디아는 돌 자체가 매우 귀한 나라였다. 골재 반출량을 엄격하게 통제할 정도로 암석이 흔치 않다. 그러니 애초에 암반을 기대한 것부터 우물에서 숭늉 찾는 격이었다. 현지 사정에 너무나 어두웠다. 암반을 찾을 수 없다는 것이 확인된 이상 다른 방법은 없다. 흙 위에 거대한 콘크리트 구조물을 설치할 수 있는 방법을 찾아야 했다. 유신 직원들이 현장을 처음 찾아 눈으로 확인한 것 외에도 곳곳에 난관이 도사리고 있었다.

우려

"이거 잘못하면 완전히 덤터기 쓰겠는데"

캄보디아에서 댐 사업을 하겠다고 나섰을 때부터 어느

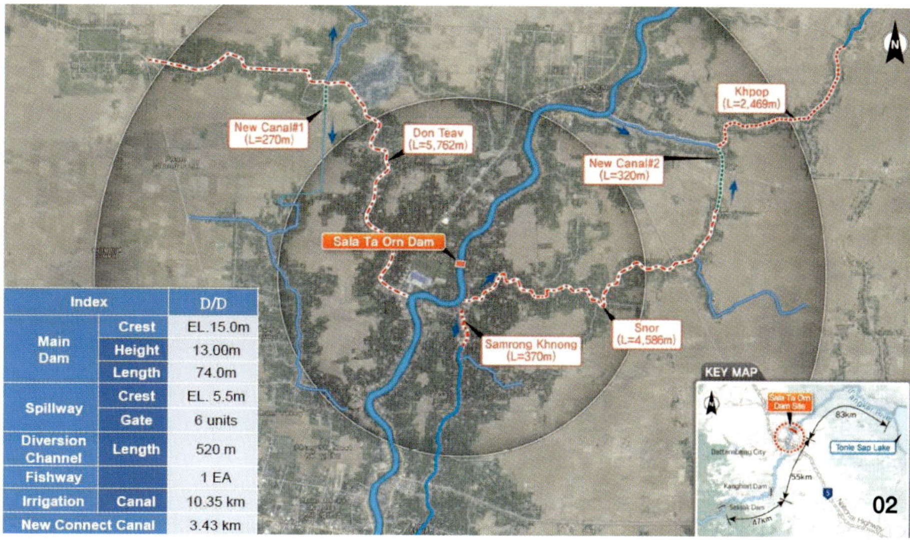

Index		D/D
Main Dam	Crest	EL.15.0m
	Height	13.00m
	Length	74.0m
Spillway	Crest	EL. 5.5m
	Gate	6 units
Diversion Channel	Length	520 m
Fishway		1 EA
Irrigation	Canal	10.35 km
New Connect Canal		3.43 km

정도의 어려움은 예상했다. 한국에서 비행기로 6시간 가까이 날아가야 하는 낯선 국가 동남아시아에서 일이 술술 잘 진행되면 그게 이상한 일이다. 사업 참여를 결정하고 한걸음에 달려온 당시 강종수 유신 사장도 어느 정도 어려움은 각오한 상태였다. 생각보다 현실은 더 힘들었다.

강종수 사장이 처음 본 상케강 주변은 대충 봐도 댐을 건설하기 만만치 않은 환경이었다. 캄보디아의 강은 그냥 보면 평온함 그 자체였다. 아열대성 기후에서 자라는 식물들로 가득한 강 주변은 이국적 풍경을 자아내지만, 자세히 보면 온통 사업에 걸림돌이 될 암초투성이다. 캄보디아의 강은 큰 골짜기를 따라 굽이굽이 흐르는 우리나라 강과는 근본적으로 달랐다. 캄보디아 지형은 평평한 평원과 비슷하다. 구릉과 산지로 둘러싸여 지표면의 고도차가 큰 우리나라의 모습은 어디서도 찾아볼 수 없었다. 고도차가 없는 곳일수록 강이 범람하면 피해는 크다. 강 사장의 머릿속에도 이런 생각이 스쳐 지나갔다.

실제 강에서 얼마 떨어지지 않은 곳에는 바탐방시가 있다. 시가지 담벽 곳곳에는 물이 찬 흔적이 남아 있었다. 강이 범람하면 강물은 시가지까지 밀려오는 것이다. 자칫 공사 중에 강이 범람해 주민들이 피해를 입는다면 설계한 유신도 책임 소재에서 자유로울 수 없다.

캄보디아의 강은 비가 오지 않아도 주변 환경에 따라 쉽게 범람한다. 인근 지역의 호수나 메콩강 등 대형 강 수위에 영향을 많이 받아서다. 인근 국가인 태국에서 폭우가 내려 메콩강 수위가 올라가면 비가 전혀 오지 않은 캄보디아에서 강 범람으로 침수 피해가 날 정도다. 자칫 강 수위가 올라가는 시기와 댐 건설 시기가 맞물린다면, 그래서 강이 범람하고 바탐방시가 물에 잠긴다면 이는 대형 참사다.

침식 문제도 생각해야 한다. 캄보디아는 국내와 지반 조건이 완전히 다를 가능성이 크다. 지질 조건을 면밀하게 검토하지 않고 구조물을 올린다면 구조물 주변에 침식이 생겨 자칫 구조물이 붕괴될 수도 있다. 눈에 밟히는 게 하나둘이 아니었다. 하지만 이미 사업 참여는 결정된 것, 이제는 해결책을 찾을 때다.

결정

"기회는 왔을 때 잡아야 합니다"

유신 입장에서 캄보디아 살라타온댐 사업 참여 결정은 아직 가보지 않은 길로 들어서는 일이었다. 살라타온댐은 유신이 사업성을 검토해 발주처인 캄보디아 정부에 제안하는 개발형 사업이다. 누가 만들어온 사업에 참여하는 것이 아니라 하나부터 열까지 유신이 직접 만들면서 나가야 하는 일이다.

유신은 살라타온댐 사업 이전에 수자원 분야에서 이런 방식의 해외 개발사업에 나선 경험도 없다. 수자원 분야의 해외 첫 개발사업이 바로 이번 사업이다.

내부 임원회의에서는 격론이 오갔다. 우선 사업비를 먼저 투자해야 하는 사업인데 회수 방안이 불투명했다. 설령 투자금 회수가 가능하다고 하더라도 시간이 너무 오래 걸릴 게 불을 보듯 뻔했다. 기회비용을 고려한다면 분명 매력적이지 않은 점이 더 많았다.

기본적인 계획은 자체적으로 사업 타당성조사(F/S)를 해 경제성 평가를 하고 그 효과를 토대로 캄보디아 정부를 설득해 대외경제협력기금(EDCF) 지원을 받아 사업을 추진한다는 것이다. 그 과정에서 유신이 설계와 감리 용역을 따내는 게 목표다. 직접 발굴한 사업이니 사업화만 된다면 수주 가능성은 클 것이다. 하지만 이를 실행에 옮기기에는 너무나 많은 변수가 있었다.

타당성조사 비용은 생각하지 않더라도 실제 사업화까지 넘어야 할 산이 너무 많았다. 캄보디아 정부가 사업 제안을 받아들이지 않으면 기껏 투자한 초기 비용은 그대로 날아간다. 계획대로 된다고 하더라도 유신이 사업에 참여할 수 있다는 보장도 없다. 캄보디아 정부가 사업화를 결정하는 것이 곧 유신이 프로젝트를 수주하는 것은 아니기 때문이다. 경쟁입찰을 거쳐야 하고 그동안 시간과 비용은 계속 생긴다. EDCF가 지원을 안 할 수도 있다. 그러면 사업화는 물 건너간다.

무엇보다 캄보디아라는 낯선 나라에 경험이 없었다. 유신이 캄보디아와 첫 인연을 맺은 것은 이번 사업을 발굴하기 불과 1년여 전이다. 한국국제협력단(코이카) 프로젝트에 참여하면서 캄보디아를 경험한 것이 전부였다. 그나마 코이카 사업은 사업 규모가 작아 큰 사업을 하기에 충분한 경험을 했다고 보기도 어려웠다.

경영진이 사업의 실효성을 의심한 것은 어쩌면 지극히 당연한 일이었다. 어려움이 뻔히 보이는 사업에 참여를 결정한 이유는 당시 현지에 나가 있던 김규태 유신 부사장의 자신감이었다.

김규태 부사장은 2008년 캄보디아 정부 관계자로부터 살라타온 댐 건설 계획을 알게 된다. 김 부사장의 가장 큰 무기는 정부 관계자와의 돈독한 신뢰관계였다. 김규태 부사장은 캄보디아 정부의 사업 추진 의지와 프로젝트 추진 여건 등 사업 관련 정보를 끊임없이 본사로 보냈다.

특히 이번 사업은 캄보디아에서 유신의 위치를 설정할 수 있는 좋은 기회라는 점을 끊임없이 부각시켰다. 마지막이 아니라 시작이 될 수 있다는 주장이었다. 기회는 왔을 때 잡아야 한다는 설명도 덧붙였다. 경영진의 장고는 그리 오래가지 않았다. 결론은 도전이었다.

기회

"유신이 이걸 해주실 수 있겠어요?"

유신이 살라타온댐 사업을 접한 것은 약간의 운도 작용했다. 농업이 주요 산업인 캄보디아는 전통적으로 물관리가 중요했다. 넓은 평야 지대를 보유하고 있고 따뜻한 아열대 기후인 캄보디아는 농업에 최적의 조건을 갖추고 있다.

실제 캄보디아 인구의 70% 이상은 농업에 종사하고 있다. 하지만 물관리는 그리 효율적이지 못해 매년 홍수와 가뭄으로 재산피해는 물론 인명 손실까지 나는 일이 반복적으로 일어났다. 체계적인 물관리는 농업국가인 캄보디아 입장에서는 시급하게 해결해야 할 과제였다. 하지만 기술력과 자금이 부족한 캄보디아 정부는 해결 방안을 쉽게 찾지 못하고 있었다.

살라타온댐 사업이 위치한 바탐방 주도 사정은 비슷했다. 캄보디아 북서부에 위치한 바탐방주는 캄보디아의 다른 지역과 같이 전형적인 농업 지역이다.

기후도 건기와 우기가 뚜렷한 전형적인 동남아시아 기후였다. 하지만 이 지역은 관개시설이 부족해 건기에는 농업용수를 구하지 못해 농사를 거의 못 짓고 있었다. 물만 확보할 수 있으면 농업 생산성은 2배로 높아질 수 있는 것이다.

홍수 피해도 심각했다. 강 하류에 있는 톤레샵 호수의 영향으로 반복적으로 물난리가 났다. 톤레샵 호수의 수위가 올라가면 강 수위도 같이 높아져 딱히 비가 오지 않더라도 홍수가 났다.

캄보디아 정부가 이 지역에 댐 건설과 관개수로 정비를 통해 홍수 피해 예방은 물론 안정적인 농업 용수 공급을 원하는 것은 어쩌면 당연한 일이다.

이때 캄보디아 정부의 시야에 들어온 회사가 유신이었다. 캄보디아 정부는 기본적으로 우리나라 기업에 우호적이었다. 일본과 중국에 비해 자금력이 부족하다는 인식이 있지만 기술력 만큼은 선진국 수준이라고 보고 있었다. 특히 성실하고 꼼꼼한 사업 진행에 높은 신뢰감을 가지고 있었다. 자국에서 인력과 자재를 모두 가져와 캄보디아에 아무런 경제적 파급 효과를 남기지 않는 중국보다는 가능하면 한국에 일을 주고 싶어 했다.

이런 시기에 유신은 국제협력단(코이카)이 캄보디아에서 추진하던 바테이 홍수조절사업에 참여하고 있었다. 절묘한 만남이었다. 캄보디아 정부는 바테이 사업을 성공으로 이끈 유신에 깊은 호감을 가지고 있었다.

실제 바테이 사업을 진두지휘한 김규태 부사장은 이후 캄보디아 정부로부터 훈장까지 받았다. 유신의 사업 능력을 확인한 캄보디아 정부는 유신에 여러 사업을 제안했고, 살라타온댐은 그 가운데 하나였다. 유신은 살라타온댐 사업을 주목했다.

타당성 평가의 시작

"최대한 예산을 줄여봐"

사업 참여 결정은 길고긴 전투의 시작에 불과했다. 일단 비용 확보 문제에 부딪혔다. 늘 그렇듯 불확실성은 경영진의 마음을 얼어붙게 만든다. 처음 시도하는 수자원 분야 해외 개발사업에 경영진이 쉽게 자금 투입을 허락할 리 없었다.

다만, 얼마라도 회사의 부담을 줄일 수 있는 방안이 필요했다. 실무진 논의 과정에서 해외건설 시장개척자금을 활용하자는 이야기가 나왔다.

생각보다 지원 결정은 쉽게 나왔다. 시장개척자금을 받을 때 가장 중요한 부분이 발주처의 의지다. 발주처가 어느 정도 사업 성사를 위한 의지가 있느냐에 따라 지원 여부가 판가름난다. 발주처와의 두터운 신뢰 관계를 토대로 사업에 착수한 유신 입장에서는 지원 대상에 포함되는 것이 어쩌면 당연한 일이었는지도 모른다.

2009년 1월, 시장개척지원을 위한 협약 체결을 했다.

실제 시장개척자금 지원이 결정되면서 사전 타당성조사에도 속도가 붙었다. 조사 비용의 절반 수준까지 시장개척자금이 지원이 되기 때문에 지금까지 눈으로만 확인하던 내용을 실제 장비를 동원해 정밀조사할 수 있게 됐기 때문이다.

하지만 시장개척자금 확보는 또 다른 싸움의 시작에 불과했다. 그럼에도 나머지 반 정도의 비용은 회사에서 내야 했다.

당시 실무진들은 살라타온댐 사업의 사업화 가능성을 높게 봤다. EDCF 지원을 이끌어 내기에 매우 적당한 조건을 가지고 있다고 생각했기 때문이다. 당시 EDCF가 지원할 수 있는 사업은 규모가 200억~300억원 정도였다. 살라타온댐 건설은 이 정도 조건에 충분히 부합했다. 홍수 저감과 농업 용수 확보 등의 경제성 파급 효과도 원조사업 취지에 딱 들어맞았다.

특히 시장개척자금이 가뭄의 단비였다. 조사 비용의 절반 정도를 외부에서 조달할 수 있다는 것 자체도 큰 무기가 됐다. 그리고 마침내 타당성 평가를 위한 현지 조사가 시작됐다.

03. 측량조사 중인 유신 직원과
캄보디아 현지 업체 직원들.

난관

"여기에 물을 막아도 되나"

타당성 조사에 나선 유신 직원들이 고개를 갸웃거렸다. 사업 착수 결정 이후 현장 조사만 세 차례다. 그만큼 확인하고 점검해야 할 점이 많았다. 가장 큰 의심은 과연 이곳에 댐을 건설한다고 해서 댐으로써의 역할을 할 수 있을까 하는 점이었다. 댐은 비가 많이 올 때 물을 가두거나 적절하게 물을 빼내 홍수를 예방하고, 비가 오지 않을 때 물을 공급하는 역할을 해야 한다. 하지만 상케강은 거의 평지에서 흐르기 때문에 유속도 느리고 물을 가뒀다가 방류한다고 해서 우리나라 댐처럼 방류 효과가 나타날지 의문이었다. 비가 안 오더라도 메콩강의 수위에 따라 상케강의 수위가 영향을 받는 조건도 댐을 운영하기에는 부적절해 보였다.

무엇보다 걸림돌은 지형이었다. 이곳 지형은 지질조사

에서 확인했듯 암반이 없이 흙이 단단히 다져진 퇴적토 지형이다. 그 결과, 물이 흐르면서 끊임없이 침식작용이 일어난다. 이 때문에 상케강의 하천 사면 모습도 계속 바뀌고 있었다. 침식 우려가 큰 지역에 대형 구조물을 설치하면서 안정성을 확보하는 만만치 않은 일을 해내야 한다.

시장개척자금을 받아 진행한 세부적인 조사도 만만치 않았다. 우선 현지 업체에 대한 정보가 너무 없었다. 캄보디아 경험 자체가 없어 생긴 시행착오였다. 현지 정부의 도움을 받아 그나마 믿을 만한 업체를 추천받았지만 이 역시 기대 이하였다. 기술 수준 차이가 심각했다. 조사 역량이 떨어지다 보니 실제 설계에 활용할 수 있는 유의미한 조사 결과가 나오지 않았다. 현지 측량 업체도 말썽이었다. 투입 시기도 늦고 조사 기간도 국내보다 훨씬 길었다. 현지 기상 등 언뜻 납득하기 어려운 핑계를 대고 현장에서 철수하기도 했다. 항의하면 되돌아오는 건 비용 문제였다.

우여곡절 끝에 마무리한 조사는 걱정만 남겼다. 우선 암반층 문제의 해결책을 찾는 것이 시급했다. 암석이 없으면 아무래도 구조물이 잘 버티지 못할 것이라는 점은 상식에 가깝다. 그나마 다행인 점은, 조사 결과 흙의 밀도가 매우 단단하다는 것을 확인했다는 점이다. 60m를 내려가도 암반은 나오지 않았지만 10~20m 이후의 흙은 매우 단단했다. 수십억 년 동안 다져지고 다져진 결과로 보였다. 관건은 댐 구조물을 과연 견딜 수 있을지 하는 점이었다. 총 4곳의 지질을 조사한 결과 다행히 구조물을 견디는 데는 충분하다는 결론을 얻었다.

유신은 2009년 2월 캄보디아 발주처와 사업 관련 양해각서(MOU)를 체결했다. 그리고 같은 해 12월 발주처에 댐 설계 방안과 사업 효과 등의 내용을 담은 타당성조사 보고서를 제출했다.

시간과의 싸움

"발주 계획은 언제 나오는 거야"

사업 타당성조사를 완료했지만 이제 유신이 할 수 있는 일은 많지 않았다. 애초 이 사업이 캄보디아 정부 자금이 아니라 EDCF 자금으로 사업을 현실화하는 구조였기 때문이다. EDCF 지원은 개별 기업이 다룰 수 있는 영역이 아니다. EDCF 자금 지원

은 정부 간 차관 공여 사업이다. 계약의 주체는 캄보디아 정부와 우리나라 정부다. 캄보디아 정부가 EDCF 지원 사업을 우리나라에 신청하고 EDCF 자금을 집행하는 한국수출입은행과 논의해서 최종 지원 여부가 결정되는 형태다. 최종 EDCF 지원 대상에 살라타온댐 사업이 빠지면 그동안 유신이 들인 공은 헛수고가 된다.

다행히 살라타온댐은 EDCF 지원 대상에 포함됐다. 하지만 시간과의 싸움은 그때부터가 시작이었다. EDCF 지원 대상 심사에서부터 입찰까지 얼마의 시간이 더 필요한지 알 수 없었다. 많은 EDCF 사업이 도중에 사라졌다. 개발도상국가의 프로젝트는 사업 좌초의 위험이 늘 따라다닌다. 태국 물관리 사업도 우리나라 컨소시엄이 우선협상대상자로 선정됐지만 정권이 바뀌면서 결국 물거품이 됐다. 이런 사례는 무수히 많다.

사업 장기화와 이로 인한 투자금 회수 지연 문제는 유신이 사업 참여를 결정할 때 어느 정도 각오한 일이었다. 하지만 실제 기다림의 고통은 생각보다 컸다. 무엇보다 불

04. 실시설계 최종 보고회를 진행하는 유신 직원들.

05. 가배수로 방식의 살라타온댐 설계 공법. 본 댐 앞뒤로 보조 댐을 세워 물을 막고 임시 수로를 만들어 강물을 우회시키는 것이 핵심이다.

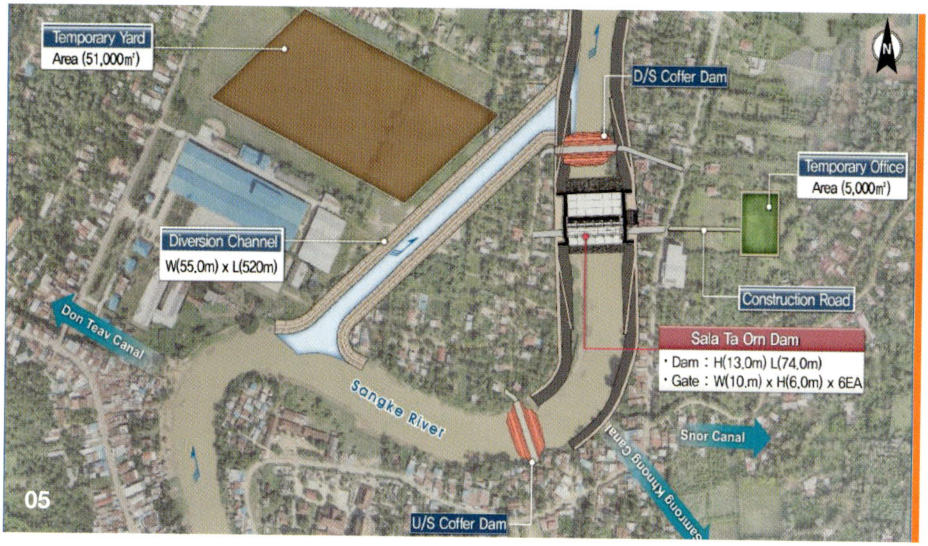

확실성이라는 그림자가 좀처럼 떨어지지 않았다. EDCF 사업은 공개 경쟁 입찰이 기본이다. 이 사업이라고 예외일 수 없다. 유신이 우여곡절 끝에 마련해 발주처에 낸 타당성보고서도 모두에게 공개된다. 사업 제안자가 수주 가능성이 높은 것은 어느 정도 사실이지만 그렇다고 꼭 수주로 연결되는 것은 아니다.

유신도 최대한 수주 가능성을 높여야 했다. 유신은 입찰 과정에서 사업 파트너로 한국수자원공사를 끌어들였다. 유신이 부족한 실적 점수를 보완할 목적이었다. 만에 하나의 불확실한 가능성을 없애는 것이 유신이 할 수 있는 유일한 작업이었다.

길고 긴 기다림 끝에 2015년 1월 살라타온댐의 설계와 감리가 발주됐다. 처음 사업 정보를 입수한 지 7년, 드디어 성과를 낼 기회가 찾아왔다.

수정 또 수정

"이렇게는 안 되겠는데"

유신이 처음 살라타온댐을 설계할 때 핵심적인 공법은 부분체절이었다. 강 폭이 10m라고 가정했을 때 5m 길이의 댐 구조물을 우선 설치하고 나머지 5m 길이의 구조물을 나중에 설치해 전체 댐을 완성하는 방식이다.

부분체절 공법은 흐르는 강에서 절반만 물을 막고 공사를 진행하기 때문에 비교적 효율적인 공사가 가능했다. 다소 짧은 시간에 타당성 검토를 끝내야 했던 조건을 고려하면 나쁘지 않은 선택이었다. 하지만 실제 설계 입찰을 준비하는 과정에서 실무진의 생각은 달라졌다. 사업을 좀 더 깊이 파고들자 지금까지 보이지 않던 문제가 눈앞에 나타나기 시작했다.

이 사업에 부분체절 공법을 사용할 때 가장 우려되는 부분은 강의 범람이다. 상케강은 주변 대형 강이나 호수의 수위 변동에 영향을 받아 쉽게 범람할 우려가 있다는 것은 이미 초기 조사 때부터 밝혀진 내용이다.

이런 조건에서 강의 절반을 막아 강물이 제대로 흐르지 않을 경우 자칫 강 수위가 급격하게 높아질 수 있다. 공사 도중 강이 범람해 바탐방 시가지에 침수 피해라도 생기는 최악의 상황이 나올 수 있다.

유신은 과감하게 초기에 검토한 공법을 버렸다. 고심 끝에 새로 적용하기로 한 공법은 가배수로 방식이다. 가배수로 공법은 댐 구조물을 설치할 곳의 상류와 하류에 보조 댐을 세워 공사 지역의 물을 차단하는 방식이다. 대신 물길을 다른 곳으로 돌려 유수의 흐름을 방해하지 않는 방식이다. 임시로 배수로를 만들기 때문에 '가배수로 공법'이라고 불린다.

가배수로 공법은 부분체절과 비교하면 보조 댐 건설이나 임시 배수시설 설치 등 다소 복잡한 건설 과정을 거쳐야 한다. 하지만 기존 공법대로는 공사에 차질이 생길 위험이 너무 높아 변경은 불가피한 판단이었다.

댐 구조물 설계도 만만치 않은 작업이었다. 암반이 전혀 없는 지형 탓이었다. 흙은 언제나 침식의 우려가 있기 때문에 댐 구조물 역시 주변 지질의 침식 작용에 잘 견딜 수 있도록 해야 한다.

댐 구조물 양 옆에 날개 모양의 돌기가 들어간 것도 이 때문이다. 사각형 모양의 댐 구조물을 놓아 물을 막는 방식이 아니라 강변 양쪽 지형에 구조물을 깊숙이 끼워 넣는 방식을 쓴 것이다. 댐 하부 설계에도 신경을 많이 썼다. 암반이 없기 때문에 단단한 지질층이 나올 때까지 깊이 파낸 다음 기초 공사를 하고 파일까지 박아 침식 등에도 댐 구조물이 안전하게 버틸 수 있도록 했다.

2015년 10월 유신은 살라타온댐의 설계와 감리 사업을 수주했다. 해외 수자원 관련 개발사업을 한번 해보자고 결정한 지 8년 만의 결실이었다.

또 다른 시작

"살라타온댐도 했는데 이것도 부탁합니다"

2012년 캄보디아 정부의 제안은 급작스러웠다. 캄보디아 정부가 살라타온댐 사업에 대한 EDCF 지원을 신청하기는 했지만 아직 아무런 결론이 나지 않은 상태였다. 아직 설계 입찰도 완료되지 않았다. 그런 시기에 캄보디아 정부가 유신에 다른 유사한 댐 사업을 제안한 것이다.

캄보디아 정부가 유신에 추가적인 댐 사업 개발을 제안한 것은 시소폰강의 반테민체이 사업이었다. 시소폰강의 댐 건설 목적은 살라타온댐과 같았다. 홍수 피해를 막고 농업용수를 공급하려는 목적이다. 이곳도 홍수 피해가 잦은 곳이다. 태국과 인접한 곳에 있다보니 메콩강의 영향을 직접적으로 받았다. 태국보다 캄보디아의 지대가 낮아 메콩강에 홍수가 나면 캄보디아 측의 피해가 훨씬 컸다. 태국에 비가 많이 내리면 비가 전혀 오지 않은 캄보디아는 그야말로 마른하늘에 물난리를 겪게 된다.

캄보디아 정부의 반테민체이 사업 의지는 매우 강했다. 여기에는 캄보디아 수자원기상국 장관의 고향 지역이라는 점도 작용했다. 단지 '아니면 말고' 식으로 유신에 사업을 제안한 것이 아니라 반드시 성사시켜야 할 사업의 파트너로 유신을 선택한 셈이었다. 이미 살라타온댐으로 예방주사를 맞은 유신은 마다할 이유가 없었다. 사업 추진은 신속하게 진행됐다. 절차는 살라타온댐과 거의 같았다.

이번에도 해외건설 시장개척자금의 도움을 받아 타당성조사에 나섰다. 지질조사에서 이번에도 암반은 나오지 않았다. 이미 이를 예상한 유신은 더 이상 당황하지 않았다. 유신이 타당성조사를 끝내자 캄보디아 정부는 우리나라에 EDCF 지원을 요청했다. 예전과 달라진 것도 있었다. EDCF 자금을 관리하는 한국수출입은행은 반테민체이 사업의 타당성조사를 새로 실시하기로 하고 공개 입찰을 진행했다. 유신의 타당성조사와는 별개로 사업성을 새로 따지기로 한 것이다. 하지만 이미 캄보디아에서 잔뼈가 굵은 유신은 문제될 것이 없었다. 반테민체이 사업의 타당성조사 용역은 유신의 몫이었다.

살라타온댐 입찰에 유신이 수자원공사와 함께 팀을 꾸리던 것이 인연이 돼 이번에는 수자원공사가 주도해온 다운트리댐 프로젝트 역시 유신이 함께 할 수 있게 되었

06. 유신이 설계한 살라타온댐 조감도. 2018년 공사가 시작된다.

다. 이 모든 것의 시작은 살라타온댐이었다. 만약 살라타온댐의 기회를 놓쳤더라면 유신은 거머쥐지 못했을 일들이다.

인고의 열매

"10년이 넘겠네요"

살라타온댐은 아직 공사에 들어가지 못했다. 설계와 감리 용역을 수주한 유신도 감리 업무가 남아 있다. 살라타온댐은 2018년이면 착공될 계획이다. 공사기간은 27개월 정도 소요될 것으로 본다. 공사는 2020년 넘어 끝날 것이다. 그때가 되면 유신도 살라타온댐 프로젝트에서 철수하게 된다. 사업 발굴에서 철수까지 무려 10년이 넘는 시간이 걸린다.

살라타온댐은 수익적인 측면에서 접근했다면 결코 해서는 안 될 사업이었는지도 모른다. 시장개척자금 등 제도적 지원도 받았지만 실제 투입된 자금이나 기회비용 등을 고려하면 적지 않은 수업료를 지불한 사업이다. 그러나 살라타온댐이 뿌린 씨앗들이 어느덧 싹을 틔우고 있다.

| 권해석기자

유신과 캄보디아의 유산

살라타온댐 사업지에 남아 있는 인공구조물 모습. 프랑스 식민지 시절 건설된 보와 수로의 흔적이다.

유신이 처음으로 수자원 분야의 개발사업에 성공한 캄보디아 살라타온댐 건설 지역은 과거 보가 있었던 지역이다. 지금도 살라타온댐 사업 지역 주변에서는 사람이 건설한 인공구조물의 흔적이 곳곳에 남아 있다. 건기가 돼 강 수위가 내려가면 보 형태의 구조물이 모습을 드러낸다. 이런 인공 구조물은 100여년의 역사를 가지고 있다. 캄보디아가 프랑스 식민지 시기에 만들어진 것들이다. 오랜 기간 프랑스 식민지였던 캄보디아는 아직도 곳곳에 식민지 당시 모습을 간직하고 있다. 1864년 프랑스 보호령으로 편입한 캄보디아는 제2차 세계대전으로 일본의 지배를 받기 시작한 1940년까지 80년이 넘는 기간을 프랑스 영향력 아래 있었다.

이 시기에 문화나 건축 등 여러 방면에서 프랑스의 흔적이 스며들었다. 특히 철도나 수로 시설 등 사회 인프라 시설이 많이 건설됐다. 캄보디아의 기반 시설이 이때 한 단계 도약했다는 평가도 있다.

하지만 캄보디아는 과거의 유산을 현재까지 이어오지 못했다. 1970년대 '킬링필드'라 불리는 내전을 겪으면서 캄보디아 국가 경제는 수십 년을 후퇴했다는 평가를 받는다. 무려 20여 년간 지속된 내전 속에서 캄보디아의 인프라 시설은 하나둘씩 파괴됐다.

수자원 시설 인프라도 마찬가지 운명이었다. 남아 있는 수자원 시설도 운영과 관리기술 부족 등으로 제대로 기능을 발휘하지 못했다. 인구의 70% 이상이 농업에 종사하는 농업국가인 캄보디아 입장에서는 수자원 개발과 관리가 국가의 최우선 정책 과제 가운데 하나일 수밖에 없다.

유신이 캄보디아에 첫발을 내딛은 바테이 사업이나 살라타온댐 건설 모두 이런 흐름 속에 추진된 사업이다. 한국국제협력단(코이카)의 무상원조사업으로 진행된 바테이 홍수조절 사업은 바테이 지역 20개 마을 5000여 가구 이상의 주민이 혜택을 받게 됐다. 농업용수가 안정적으로 공급되면서 연간 3모작까지 가능해져 농업생산성도 크게 높아지게 됐다. 살라타온댐 역시 건설이 끝나 운영에 들어서면서 비슷한 효과를 낼 것으로 기대된다. 특히 살라타온댐은 100여 년 전 건설된 캄보디아의 수리 시설을 한국의 기술로 재건한다는 의미까지 더해지게 됐다.

해외건설 성공사례 | 평화엔지니어링

후발주자의 반란 승산 없던 게임을 뒤집다

파란만장한 미얀마 진출기

지난 2016년 2월, 평화엔지니어링 본사에는 '은둔의 나라', '황금의 나라', '파고다의 나라'로 불리는 미얀마에서 공문 한 통이 날아왔다.

이 공문을 애타게 기다리는 평화엔지니어링 임직원은 단 1명도 없었다. 심지어 미얀마에서 평화엔지니어링에 왜 공문을 보내왔는지, 공문을 잘못 보낸 게 아닌지 의심하는 직원도 있었다.

그도 그럴 것이 평화엔지니어링이 성공적으로 깃발을 꽂은 국가를 표시해놓은 세계지도에 미얀마는 눈을 씻고 찾아봐도 보이지 않았기 때문이다. 그토록 존재감 없는 미얀마에서 도착한 공문에는 '미얀마 아인두(Eindu)~까까레익(Kawkareik) 도로 감리사업'의 제안서 평가 결과, 평화엔지니어링 컨소시엄이 1위를 차지했다는 내용이 들어 있었다.

"와! 우리가 미얀마 도로 감리사업에서 1등을 했답니다!"

공문을 받아든 한 직원의 외침에 그제서야 5개월 전에 직접 이 사업의 제안서를 작성해 제출한 기억이 정성훈 평화엔지니어링 이사의 머릿속을 스쳐갔다.

"맞다! 미얀마 사업! 그게 됐구나! 그게 됐어!"

정 이사는 캄보디아와 에티오피아에서 추진 중인 사업의 제안서를 준비하던 중 까맣게 잊고 있던 미얀마 사업의 깜짝 수주 소식에 주먹을 불끈 쥐며 말했다.

평화엔지니어링이 대표사 자격으로 미얀마 시장에 첫 발을 내딛게 되는 순간이었다.

01. 아인두~까까레익 도로 감리사업 과업구간

그게 되겠어?

평화엔지니어링의 '파란만장' 미얀마 진출기는 2015년으로 거슬러 올라간다.

"혹시 우리와 아인두~까까레익 도로 감리사업에 참여해 보지 않으시겠습니까?"

뜻밖의 제안이었다.

한국도로공사 미얀마 지사가 먼저 평화엔지니어링에 손을 내밀었다. 도로공사는 2014년부터 미얀마 양곤에 지사를 내고 영업활동을 벌여오던 터였다. 국내 여러 엔지니어링 업체들과 도로 설계 및 감리 사업에 도전장을 내밀었지만 이렇다 할 성과를 거두지 못했다.

그러던 중 평화엔지니어링이 MDB(다자개발은행) 도로사업 실적이 풍부한데다 제안서 작성 능력이 우수하다는 입소문을 듣고는 아인두~까까레익 도로 감리사업의 공동참여를 제안한 것이다. 평화엔지니어링도 당초 이 사업에 참여하기 위해 설계를 수행한 호주의 수멕(SMEC)을 접촉했다. 하지만 스멕은 이미 컨소시엄 구성을 완료한 탓에 평화엔지니어링이 끼어들 만한 틈이 전혀 없었다.

현실적으로 수주가 어렵다고 보고 접으려던 차에 도로공사가 내민 손을 거절할 이유가 없었던 것이다.

"설계를 맡은 스멕이 절대적으로 유리하긴 하지만 신뢰도가 높은 도로공사와 공동으로 추진하면 승산이 없진 않겠군."

이렇게 평화엔지니어링은 도로공사를 파트너로 컨소시엄을 구성했지만 앞날은 그리 밝지 않았다. 이미 내로라하는 경쟁사들이 호화로운 진용을 갖추고 감리권을 노리고 있었기 때문이다.

아인두~까까레익 도로 감리사업의 입찰요청서를 받은 곳만 무려 6곳. 일본의 한 엔지니어링 기업은 네팔 업체와 손을 잡았고, 스웨덴과 스위스 엔지니어링 기업은 각각 덴마크 · 미얀마, 베트남 · 미얀마 업체와 공동전선을 구축했다. 인도 엔지니어링 기업은 자신만만하게 단독으로 참여했고, 평화엔지니어링이 아닌 국내 다른 엔지니어링 기업 1곳도 미얀마 현지 업체와 컨소시엄을 구성해 입찰에 참여했다.

특히 굵직한 미얀마 현지 업체들을 파트너로 잡은 곳들이 평화엔지니어링에 비해 한발 앞서 있다는 평가가 나왔다.

평화엔지니어링은 미얀마에서 기반이 부족한 데다 현지 업체와 컨소시엄 구성도 늦어지면서 경쟁사들 눈에는 수주권에서 사실상 배제됐다고 해도 과언이 아니었다.

'지금에서야 뛰어든 너희들이 되겠어? 다른 사업이나 알아보시지'라는 조롱 섞인 분위기마저 감지될 정도였다.

역시 만만치 않네

수주 경쟁을 둘러싼 분위기가 이렇다보니 현장 답사에도 의지가 있을 리 만무했다. 애초 평화엔지니어링은 수주 가능성이 희박하다고 보고 현장 답사에 별 관심을 보이지 않았다. 사실 안 가도 그만이라는 생각이 컸다.

실적에 목말랐던 도로공사가 적극적으로 요청하지 않았다면 현장 답사에 나서지 않았을지도 모른다.

"한국 본사에서 현장 답사를 위해 출장을 옵니다. 근데 대표사에서 나오지 않으면 출장 승인도 받기 어려워요. 제발 현장 한번 둘러봅시다."

도로공사의 간곡한 부탁에 정성훈 평화엔지니어링 이사는 일단 바쁜 일은 제쳐두고 현장 답사를 다녀오기로 했다. 현장 답사 일정은 2015년 10월 18일부터 23일까지 6일간으로 결정됐다.

미얀마는 사전에 비자를 받아야 하기 때문에 비자 신청부터 서둘렀다. 그러나 시스템에 계속 오류가 발생하면서 처음부터 일이 꼬이기 시작했다. 느낌이 좋지 않았다.

"미얀마가 우릴 반겨주지 않는구먼."

결국 비자 신청에 실패하고 도로공사의 도움으로 겨우 비자를 받아 정 이사는 미얀마 땅에 입성하는 데 성공했다. 미얀마 양곤 시내에 있는 호텔에 짐을 풀고는 다음날 아침 일찍 사업 현장인 아인두로 향했다.

양곤에서 서남쪽으로 300km를 이동해야 했다. 서쪽으로 넘어가기 위해 국도 1호선 대신 8차로 도로가 있는 양곤 만달레이 고속도로를 이용해 파야이 지역이 있는 북쪽으로 올라갔다.

도로는 넓고 차량은 적었지만 도로의 유지관리 상태는 그다지 좋지 않았고, 선형설계가 제대로 되지 않아 긴 직선 구간 사이에 아주 짧은 곡선 구간이 간혹 섞여 있는 탓에 사고위험이 높은 지점이 중간중간 눈에 띄었다.

편경사가 제대로 시공되지 않아서 곡선 구간에서 속도 낼 경우 원심력을 이기지 못해 차량이 도로 밖으로 튕겨나는 사고가 자주 발생하는 악명 높은 구간이었다.

"아인두~까까레익 구간도 마찬가지겠지."

과업구간인 아인두~까까레익 구간은 이곳보다 사정이 더 나쁘면 나빴지 결코 좋지 않을 게 분명한 만큼 걱정이 앞섰다.

"아~지겨워. 300km 이동하는데 벌써 6시간이 훌쩍 넘었네."

양곤에서 출발한 지 거의 7시간 가까이 흘러 지칠 대로 지칠 무렵 아인두에 닿았다. 본격적인 현장 답사를 앞두고 아인두로 이동하면서 느끼던 불길한 예감이 현실이 되는 데는 얼마 걸리지 않았다. 현장 여건이 그만큼 열악했기 때문이다.

전체 67km의 과업구간은 시점부터 40km에 위치한 기양 교량을 분기점으로 1공구

02. 양곤 만달레이 고속도로 톨게이트.

03. 아인두~까까레익 도로 과업구간 시점.

와 2공구로 구분됐다.

시점에서 5km 정도 구간까지 비교적 무난한 선형의 도로구간을 지나자 곳곳에 구불구불한 도로가 나타났고, 포장층의 높이가 주변 지반보다 높지 않아 군데군데 길어깨가 파손되거나 도로폭이 좁은 곳이 적지 않았다.

약 1.2km 연장의 기양교량을 제외하고는 도로구간 전체의 교량은 소규모 박스교량이나 RC 거더교량과 같은 콘크리트 교량이 대부분이었다. 포장상태는 굵은 골재에 역청재료를 혼합해 포설하는 DBST 방식을 주로 사용했는데, 우리나라에서는 포장 최상부인 표층보다는 그 하부에 있는 기층재료에 가까웠다.

주행성과 평탄성은 떨어지지만 가격이 상대적으로 저렴해 저개발국가에서 주로 쓰이는 포장방식이었다.

고품질 아스팔트를 사용하는 우리나라에 견줄 건 아니지만 다행인지 불행인지 1공구의 도로는 건설부 산하 유지관리 사무소에서 꾸준히 보수해 포장파손이나 포트홀

04. 기양교량.

05. 소규모 박스교량.

06. 길어깨 측정.

등은 많지 않았다.

여느 저개발국가의 지방도로들가 그렇듯 'ROW(Right of Way)'라 불리는 도로폭원도 일정치 않고 차선도색도 제대로 돼 있지 않아 아시안 하이웨이(Asian Highway) 2등급 규격에는 턱없이 부족한 도로였다. 길어깨와 포장파손이 종종 눈에 띄었고, 이런 것 때문에 차량주행에 필요한 도로폭원이나 주행속도 확보가 어려웠다.

2공구 지역은 태국 국경지역인 미야와디(Myawaddy) 지역으로 가까워지면서 양국 국경을 넘나드는 물류트럭이 증가한 탓에 교통량이 증가하는 모습을 보였다. 과업종점인 까까레익에서 미야와디까지는 태국에서 들어오는 공산품 물류 수송을 위해 건설해놓은 2차선 도로가 운행 중이었다. 양 방향 2차로인 아시안 하이웨이 2등급 규격에 부합하는 아스팔트 포장 도로였고 개통된 지 얼마 되지 않아 도로상태가 상대적으로 양호했다.

"구간별로 다르지만 1공구, 2공구 모두 개량 작업이 녹록지 않겠어."

평화엔지니어링과 도로공사 직원들은 한 목소리로 중얼거렸다. 현장답사를 마치고 돌아오는 길은 해가 저물어 어

두웠는데, 태국에서 밀려 들어오는 물류트럭으로 도로는 거의 마비상태였다.

도로 사정이 열악하고 폭원이 제대로 확보되지 않다보니 대형차와의 교행을 위해서는 길어깨 밖 비포장길까지 차량을 빼 운전해야 할 정도였다. 그때 갑자기 조수석에 탄 일행이 소리쳤다.

"으악! 버스예요! 스톱!"

평화엔지니어링 일행은 운전석이 오른쪽에 설치된 일본 차량을 이용했다. 그런데 오른쪽 통행도로에서 왼쪽 조수석에 앉은 사람이 맞은편 차량이 안 보일 때 신호를 주는 방식으로 저속 대형차들을 추월하다가 한번은 마주 오는 버스를 미처 발견하지 못해 정면 충돌할 뻔한 아찔한 순간을 겪기도 했다. 지금 생각해도 가슴을 쓸어내릴 수밖에 없는 장면이었다.

그래도 해보자

"도로공사가 현지에서 신뢰를 많이 쌓았지만 부족한 제안서 작성 능력에 번번이 발목이 잡혔단 말이지. 제안서를 제대로 쓸 줄 아는 우리가 힘을 보태면 경쟁사들의 코를 납작하게 만들지 말란 법도 없어."

가지도 않을 뻔한 현장 답사는 정 이사의 승부욕에 불을 지폈다.

처음에는 회의감이 들거나 수주 가능성이 낮아 보이는 사업도 한번 발을 들이고 현장 답사라도 다녀오면 욕심이 나기 마련이다.

07

07. 교행이 어려운 구간.

08. 발주기관 면담.

정 이사가 딱 그랬다. 현장 답사에서 그동안 도로공사에서 현지 사업 수주를 위해 많은 공을 들여온데다 제안서 작성 등 평화엔지니어링의 강점이 접목되면 시너지 효과를 내 수주 못 할 것도 없다는 공감대가 컨소시엄 구성원들 사이에서 형성됐다. 정 이사 일행은 이런 의지를 행동으로 즉시 옮겼다.

현장 답사 직후 미얀마 국토부 산하 사업관리팀을 방문해 담당자들과 면담을 가졌다. 면담에서 미얀마 측은 아인두~까까레익 도로는 오는 2022년까지 미얀마와 태국 간 5배 이상 급증하는 물류를 담당하게 될 아시안 하이웨이 중심축으로 개량공사가 시급하고, 태국 도로보다 고품질의 도로를 건설해 국가의 자존심을 지키는 게 중요하다고 강조했다.

이런 설명을 들은 정 이사는 결정적인 팁을 선물했다. 정 이사는 국경지대를 오가는 대형 물류차량이 상당히 많은 만큼 기존 통행량을 효과적으로 처리하는 공사 중 교통

처리계획과 안전관리가 가장 중요하다고 설명했다.

그는 호주의 스멕(SMEC)이 수행한 실시설계도면을 잠깐 훑어봤다. 도면에는 공사 중 교통처리계획도 없고 구조물의 도면이 표준도로 대체돼 있어 실시설계도면이라기보다는 타당성조사 수준의 개략설계도면에 가까웠다.

현장 답사 당시 시공사 선정입찰이 진행 중이었는데, 중국건설사가 끼어 있는 것도 걱정거리였다. 중국건설사들의 시공품질이 높지 않고 자재나 장비 등을 시방서 사양에 따르지 않는 경우가 비일비재해 해외에서 공사감리를 하는 데 애를 먹는 경우가 많기 때문이었다.

정 이사는 발주처에 이런 우려를 전달했고, 되도록 가격보다는 품질 면에서 담보할 수 있는 시공사가 선정되는 것이 성공적 사업 수행을 위해서는 도움이 될 것 같다는 의견을 전달했다. 결국 가격경쟁력을 갖춘 중국건설사가 시공권을 확보했지만 품질을 최우선으로 하는 정 이사의 철학이 발주처에 강한 인상을 남겼을 게 분명했다.

현지 협력업체 선정도 정 이사가 풀어야 할 어려운 숙제였다. 정 이사가 현지 협력업체를 찾아나섰을 때는 이미 한발 늦어도 한참 늦었을 시점이다.

이미 경쟁사들이 유력한 현지 협력업체들을 선점한 이후였다. 가뜩이나 미얀마에서 제대로 된 협력업체의 풀(Pool)이 거의 없는 상황에서 정 이사는 일단 두드려봤다.

09. 현지 협력업체 면담.
10. 계약협상.

먼저 규모가 가장 큰 선택(Suntac)을 찾아갔지만 이미 다른 회사 2곳과 컨소시엄을 구성하기로 약속했다는 답변을 들었다. 대부분의 동남아 국가들은 현지 인력이 부족한 탓에 하도급 계약일 경우 한 업체가 여러 컨소시엄과 제휴하는 것을 허용하고 있는데, 선택은 이들 2곳 중 1곳이 수주할 것으로 믿고 있는 눈치였다.

'너희는 이미 늦었어.'

선택 직원의 표정에 이렇게 써 있었다.

정 이사는 경쟁력을 갖춘 현지 협력업체의 도움이 절실했지만 곧 현실과 타협하기로 했다. 선택 카드를 서둘러 내려놓고 다른 카드 물색에 들어갔다. '톱 엔지니어링(TOP Engineering)'과 'CRDCC'라는 현지 업체가 후보군으로 떠올랐다. 2곳 모두 미얀마 국토부 출신 관료들이 은퇴하고 세운 작은 업체였다.

정 이사는 상대적으로 인건비 부담이 적은 CRDCC 인력들로 현지 인력을 구성하며 현지 협력업체 섭외를 끝마쳤다. 이제 공은 오롯이 정 이사에게로 넘어왔다. 제안서 작성만을 남겨두고 있었기 때문이다.

"이제 슬슬 시작해볼까?"

정 이사는 본사로 돌아와 현장답사기를 정리하고 현지

에서 구상한 내용들을 반영해 제안서 원고를 작성하기 시작했다. 미얀마 발주처가 아직 경험이 부족해 제안요청서도 아시아개발은행(ADB)의 표준양식을 따라서인지 그리 어렵지 않았다.

정 이사는 외국 기술자의 단장 자격요건을 국제컨설팅엔지니어링연맹(FIDIC) 계약을 기본으로 한 사업 경험을 20년 이상 요구하는 등 까다로운 입찰조건을 맞추기 위해 미국인 프리랜서를 전면에 내세워 팀을 꾸렸다.

단장과 부단장을 제외한 외국 인력들로 진용을 갖추면서 운영상 어려움이 적지 않을 것으로 예상했지만 일단 수주를 위해선 운영 리스크를 감수할 수밖에 없었다.

정 이사는 혼자 본사에 남아 야근하면서 제안서 줄기를 만들고 직원들과 함께 인력투입 일정, 사업추진계획 등 제안서에 들어갈 서류들을 준비했다. 밤잠을 제대로 자지 않고 제안서 작성에 몰두한 덕에 제안서 작성을 마감일 전에 마칠 수 있었고, 최종 검토를 거쳐 제안서를 출력하고선 현지에서 직접 제출했다.

해냈다, 해냈어

"이제 하늘의 뜻으로 지켜보는 수밖에…."

정 이사는 내로라하는 경쟁사들을 제치고 과연 미얀마 아인두~까까레익 도로 감리사업을 따낼 수 있을지 확신이 서지 않았다.

이 사업의 제안서 제출 이후 제안서 평가가 한참 지연된데다 캄보디아와 에티오피아 사업 준비로 눈코 뜰 새 없이 바쁘기도 했지만, 정 이사가 이 사업을 까맣게 잊고 지낸 것은 이런 이유에서였다.

예상 밖의 성과를 거둔 기쁨도 잠시, 정 이사는 계약협상에 돌입했다. 계약협상 일정에 맞춰 미얀마 현지로 날아가 이틀간 계약협상에 참여했다. 계약협상 진행은 ADB에서 파견된 필리핀인 컨설턴트가 맡았는데, 이 컨설턴트는 평화엔지니어링의 제안서에 엄지를 치켜세웠다.

"공정하게 평가한 결과, 평화엔지니어링의 제안서가 가장 우수해 1등을 한 것입니다."

ADB 컨설턴트의 호평에 힘입어 정 이사는 자부심을 갖고 계약협상에 임했고, 협상

이 순조롭게 마무리되면서 한국으로 돌아왔다.

계약협상 이후 과업을 시작하기까지는 별다른 어려움이 없을 것으로 봤지만 시공사 선정이 예기치 못한 장애물로 떠올랐다. 중국건설사가 예정가격의 60%에 투찰하는 바람에 미얀마 발주처 내에서도 상당한 진통이 뒤따랐다. 하지만 여느 공사가 그렇듯 사전자격심사를 통과한 후에는 가격이 중요한 낙찰 기준인 만큼 가격 메리트를 거부하기는 어려웠을 게 분명했다.

결국 중국건설사가 시공권을 따냈고, 시공계약협상에 평화엔지니어링이 참여했다. 시공계약협상 기간에 평화엔지니어링은 감리 작업의 조기 착수를 요청했고, 발주처는 ADB의 권고를 받아들여 평화엔지니어링의 조기 투입을 승인하며 본격적인 과업의 막이 올랐다.

평화엔지니어링이 알제리 시장에 진출하기 위한 과정도 미얀마 진출기를 꼭 빼닮았다. 여기선 도로공사의 역할을 국토교통부의 '해외건설시장개척 지원사업'이 맡았다.

알제리 고원지대 고속도로형 도시우회도로 기본계획 및

11. 계약식.
12. 계약식 서명.

상세기본설계 수주전에서 평화엔지니어링은 해외건설시장개척 지원사업의 든든한 지원을 등에 업고 차별화된 수주전략을 마련했다. 그 결과 경동엔지니어링, 삼안과 함께 알제리 시장에 첫발을 내디뎠다.

| 박경남기자

수주 성공 키워드 '민관 파트너십'

흔히 민관협력이라고 하면 PPP(Public-Private Partnership)를 떠올린다. PPP는 민간이 리스크를 떠안고 도로 · 철도 등 공공 인프라를 건설, 운영하면서 수익을 내는 방식이다. 민간은 짧게는 20년, 길게는 50년간 운영에 따른 수익은 물론 배당금까지 챙길 수 있어 단순 시공을 뛰어넘는 고부가가치 사업구조로 평가된다.

평화엔지니어링과 한국도로공사의 경우 건설과 운영 등이 연계된 전형적인 PPP는 아니다. 그러나 민관이 파트너십을 맺고 해외에서 거둔 성공사례로 평가할 만하다. 그도 그럴 것이 민관이 서로 부족한 점을 메워가며 감리권을 따냈기 때문이다.

도로공사는 미얀마 시장을 블루오션으로 보고 일찌감치 지사를 만들어 영업활동을 벌여왔다. 공공기관이라는 높은 신뢰도를 기반으로 미얀마 시장 공략에 나선 것이다.

실제 국내 엔지니어링 기업들과 공조체제를 구축하며 미얀마 시장에 수차례 도전장을 던졌다. 하지만 손에 쥔 결과물은 전무했다. 도로공사는 민간 파트너의 다자개발은행(MDB) 사업 경험 부족과 제안서 작성 역량 부족을 결정적인 패착이라고 판단했다.

이 부분에서 경쟁력을 가진 평화엔지니어링에 손을 내민 것도 이 때문이다.

평화엔지니어링의 풍부한 실적과 경험 · 노하우를 활용하는 게 수주에 한발 다가서는 길이라고 본 것이다. 평화엔지니어링 입장에서도 도로공사와의 파트너십 구축을 마다할 이유가 없었다. 미얀마 시장에서 평화엔지니어링은 후발주자에 불과했다. 일본, 스웨덴, 스위스 등 선진국들은 다양한 MDB 사업 실적을 기반으로 미얀마 시장에 이미 뿌리를 내린 상태였다.

반면 평화엔지니어링은 현지 협력업체를 구하기도 힘든 네임밸류를 가진 있었던 게 현실이었다. 뛰어난 제안서 작성 능력을 갖고 있었지만 그것만으로 진입장벽이 높은 미얀마 시장을 뚫기에는 한계가 분명했다. 그러나 도로공사와 평화엔지니어링이 파트너십을 구축하자 분위기는 뒤바뀌었다.

도로공사의 높은 신뢰도와 영업기반, 평화엔지니어링의 우수한 제안서 작성 능력이 한데 모이자 시너지 효과가 나타나기 시작했다.

미얀마 아인두~까까레익 도로 감리사업에서 평화엔지니어링과 도로공사 컨소시엄이 웃을 수 있었던 것은 민관 파트너십이 있기에 가능했다.

인터뷰
interview

정성훈 평화엔지니어링 이사

"민관이 손을 잡고 같이 뛴 성공모델이다"

대표사 자격으로 평화엔지니어링의 미얀마 입성을 이끈 정성훈 평화엔지니어링 이사는 '아인두~까까레익 도로 감리사업'을 한마디로 이렇게 정리했다.
"미얀마 시장에 대한 정보와 경험이 턱없이 부족한 데다 뒤늦게 스타트를 끊은 탓에 수주를 크게 기대하지 않았지만, 현지에서 기반을 닦아놓은 한국도로공사를 만나 반전 드라마를 쓸 수 있었다."고 강조했다.

Q. 미얀마 사업에 참여하게 된 계기는?

도로공사가 수주하기 1년 전부터 현지에 나가 지사를 설립하고 비즈니스 활동을 벌이고 있었다. 다른 엔지니어링 기업과 컨소시엄을 맺고 수주에 도전했는데 실패했다.
도로공사가 평화엔지니어링이 제안서를 잘 쓴다는 얘기를 듣고 먼저 제안해왔다.
공공기관인 도로공사의 비즈니스 기반과 평화엔지니어링의 우수한 제안서 작성 능력이 만났다는 게 미얀마 사업에 과감히 도전장을 내밀게 한 결정적인 계기가 됐다.

Q. 수주 가능성을 높게 보지 않았던 이유는?

애초부터 우리가 염두에 둔 사업이 아니었다. 해외사업은 대부분 의향서를 제출하기 전부터 발주기관을 대상으로 영업활동을 시작한다.
그런데 그런 작업이 전혀 없었고, 미얀마에 출장이나 여행조차 단 한 번도 가본 적이 없었다. 해외건설협회나 한국플랜트산업협회 지원사업, 국토교통부 지원사업을 기반으로 신규 사업을 발굴하면서 지속적으로 추적해 제안서를 내곤 하는데 미얀마 사업은 아니었다. 평화엔지니어링의 주력 시장이 아닌 것도 승산이 낮다고 본 이유였다.

Q. 현장 실사 때 가장 어려웠던 점은?

개발도상국의 도로 여건은 수도권에서 멀어질수록 상태가 안좋아지게 마련이다. 우리나라 서울에서 부산 가는 걸 생각하면 오산이다. 비포장도로도 많다보니 안전 확보 측면에서 어려움이 컸다. 실제 도로공사 직원들은 차량이 전복되는 큰 사고를 겪기도 했다. 만달레이 도로를 이용할 때는 잘못된 도로 설계 때문에 곡선 구간을 지나면서 가슴이 철렁 하는 경우도 한두 번이 아니었다.

Q. 제안서를 작성할 때 어디에 주안점을 뒀는가.

하나부터 열까지 직접 제안서를 작성했다. 일단 발주기관 사무실에서 설계도서를 검토하고 왔는데 우리나라 설계에 비해 디테일이 많이 떨어졌다.

이를테면 기본적인 구조계산도 돼 있지 않고, 구조물도 표준도 형식으로 돼 있었다. 교량 같은 경우 상세도가 많이 들어가야 하는데 그것도 없었다.

가령 도로의 경우 50m로 끊고선 지장물 구조물이 들어가는 구간은 횡단을 끊어줘야 되는데 그런 작업도 이뤄지지 않은 상태였다. 실시설계가 기본설계 수준이었던 거다.

발주기관이 해외사업 경험이 전혀 없다보니 필터링을 못 하고 승인해준 것 같았다. 부실한 설계를 보완하는 데 중점을 두고 제안서를 만들었다.

감리를 수행하면서는 시공사가 중국 업체이다보니 시공능력이 떨어져 곤란했는데, 이 부분도 충실히 감안했다.

Q. 개도국일수록 현지 업체 풀이 작을텐데.

현지 업체들은 제법 규모가 큰 사업을 경험한 곳이 없었다. 그나마 괜찮은 업체도 1~2개 정도 손에 꼽을 정도였다. 그런데 이미 다른 회사와 컨소시엄을 꾸린 상태였다.

과업을 함께 수행한 현지 업체도 역량이 많이 떨어져 산 넘어 산이었다. 언어 소통 문제도 빼놓을 수 없었다.

Q. 수주 가능성이 크지 않다고 봤는데 어디서 승부욕이 발동했는가?

미얀마 사업은 민관이 같이 뛴 모델이다. 우리는 민간기업인 만큼 수주 가능성만 가지고 인력을 상주시키긴 힘들다. 그런데 공공기관인 도로공사는 다르다. 도로공사가 미리 나와서 사무실 차리고 인력을 파견해서 영업활동을 대신 해준 부분이 컸다.

우리가 기술력과 제안서 작성 노하우를 갖고 있어서 충분히 해볼 만한 승부라고 생각했다.

민관이 협업해서 수주에 성공한 좋은 선례로 평가한다.

Q. 기억에 남는 에피소드가 있다면.

가장 자부심을 느낀 건 아시아개발은행(ABD) 컨설턴트를 만났을 때다. 그는 발주기관의 압력 같은 것 없이 정말 공정하게 평가를 진행했고, 평화엔지니어링의 제안서가 가장 훌륭하다고 전해줬다. 경험이 많은 ADB 컨설턴트가 지금까지 봐온 제안서 중 수준이 가장 높다고 평가해줘서 뿌듯했다.

Q. 미얀마 시장 진출을 노리고 있는 업체에 해줄 만한 조언은?

지금 해외시장에서 활발하게 활동하고 있는 엔지니어링 업체들을 보면 ADB, 세계은행(WB), 대외경제협력기금(EDCF) 등이 진행하는 사업의 실적이 많다.

평화엔지니어링의 경우 ADB와 WB의 실적이 풍부하고, 국내 경쟁사들은 EDCF 실적이 많아 국내 업체 간 수주경쟁이 치열하다.

ADB, WB, EDCF 등 전략적으로 실적을 쌓는 게 중요하다.

해외건설 성공사례 | 신화엔지니어링건축사사무소

한 번도 가보지 않은 길, 개도국에 새 길을 열어주다

한국형 CM 수출을 선도한 '준비된 도전'

캄보디아 올림피아시티(조감도)

01. 신화엔지니어링 시범사업 및 전문가 기술자문.

'가보지 않은 길'을 간다는 것은 그리 쉬운 일이 아니다. 하물며 누군가를 새 길로 인도하는 것은 훨씬 더 어려운 일이다. 만약 그 누군가가 무난한 기존의 '루틴'을 벗어나고 싶지 않은 사람이라면, 혹여 루틴에서 벗어나 자칫 피해라도 입을 수 있다면 그에게는 제아무리 좋은 제안이라도 강요나 압박으로밖에 여겨지지 않을 것이다.

이런 어려움은 해외건설시장으로 발을 넓혀가고 있는 우리 건설·엔지니어링 업계의 당면 과제기도 하다.

그 언젠가 해외건설 시장에서는 유명한 일화인 '팔씨름으로 결정합시다' 등 '그저 믿고 맡겨만 달라'는 식의 호언장담이 통하던 시절도 있었다. 그러나 그건 어디까지나 '신화' 같은 이야기일 뿐, 작금의 해외시장에서 주먹구구는 통하지 않는다. 통할 리가 없다.

우리 건설·엔지니어링 업계의 수주 영역이 일차적으로 개발도상국이나 후진국에 국한될 수밖에 없는 현실적인 여건상, 지금은 어떻게든 틈새시장을 찾아내고 루틴에 젖어 있는 발주자들을 설득하고 유도하는 게 수주의 첫걸음이다. 업체들끼리의 치열한 경쟁은 물론이거니와, 때로는 투자자와 발주자를 가르치고 지도하는 '과외'적 수고도 감수해야 한다.

이런 점에서 신화엔지니어링종합건축사사무소가 국내 업계로는 최초로 캄보디아에서 수행한 민간발주 CM프로젝트, '캄보디아 올림피아시티 프로젝트(발주자: OCIC, Overseas Cambodian Investment Corporation)' 수주 사례는 좋은 '본보기'라 할 수 있다. 오랜 기간의 준비과정을 거쳐 기술력과 경쟁력을 갖추고, 신뢰할 수 있는 정보를 쌓으며, 다양한 조력자와의 적극적인 협력을 통해 현지 관료사회과 민간 발주자를 '새 길'로 인도하는 데 성공한 몇 안 되는 케이스다.

수주계약까지는 물론, 과업수행 과정에서도 그들만의 루틴이 있었기에 갖가지 해프닝과 리스크가 따랐지만, 인내심을 갖고 차근차근 엉킨 실타래를 풀어가며 불모지나 다름없는 개도국 CM(Construction Management: 건설사업관리) 시장의 문을 활짝 열어 젖혔다.

첫 단추는 신뢰할 수 있는 '정보'

해외시장 진출을 추진하는 우리 건설·엔지니어링 기업의 가장 큰 애로사항 중 하나는 신뢰할 수 있는 정보가 부족하다는 것이다. 표면적으로만 보면, 2000년대 후반 전 세계적인 인터넷망 보급이 확산되면서 '클릭' 몇 번만으로도 온갖 정보를 접할 수 있된 게 사실이다. 하지만 경쟁사들의 이해관계가 얽히고 설킨 건설·엔지니어링 발주정보는 화면 뒤로 숨었고, 불확실한 정보만 넘쳐나고 있는 실정이다. 그렇다보니 개별 업체나 사업자가 '옥석'을 가리는 일은 더 더욱 어려워졌다.

이렇다보니 우리도 정부차원에서 몇몇 기관이나 단체 등을 통해 주요국 발주정보를 제공하고 있지만, 시의성이 떨어진다거나 추가적인 정보 확인은 사실상 불가능한 것들이 대부분인 현실이다.

이런 가운데, 만에 하나라도 잘못된 정보를 쫓기라도 하면 그 업체는 엄청난 피해와 손실을 뒤집어쓸 수도 있다. 일종의 수수료 등 금전을 목적으로 하는 전문적인 '브로커'의 사기행각에 휘말리기라도 하면 기업 자체가 존폐의 위기상황에 내몰릴 수도 있다. 심지어 해외에서 법적인 책임을 떠안고 처벌받는 사건이 발생하기도 한다.

이와는 반대로, 어렵사리 제대로 된 발주정보를 채굴했다손 치더라도 쉬운 건 없다. 입찰참가는 고사하고 수주계약까지 이어 나가기는 여간 어려운 일이 아니다. 이미 낙찰자가 정해진 상황에 '들러리' 노릇만 하거나 불필요한 '수업료'만 지불하고 돌아서는 경우도 다반사다.

공사나 용역, 그리고 현지 시장 동향이나 발주자에 대한 신뢰할 수 있는 정보가 부족하면 계약 후에도 이런 저런 리스크에 맞닥뜨릴 수 있다. 시공 중이나 과업수행 과정에서 정전불안에 휘말리기 쉽상이고, 현지 관료의 부정부패나 제도 변화 등과 같은 온갖 변수로 인해 '뒷통수' 맞을 수 있는 게 바로 해외건설이다.

따라서 가장 안정적이고 안전한 해외수주 및 성공수행을 위해서는 무엇보다 신뢰할 수 있는 발주(자) 정보를 확보하는 게 첫걸음이다.

그렇다면 신뢰할 수 있는 정보를 얻는 최선책은 무엇일까. 기업 입장에서 가장 현실적인 방법은 먼저 신뢰할 수 있는 정부나 기관, 단체와 협업체계를 구축해 발주자 및 프로젝트 정보를 습득하는 것이다.

신화엔지니어링의 캄보디아 CM프로젝트 수주도 이렇게 출발했다. 2010년 캄보디아 정부(건설부)가 국토교통부 및 한국CM협회에 현지 건설시장에 CM을 도입하고자 한다며 도움의 손길을 요청한 게 시작이 됐다. 신뢰할 수 있는 정부(협회) 간 확실한 정보교류에 물꼬가 트인 것이다.

그럼에도 당시에는 캄보디아 현지의 CM 관련 제도적 장치 및 기반 구축이 우선이었기 때문에 우리 기업의 해외 진출은 반신반의했다고 해도 과언이 아니다. 진척도 더딜 수밖에 없었다. 캄보디아 정부와 CM협회가 CM 공급을 위한 협약(MOU)을 체결하는 데 근 2년이 걸렸다. 여기에 캄보디아 정부가 현지 CM시범사업(Pilot CM Project)을 지정하는 데만 1년 정도가 더 소요됐다.

그러나 이런 와중에도 안전한 루트를 통한 정보수집이 가능했기에, 신화엔지니어링은 협회 등과 협력해 현지 정부 및 민간 발주자와의 사업구상을 구체화시켜 나갈 수 있었다. 그뿐만 아니라 회사 내부적으로도 차근차근 현지 사업 여건을 비롯한 각종 정보를 모으고 그에 맞춘 CM 모델의 적용 및 실행 방안을 연구할 수 있었다.

이런 정보가 하나하나 쌓일 때마다 실패할 확률은 줄어들었고, 수주 가능성은 점점 더 커져갔다.

든든한 조력자와의 협업

캄보디아 정부가 적극적으로 CM 도입에 나섰고 우리 정부와 협회 등도 지원을 아끼지 않았지만, 현지에서의 시범사업이나 본사업 수주까지는 험난한 과정을 거쳐야만 했다.

정부의 생각과 달리 현지의 민간 개발사업자와 시공사들은 CM 도입에 회의적인 반응으로 일관했기 때문이다. OCIC를 필두로 한 다수의 민간 개발·투자자는 물론이거니와 시공에 참여하는 현지 건설사들 역시 제도적 장치도 채 마련되지 않은 상태에 굳이 CM을 도입할 필요성이 있느냐고 반문하기 일쑤였다.

캄보디아 정부가 올림피아시티 프로젝트를 CM 도입 시범사업으로 지정하겠다는 방침 자체에 '반기'를 들 수는 없었지만 우리 협회나 학회, 그리고 신화엔지니어링의 제안에 동의할 이유가 딱히 없었던 것이다. 적당히 시간을 끌다가, 그간 여러 개발사업을 추진해오던 그대로 공사관리 및 감독을 직접 수행하거나 자회사를 통하면 될 거라는 생각을 했을지도 모른다. 게다가 우리나라와 마찬가지로 현지에서도 CM의 숙명상 시공에 참견하고 간섭한다는 경계심은 똑같았으니, 신화엔지니어링의 CM 업무 수행은 전혀 달갑지 않았을 것이다.

이렇듯 민간발주자가 좀처럼 비협조적인 자세를 풀지 않고 있을 때, 만약 현지 정부를 비롯해 우리 중 누구 하나 중도에 포기했다면, 캄보디아 건설시장에 한국형 CM을 수출하는 것은 불가능했을지도 모른다.

그때 조력자가 큰 힘을 발휘했다. 앞서 우리 정부는 캄보디아 CM제도 수출과 관련 비영리 학술단체인 한국건설관리학회에 용역을 맡겼다. 학회는 이때부터 다수의 교수진 등 전문가들을 총동원해 CM 전파에 나섰다.

신화엔지니어링 기술자들과 함께 직접 현지로 날아가 정부 관료와 민간사업자, 시공사, 현지 건설협회 등을 상대로 연일 CM의 필요성과 효용성을 역설했다. CM를 통한 사업자 및 시공사의 비용절감 및 시공품질 향상, 안전사고 예방 등 우리나라를 비롯한 여러 선진국의 우수 사례도 끊임없이 제공하며 설득했다.

물론 처음에는 별 관심을 끌어내지 못했다. 하지만 얼마 후 먼저 현지 관료들이 하나둘 눈을 떴다. 민간 사업자의 무언의 반대에도 불구, CM 도입의 필요성에 공감하며

02

02. OCIC 빅게이트, 올림피아시티 프로젝트 메인 건축물 주 출입구.

올림피아시티 프로젝트를 현지 첫 CM 적용 시범사업으로 지정한 것이다.

사실 이때까지만 해도 민간사업자 입장에서는 정부라는 '갑'의 우월적 지위가 발동한 결과일 뿐이었다. 그러나 지속적인 세미나와 컨퍼런스 등 공식행사를 비롯, 평상적인 대화 과정에서조차 끊임없이 CM의 중요성을 설파하 민간 투자자나 현지 건설업계의 분위기도 조금씩이나마 바뀌기 시작했다.

특히 민간사업자가 건설현장에 곧바로 적용될 수 있는 CM의 실체적 효과를 직접 목도한 것은 결정적이었다. 올림피아시티 프로젝트에 대한 우리 전문가들의 집중분석 결과, 설계도서는 기본설계 수준으로 작성된 '날림'으로 드러났다. 우리나라나 선진국이었다면, 대대적인 재설계가 불가피한 수준이었다.

그중에서도 현지 시공사들로서는 도저히 풀지 못하는 숙제가 있었다. 도면대로 시공하면 붕괴사고가 뻔한 대형 출입구의 구조적 문제가 그것이었다.

여기서 신화엔지니어링이 '결정적 한수'를 뒀다. 구조기술사가 직접 현지로 날아가 구조적 해법을 제시한 것이다. 캄보디아 정부는 물론 발주자인 민간사업자와 시공업체 모두 CM의 필요성을 확실히 깨닫고 인정하게 된 순간이었다. 또 이는 추후 신화엔지니어링이 파트너로 격상되는 결정적 단초가 됐다.

이후 신화엔지니어링이 시범사업을 포함, 안정적으로 과업을 수행해나가는 데는 또 한 명의 숨은 조력자가 있었다. 그는 캄보디아의 한 대형은행에서 부행장으로 근무하고 있는 한국인으로, 현지 관료사회의 분위기나 현지 기업의 정서, 그리고 문화적·지리적 특수성이나 차이점 등에 대해 조언을 아끼지 않았다.

그는 신화엔지니어링뿐 아니라 캄보디아에 진출하는 국내 여러 기업에 다양한 측면에서 도움을 주고 있는 것으로 알려졌다. 그래서 현지에 진출한 국내 기업인들 사이에서는 '캄보디아 대부'로 통한다는 전언이다.

준비되지 않은 자, 기회를 살릴 수 없다

든든한 조력자가 기회를 만들어줄 수는 있지만, 그 기회는 반드시 준비된 자만이 살릴 수 있다. 신화엔지니어링이 그랬다. 신화엔지니어링은 이미 지난 2000년부터 해외시장으로 눈을 돌렸다. 선진 CM기법 도입을 추진하면서 다른 한편으로는 유망시장인 동남아 개척을 모색했다. 당시 CM은 우리나라에서도 도입 초기에 불과해, 감리와의 역할 구분도 제대로 이뤄지지 않은 상태였다는 점을 고려하면, 서너 발은 앞서 나간 행보였다.

신화엔지니어링은 국내 CM시장이 성숙될 것으로 확신하고 업체로서는 종전 감리용역과는 차별적인 기술력과 컨설팅 역량을 키우는 게 급선무라고 판단했다. 이를 위해 당시 업체로서는 생각하기 어려운 미국을 '학습의 장'으로 선택해 2001년 11월 미국 캘리포니아주 LA에 지사를 세웠다. 당시 건설·엔지어링 업계 및 시장 여건을 떠올려보면, 이는 사실 '무모한 도전'이나 다름없었다.

하지만 신화엔지니어링의 학습 전략은 빗나가지 않았다. 초기 어려움을 겪기도 했지만, LA지사는 설립 이듬해부터 한인사회 인맥을 적극 활용하면서 소규모 건축 프로젝트의 설계·감리용역을 수주해나갔다. 당장 매출이나 수익에 크게 기여할 정도는 아니었지만, 미국이나 일본 건설사와도 기술적 교류를 늘려나가며, 당시 국내 시장에서는 전혀 찾아볼 수 없던 공정관리나 품질관리 기술, 원가관리 노하우 등 선진화된 CM기술을 체득할 수 있었다. 친환경 설계, 시공 관련 다수의 미국식 특이공법도 그때 섭렵했다.

LA지사는 그렇게 약 7년 동안 모두 17건의 프로젝트를 수행했다. 상가와 공장, 물류운송 창고 등 상업·업무시설과 주택 개념의 레지던스, 콘도, 아파트, 한국식 타운하우스 단지 등 다양한 프로젝트의 설계, 감리, CM 용역이었다. 안타깝게도 지난 2008년 미국의 서브프라임모기지 사태와 리먼브라더스 파산 등 글로벌 금융위기가 발발하면서 LA지사의 수주활동도 급속도로 위축됐지만, 신화엔지니어링의 미국 '유학'의 효과는 머지 않아 지구 반대편에서 빛을 발했다.

LA에 학습형 지사를 세울 무렵, 신화엔지니어링은 동남아를 중심으로 해외시장 영역을 확보하는 '투트랙' 전략을 썼다.

2001년 인도네시아에서 사상 첫 해외 프로젝트인 자카르타 리아대학 교육·연구시설의 감리용역을 따낸 것을 시작으로, 중국 베이징 한국국제학교, 한·인도네시아 스포츠센터 건립공사 관련 설계 및 CM 용역을 잇따라 수주했다. 또 2005년까지 미국식 기술력을 가미하면서 인도네시아 카랑 물리아 타운 개발사업과 한·필리핀 친선 IT 교육센터, 한·베트남 친선IT대학 건립공사 등에도 참여했다.

건축 분야 용역으로만 편식하지도 않았다. 신화엔지니어링은 지난 2008년 플랜트 엔지니어링 분야로는 처음으로, 한화 화학제조 플랜트를 이집트로 이전하는 '이집트 E-Project 사업'에 설계자로 참여하는 데도 성공했다. 화학제조 라인의 3D 설계를 통해 발주자로부터 기술력을 인정받아 추가 프로젝트까지 수행하게 됐다.

신화엔지니어링의 주력인 CM 분야 경우에는 2000년대 후반부터 해외시장에서 보폭을 넓혀나갔다. 당시 활발하게 추진된 KOICA의 개도국 개발원조사업이 기폭제가 됐다. 이때부터는 동남아를 넘어 에티오피아 및 케냐 보건의료사업과 네팔 · 세네갈·우크라이나 교육시설 분야 지원사업 등에 잇따라 참여하면서 아프리카와 CIS 5개국 CM시장에까지 '깃발'을 꽂아나갔다.

신화엔지니어링은 이에 그치지 않고 베트남 법원연수원 건립사업과 중부 고원 소수민족 청소년 직업대학 등 5건의 프로젝트를 성공리에 수행했고, 남극 제2기지 건설공사 CM용역도 거머쥐었다.

03. OCIC 프로젝트 완공 계획도.

무모한 도전 같았던 LA지사 설립부터, 10여 년에 걸친 고된 학습과 꾸준한 준비가 없었다면 신화엔지니어링의 해외 진출은 남의 이야기였을지 모른다.

또 캄보디아 건설시장은 아직도 CM의 진입을 허용치 않았을지도 모른다. LA지사장이 캄보디아로 날아가 시범사업을 총괄지휘하면서 본계약을 이끌어 낸 것은 더 이상의 설명이 필요 없는 '예습 효과'다.

한국형 CM모델 수출의 선두주자가 되다

2000대 이후 해외건설 시장이 EPC(설계시공 구매조달 일괄) 방식으로 재편되면서 우리나라의 건설기술은 다시금 세계적으로 인정을 받게 됐다. 2014~2015년에는 역대 최대 규모의 해외수주 실적을 거두기도 했다.

하지만 역설적으로, 우리나라의 기본설계 능력은 상대적으로 부족하고 프로젝트 관리(CM) 역량 또한 선진국 대비 취약하다는 한계를 노출하기도 했다. 시공과 달리 우리나라의 소프트웨어 분야 기술경쟁력은 상대적으로 약하기 때문이다.

그러다 2010년대 이후 해외시장이 EPC 방식에서 민간의 자본투자를 전제로 하는 PPP(Public-Private Partnership)으로 방향을 틀면서 CM 분야가 조명을 받기 시작했다. 민간사업자로서 처음 도입하긴 어렵지만 적용했을 때의 효과, 특히 경제성을 높이는 데에는 이견이 없었다.

이런 점에서 신화엔지니어링이 캄보디아 민간 개발시장에 정착시킨 한국형 CM은 첫 수출이라는 의미를 넘어 해외 PPP 현장에 적용할 수 있는 실체적 기술력을 입증했다 점에서 더 큰 의의를 갖는다. 하지만 시범사업이라 하더라도 총사업비만 3억달러에 달하는 초대형 민간 투자개발사업을 대상으로, 그것도 1단계 공정률이 이미 50%나 진척된 건설공사 중에 CM을 뒤늦게 적용한다는 것은 그리 쉬운 일이 아니었다.

2014년 3월부터 3개월간의 시범사업 중 신화엔지니어링은 사실상 '무보수' 투자 개념으로 기술인력을 투입해 오롯이 열정과 기술력만으로 승부를 걸었다. 현장에서 실제적인 CM의 효과를 보여주는 데 주력했다. 그 덕에 몇몇 개도국에서처럼 발주자 고위직들을 상대로 로비 펼칠 필요 없이, 현장 실무자들이 먼저 신화엔지니어링을 추천하고 CM 도입을 건의하기에 이르렀다.

그리고 2014년 8월 어느 날, 프놈펜의 한 호텔에서 신화엔지니어링인 민간사업자이자 발주자인 OCIC로부터 정식 '파트너'로 인정을 받았다.

'한국-캄보디아 CM 컨퍼런스'란 이름으로 열린 이날 행사는 신화엔지니어링의 '파트너' 격상을 축하하는 자리였다. 신화엔지니어링은 다시 한 번 '대전 동구청사 CM프로젝트' 사례를 보여주며 큰 박수갈채를 받았고, 현장에서 곧바로 OCIC와의 정식 CM 계약을 체결했다.

어렵사리 본과업 수행에 돌입했지만 그 과정 또한 순탄치만은 않았다. 발주자에게 CM은 '가보지 않은 길'인 만큼, 공사책임자의 권한을 침범하거나 상세한 공사계획에 개입하고, 때론 지휘하려는 경우도 다반사였다. 이는 비단 캄보디아 민간사업자에 국한된 문제가 아니라 동남아 등 개도국이나 후진국 건설시장에서는 언제든 발생할 수 있는 리스크였다.

또 상대적으로 규모가 크고, 현지 건설시장에서 지배력이 큰 민간사업자일 경우에는 문어발식 기업 구성으로 기초자재는 물론 각종 마감재에 이르기까지, 온갖 자회사와 가족회사 형태로 공사를 진행하는 등 전문건설사의 전문성을 도외시하는 경우도 많다. CM의 활동을 못마땅해 하는 시공참여자가 나올 수밖에 없는 구조다.

신화엔지니어링은 이런 발주자 리스크에 좀 더 적극적으로 대응했다. 과업 수행 중에도 현지의 CM인력 육성을 위한 실무교육을 게을리하지 않았고 주요 인력의 현지화를 통해 시공사들에 다가갔다. 또 인건비 부담을 줄이는 방식으로 발주자의 비용부담을 줄여주면서 2017년 3월 성공적인 과업(1차) 수행을 마쳤다.

캄보디아 건설시장에서 신화엔지니어링은 새로운 이정표를 세웠다는 평가를 받는다. 도로와 철도, 항만, 상하수도 등 수많은 SOC사업이 추진되고 있는 캄보디아 건설시장에 확실한 CM의 영역을 구축했기 때문이다. 게다가 갈수록 늘어나고 있는 PPP 시장에서의 확고한 입지를 다졌다는 점도 간과할 수 없는 성과다.

언젠가 캄보디아 건설시장, PPP 민간사업자가 CM사업자로 우리나라 엔지니어링사를 선택한다면, 그 출발점에는 신화엔지니어링이 있었다.

비상은 이제부터다

신화엔지니어링의 캄보디아 CM 수출은 그 자체로도 괄목할 만한 성과지만, 아직은 시작 단계에 불과하다 말할 수 있다. 한국형 CM의 수출길을 여는 데까지는 확실한 성공을 거뒀지만, 추가 수주와 영토 확장 등 본격적인 '수확의 계절'은 아직 찾아오지 않았기 때문이다.

무엇보다 캄보디아 현지의 불안한 정치상황과 좀처럼 '불' 붙지 않고 있는 경제 여건이 아쉬운 대목이다. 이에 더해 지난 수년간 우리 정부 및 CM협회 등과 적극적으로 협력한 캄보디아 건설부 등 현지 정부 핵심 관료들의 빈자리가 크다.

이미 CM 도입을 골자로 한 법제화가 상당 부분 완료되긴 했지만, 그간 이를 주도한 건설부 장관 및 당국자들이 일제히 교체되면서 규모에 따른 CM발주 의무화 등 정책적인 추가 동력이 크게 약화된 것이다.

더군다나 재정이 열악한 현지에서는 공공발주 사업보다는 올림피아시티 프로젝트 같은 민간 주도 PPP사업이 대부분을 차지하고 있기 때문에 정부의 정책적 지원 없이 민간사업자를 상대해야 하는 국내 업체들의 추가 수주가 한층 어려워진 게 사

04. 계속된 정국불안과 분양시장 위축으로 지지부진한 OCIC 시공현장.

실이다.

이런 가운데 최근 캄보디아 유력 정치권의 '반미' 성향이 갈수록 짙어지면서 결과적으로 중국 자본의 영향력이 커지고 있다는 점도 우리에겐 호재가 아니다.

대규모 인프라 및 복합개발 등 캄보디아 PPP사업 대부분 중국 자본이 끌고 나가는 상황이 이어지면서 중국 건설 및 엔지니어링 기업들의 진입이 우선시되는 현상이 나타나고 있기 때문이다. CM 분야의 경우 아직 우리나라가 중국보다는 기술적 우위를 점하고 있지만 용역 대가, 즉 기술자의 인건비 면에서는 중국 업체와의 경쟁에서 밀릴 수밖에 없다.

실제 신화엔지니어링의 올림피아시티 추가 프로젝트 참여도 중국 자본의 입김이 조금 덜했더라면 이미 현실화됐을지 모른다. 하지만 현지 분양시장의 침체까지 겹쳐 2차, 3차 프로젝트 수행 및 CM 참여는 더딘 행보를 이어가고 있다. 따라서 막대한 자본력을 앞세운 중국 업체와의 경쟁과 더불어 현지 기술인력과의 인건비 격차를 해소하는 것

신화엔지니어링 기술자들과 함께 직접 현지로 날아가
정부 관료와 민간사업자, 시공사, 현지 건설협회 등을 상대로
연일 CM의 필요성과 효용성을 역설했다.

CM를 통한 사업자 및 시공사의 비용절감 및
시공품질 향상, 안전사고 예방 등
우리나라를 비롯한 여러 선진국의 우수 사례도 끊임없이 제공하며 설득했다.

은 국내 건설·엔지니어링업계는 물론 정부 차원에서 극복해나가야 할 과제로 꼽힌다.

실제 CM 용역 대가가 대부분 기술자 인건비로 구성되는 만큼, 민간사업자를 포함한 개도국·후진국 발주자들은 대부분 값싼 현지 인력을 중심으로 과업을 수행하길 원하고 있다. 업계부터 스스로 설계 및 시공품질을 개선하는 노력과 더불어, 현지 기술자 교육이나 지사 설립 등 업무 프로세스 개선을 통해 인건비 '갭'을 최소화할 수 있는 방안을 찾아야 한다.

여기에 더해 정부나 협회 등은 대외협력기금(EDCF) 자금이나 해외수주 정책자금 등을 좀 더 확대해 업계의 부담을 줄이고 수주 경쟁력을 지원해야 하며, 필요 시 외교적 차원의 후방지원도 지속해나갈 필요가 있다. 캄보디아를 포함해 개도국 및 후진국 시장에서의 본격적인 '수확'은 그때부터 가능하다.

| 봉승권기자

인터뷰
interview

박성원 신화엔지니어링 대표이사

해외수주는 적극적 투자와 체계적 준비의 산물 성패는 '리스크 관리'…

캄보디아의 CM 도입 소식을 처음 접했을 때 '바로 이거다' 하며 무릎을 쳤다. 중장기적 관점에서 해외시장에 진출할 수 있는 절호의 기회가 찾아왔다는 확신에서였다.
박 대표는 그 확신을 믿고 LA지사를 통해 학습한 기술적 노하우를 비롯해 우리 정부 및 협회, 학회 등과 긴밀하게 협력하면서 시범사업을 주도했다.
3개월간의 짧은 시범사업 기간이었지만 현지 발주자 및 건설업계와 치열하게 토론하고 설득하며 마침내 한국형 CM 수출을 이끌어냈다.
비록 현지 정치 · 경제적 불안정으로 인해 추가 수주 등은 미뤄졌지만, 새로운 수출영역을 개척해낸 회사와 임직원들의 자부심과 자신감은 머지 않아 또 다른 성과로 이어질 것이라 믿고 있다.

Q. 불모지 같은 캄보디아 건설시장에 CM 수출은 쉽게 엄두가 나지 않았을텐데.

수주나 과업수행의 어려움은 예상했지만, '바로 이거다!'란 확신이 들었다. 해외시장으로 발을 넓혀야 한다는 생각을 오래전부터 갖고 있던 차에 양국 정부 및 협회, 학회 등이 지원하는 프로젝트가 다가왔으니 얼마나 반가웠겠는가.

반드시 기회를 잡아 새로운 시장을 개척해나가고 싶었고, 고맙게도 전 임직원이 한마음으로 매달려 본계약까지 이끌어냈다.

Q. 현지 첫 CM 시범사업인 올림피아시티 프로젝트는 일반 공공사업과는 추진방식이 전혀 다른데.

민간투자자들이 자본을 들여 대규모 개발사업을 추진하는 PPP다. 정부 등 공공도 인허가 등 일정 부분 역할을 하지만 자본을 조달하는 주체가 민간이기 때문에 사실상 모든 주도권은 민간사업자가 쥐고 있다. CM을 수행해야 하는 입장에서 보면, 발주자도 민간이다.

캄보디아 정부가 시범사업으로 지정하긴 했지만, 결국 민간사업자를 설득해야 CM용역을 수행할 수 있었다.

본계약은 물론 과업 수행과정도 험난했지만 성공적으로 마무리하고 나니 PPP라서 더 잘된 일이라 생각한다. 2010년을 전후해 해외 건설시장이 턴키(EPC)에서 PPP로 재편되고 있기 때문에, 향후 더 많은 수주 기회가 찾아올 것이기 때문이다.

Q. 현지 민간사업자나 시공사들을 설득하기가 쉽지 않았을텐데.

국가나 시장의 경계를 떠나, CM은 과업 특성상 발주자에게는 초기 비용부담을 주고 시공사에는 참견이나 간섭이라는 인식을 주는 게 사실이다.

과거 CM를 통한 비용 및 공기 절감이나 품질제고 등의 효과를 경험해보지 않은 발주자나 시공사라면, 그 경계심은 더욱 심하다. 이런 점에서 조력자들의 역할이 컸다.

CM협회와 학회, 그리고 현지 한인 조력자까지 힘을 보태주었다. 민 · 관 · 학이 합심해 이뤄낸 성과라 할 수 있다.

해외시장에서 치열한 경쟁을 벌이는 것도 어려운 일이지만, 발주자와 시공사를 가르치고 안내하면서 수주하고 과업을 수행하는 것은 훨씬 더 어려운 일이란 걸 느꼈다.

그래도 처음에는 대면대면했지만 기술자끼리는 통하는 게 있듯 현장 기술인력부터 필요성에 공감했고, 나중에는 현장이 앞장서 발주자나 정책담당자에게 우리(신화엔지니어링)를 추천했다. 시범사업 3개월이 짧다면 짧은 시간이었는데, 그들의 인식이 바뀐 것을 확인했을 때 큰 보람을 느꼈다.

Q. 발주자의 마음을 돌린 에피소드가 있었다는데.

이런 저런 해프닝이 많았지만, 민간발주자와 현지 시공사들이 마음을 바꾼 결정적 계기는 두 가지였던 것 같다. 첫째는 우리가 시공상의 큰 애로사항을 풀어낸 것이다.

현지 시공사는 복합개발건물의 대형 주 출입문(아치형 빅게이트) 공사를 앞둔 시점이었는데, 구조적인 문제로 손을 대지 못하고 있었다. 도면대로 시공했다가는 붕괴사고가 날 게 뻔했고, 그렇게 하지 않으면 막대한 비용의 재설계가 필요했다. 그때 우리 팀이 나서 구조적 문제를 해결했다. 감탄한 시공사는 그때부터 CM의 필요성을 절감하게 됐다고 한다.

또 하나는 우연인지 필연인지, 당시 옆 공사현장에서 발생한 공기 지연 사태가 우리에게는 호재가 됐다. 올림피아시티 개발현장 바로 옆에서 대규모 건축공사가 진행 중이었는데, 하루가 멀다 하고 부실이 드러나면서 차일피일 공기가 지연됐다.

나중에 전해 들은 이야기지만, 당시 OCIC 회장은 "설계 · 시공상의 문제를 해결하지 못해 공기가 늘어지고 있는 걸 보니, 비용이 들더라도 CM을 통해 적기 준공하고 분양(임대)하는 게 훨씬 이득이겠구나"라고 했다더라.

Q. 해외수주를 위해 오랜 기간 투자하고 준비했는데, 성과를 자평한다면.

LA지사 설립부터 그 어떤 회사보다 공격적으로 투자하고 준비했다. 캄보디아 수주 건만 하더라도, 오랜 기간 해외에서 쌓은 경험과 기술적 노하우가 집약된 결과물이다.

다만, 아직까지는 괄목할 만한 수익 등 기대한 만큼의 성과를 거뒀다고 말하기 어렵다. 어쩌면 그게 건설 분야 해외수주의 실상이기도 하다. 일례로 해외시장에 CM 관련 법제도가 잘 갖춰져 있다 하더라도 발주자가 적용하지 않으면 그만이고, 용역 대가 역시 우리 기술자의 인건비 수준을 기대하긴 무리기 때문이다. 여기에 현지의 정치 · 경제적 여건 변화도 사업자로선 어쩔 수 없는 엄청난 리스크다.

그럼에도 숱한 난관을 뚫고 이뤄낸 해외수주에 대한 회사의 자부심과 임직원들의 자신감, 그리고 기술적인 역량 향상은 언제고 더 큰 성과로 이어질 것으로 확신한다. 따라서 기업의 준비와 투자와 더불어 정부나 협회, 단체 등도 좀 더 적극적으로 해외 리스크를 최소화할 수 있는 방안을 지원했으면 하는 바람이다.

해외시장 개척을 위한 정책자금 지원을 확대한다거나 외교적 차원의 발주정보 수급 및 분석 등의 지원이 있다면 '금상첨화' 아니겠는가.

Q. 앞으로의 해외 수주계획이나 투자계획은?

종전과 마찬가지로 설계, 감리, CM 등 사업분야별로 동남아 시장에 주목하면서, 일단은 캄보디아 추가 프로젝트를 예의주시하고 있다. 지금으로선 정치적 불안과 경제 사정으로 인해 추가 수주에 어려움을 겪고 있지만, 현지 정부 및 사업자와의 우호적인 관계는 여전해 머지않아 다수의 개발 프로젝트에 참여할 수 있지 않을까 기대하고 있다.

앞으로는 수주와 성공적인 과업수행은 기본이고, 현지에서 발생할 수 있는 돌발상황이나 각종 리스크를 관리하는 방안에도 초점을 맞춰, 미리미리 대비하고 준비해나갈 계획이다.

어둠을 뚫은 탐험가 정신 아프리카에 신세계를 밝혀주다

도전과 신뢰로 이룬 경이로운 첫 수주

우암코퍼레이션이 OPGW(광섬유복합가공지선)를 설치한 에티오피아 송전탑 모습. OPGW 프로젝트는 고압 송전선로를 낙뢰로부터 보호하기 위해 송전탑 맨꼭대기에 설치된 GW(가공지선)을 통신선의 기능을 추가된 OPGW로 교체하는 사업이다.

"오, 정녕 우리가 이 공사를 끝냈다는 말입니까."

우암코퍼레이션(대표이사 송혜자 회장)에 있어 2016년은 잊지 못할 해로 기억된다.

그해 6월 우여곡절 끝에 에티오피아 전력청(EEPCo)에서 발주한 543만달러 규모의 광섬유복합가공지선(OPGW) 설치 프로젝트를 완공했기 때문이다.

에티오피아 OPGW는 국내외를 통틀어 우암코퍼레이션의 첫 시공 프로젝트였다. 게다가 이 프로젝트는 중국의 공적개발원조(ODA) 사업의 일환이었다. 수주계약 당시 긴가민가했던 전력청 관계자는 준공검사를 끝낸 후 우암코퍼레이션의 기술력에 경의를 표했다는 후문이다.

관련실적이 전무한 중소업체가 그것도 국내가 아닌 해외에서 타국 자본의 프로젝트를 수주해서 성공적으로 완수한 것이다.

비결은 어디에 있을까. 이에 대해 송혜자 우암코퍼레이션 회장은 '도전'과 '신뢰'라는 두 단어로 함축했다. "시장개척을 하려면 탐험가 못지않는 도전정신이 요구되고, 일단 비즈니스 단계에 들어서면 어떠한 난관이 있더라도 신뢰를 갖고 일을 마무리해야 한다"는 설명이었다. 에티오피아 OPGW 프로젝트로 검은대륙 공략에 성공한 우암코퍼레이션의 발자취를 따라가봤다.

IT전문기업에서 에너지 융합기업으로 변신

우암코퍼레이션은 1993년 창업 당시 IT전문기업으로 출발했다. 우암코퍼레이션이 개발한 전자문서회의, 화상회의시스템은 공전의 히트를 쳤다. 특히 화상회의시스템은 지금 대부분의 기업 및 공공기관에서 사용하고 있으며, 법무부 산하 전국 54개 교정시설에 설치됐다. 덕분에 재소자 가족들은 시간과 인원수에 구애받지 않고 집 안에서 편안하게 화상면회를 하고 있다.

우암코퍼레이션은 현재 에너지·IT 융합기업으로 변신 중이다. IT로 승승장구하던 회사가 에너지에 관심을 기울이기 시작한 것은 2005년 즈음이다. 전자문서회의와 화상회의시스템이 속칭 '대박'을 치고 있을 때였다.

"IT기업의 라이프사이클은 그다지 길지 않다. 2000년대 초반 닷컴 열풍이 불었을 때 이른바 데스밸리(Death Valley·죽음의 계곡)을 넘지 못하고 사라져간 IT업체들이 얼마나 많았는가. 잘 나갈 때 새로운 먹거리를 준비해야 한다는 생각이 들었다. 그래서 찾은 게 에너지였다."

송혜자 회장의 사업 확장에 대한 설명이다.

새로운 먹거리로 에너지를 설정했지만 막상 부딪혀보니 막막했다. 분야가 다른 쪽에 발을 담근다는 것이 마음먹은 만큼 쉬운 일은 아니었다. 에너지산업의 진입장벽도 만만치 않았다.

그렇다고 포기할 송 회장이 아니었다. '1993년 창업 당시 경기도 오산의 4평짜리 연립주택에서 직원 1명만 두고 시작하지 않았나'하고 자신을 다독이면서 마음을 다잡았다. 우선 전력 관련 컨설팅부터 시작했다. 2005년 4월 개발한 '전력수요예측 알고리즘을 내장한 전산시스템'이 바탕이 됐다. 회사의 강점인 소프트웨어 개발부터 접근한 것이다.

2006년 캄보디아 24개 지역별 장기전력수요예측 컨설팅을 완료했고, 그해 10월에는 에너지관리공단에서 발주한 '온실가스 감축 관련 연구 및 시스템 개발'을 수주했다. 우암코퍼레이션이 개발한 전력수요예측 전산시스템은 산업부의 신기술(NET) 인증을 받았다.

이듬해 전산시스템을 에너지 전반의 수요예측이 가능하도록 하는 등 에너지 분야의 발을 조금씩 넓혀나갔다. 2007년 한 해에만 유럽연합(EU)의 통합적 도시가스 수요예측 시스템, 에너지관리공단의 지역난방 투자사업 평가시스템 연구개발, 앙골라 소요(Soyo) 지역 전력화 사업, 제2차 캄보디아 프놈펜 전력망 마스터 플랜 수립 용역 및 수요예측 사업, 리비아 장기 전력수요와 전력망 개통 계획 컨설팅, 서아프리카 전력공동체(WAPP) 타당성 조사 등 국내외에서 6건의 컨설팅 업무를 수주했다. 2007년 한국전력의 혁신형 전략벤처기업으로 선정되기도 했다.

이후 방글라데시 실렛 송전망 구축사업 타당성조사(2007년), 한국환경공단 전기자동차 충전인프라 실증사업의 운행정보시스템 구축(2011년), 해외온실가스 저감사업 타당성조사(2011년), 미얀마 500㎸ 송전망 건설공사 타당성사업(2012년), 가나 프레스테아-쿠마시 전력망 컨설팅 및 감리사업(2012년), 우즈베키스탄 스마트 전력량계 공장설립 타당성조사사업(2012년), 남아프리카공화국 화력발전소 현대화 프로젝트 타당성조사(2012년), 가나 아크라시 공공건물 에너지효율화 진단 타당성조사(2013년) 등을 수주했다.

에너지 수요예측 컨설팅에서 송전망 타당성조사(F/S), 감리까지 사업 분야를 확장시키지만, 송 회장의 마음 한구석에는 아쉬움이 진하게 남아 있었다. 그 아쉬움은 차라리 욕심에 가까웠다. 프로젝트의 일부분이 아닌 전체를 수행해보고 싶은 욕심. 그 욕심을 충족해준 것이 바로 에티오피아 OPGW 프로젝트였다.

답은 해외에… 가자, 아프리카로

에너지 산업의 후발 주자인 우암코퍼레이션에 국내 전력시장은 레드오션이 다름없었다. 타당성조사 · 감리 등을 수행하면서 어깨 넘어 배운 송전망 시장은 특히 포화상태에 가까웠다. 공사 물량이 나왔다고 해도 시공 경험이 없는 우암코퍼레이션에는 그림의 떡에 불과했다. 우암코퍼레이션은 송전망은 고사하고 배전망 시공실적도 없었다. 좀 더 정확히 말하자면 아예 전기공사를 수행한 적이 없었다.

01

01. 아데프리스 에티오피아 배전청장 (왼쪽에서 두번째)과 함께. 맨 오른쪽이 송혜자 우암코퍼레이션 회장.

결국 송 회장은 해외에서 기회를 엿보기로 했다. 그중에서도 중앙아프리카, 에티오피아를 주타깃으로 정했다.

"동남아시아에서도 컨설팅사업을 수행했지만, 성장 잠재력이 큰 아프리카에 초점을 맞췄다. 북아프리카는 중동과 연계된 이슬람 문화권에 속하고, 남아프리카는 남아공이 맹주로 어느 정도 발전되어 있는 지역이기 때문에 상대적으로 중앙아프리카에서 승부를 걸 수 있겠다고 판단했다. 에티오피아를 주목한 것은 수도 아디스아바바에 아프리카경제공동체(AEU) 해드쿼터가 있는 등 아프리카 시장에 대한 정보를 빠르게 입수할 수 있다는 점이 작용했다."

컨설팅·타당성조사·감리 등을 수행하면서 쌓은 네트워크를 활용했다. 그러던 중 2012년 8월 기회가 찾아왔다. 에티오피아 전력청(EEPCo: Ethiopia Power Corporation)의 아베베 미헤레트 부사장이 송 회장에게 중국 ODA사업의 일환으로 OPGW 프로젝트에 대한 정보를 알려줬다.

당시 중국은 에티오피아에 대규모 ODA사업을 진행 중이었다. 전기·통신·도로·건축 등 인프라 전 분야에 대한 투자 규모가 우리 돈으로 무려 8조원에 달했다.

이 중 OPGW는 에티오피아 전력 마스터플랜에 의해 2013년부터 2020년까지 총 2만km 송전망 전 구간에 OPGW를 설치하는 사업이다. 전체 구간 중 1단계 2800km는 ZTE와 화웨이(HUAWEI)가 맡았으며, 설계·시공을 수행할 하도급사를 찾는다는 게 미헤레트 부사장이 알려준 정보의 요지였다. 나아가 미헤레트 부사장은 ZTE 에티오피아 지사장과의 미팅을 주선해줬다.

송 회장은 직감적으로 '이거다' 싶었다. ZTE 에티오피아 지사장을 만나 우암코퍼레이션에 대해 소개하고 사업에 참여하고 싶다는 의견을 전달했다.

첫만남에서 ZTE 측은 우암코퍼레이션의 제안에 마뜩잖은 분위기였다. OPGW(Optical Ground Wire)는 고압 송전선로를 낙뢰로부터 보호하기 위해 송전탑 맨꼭대기에 설치되어 있는 가공지선(GW)에 광섬유를 더해 통신선의 기능을 추가한 제품이다. 기존에 설치된 GW를 제거하고 OPGW로 바꿔 설치하기 때문에 활선(전기가 통하고 있는 선) 작업이 필수적이다. 실적이 없는 회사가 사선도 아닌 위험천만한 활선작업이 요구되는 OPGW의 설계·시공을 하겠다고 덤벼드니 ZTE의 미온적인 반응도 무리는 아니었다.

여기서 송 회장의 사업가적 기질이 또 한번 빛을 발했다. 국제입찰에서는 참여 업체의 실적도 필요하지만, 그보다 그 나라의 기술을 더 중시한다는 생각이 뇌리를 스쳤다. 세계 톱 클래스인 대한민국의 전력기술과 맨파워로 밀어붙였다.

"우암코퍼레이션이 실적이 없는 건 맞다. 그러나 전력산업에서 세계 최고를 다투는 코리아의 기술력을 봐달라. 이번 프로젝트는 이 분야에서 20~30년 숙련된 기술자들이 설계·시공을 맡을 것이다"라고 집요하게 설득했다.

동시에 ZTE 및 EEPCo 관계자를 한국에 초청했다. 우암코퍼레이션 본사는 물론 한국전력, 전력거래소, 파주 디지털변전소 등을 견학시키면서 우수한 대한민국의 전력기술을 체험하게 했다.

지성이면 감천이라고 했나. 우암코퍼레이션은 ZTE의 글로벌 협력회사로 정식 등록되면서 입찰 기회를 얻을 수 있었다.

2012년 11월 에티오피아 OPGW사업과 관련한 국제지명입찰 공고가 떴다. ZTE는 자국인 중국 업체를 비롯해 독일·이란·남아공·인도 등의 8개 업체를 대상으로 지명

입찰을 진행했다. 우암코퍼레이션도 물론 그 속에 포함됐다.

3개월의 입찰과정을 거쳐 2013년 2월 ZTE가 3개 업체를 최종 우선협상대상자로 선정했는데, 우암코퍼레이션은 이란·남아공 업체와 함께 당당히 이름을 올렸다. 우암코퍼레이션이 국내외를 통틀어 처음으로 수주한 전기공사(설계 포함) 프로젝트였다.

에티오피아 OPGW는 당초 EPC(설계·구매·시공) 방식으로 진행될 계획이었다. ZTE는 중국 ODA사업인 만큼 자국 업체에 기회를 주려고 했다. 그러나 OPGW사업의 특성상 숙련된 활선 기술이 요구되는 점에서 외국 업체에 설계·시공권을 넘겨줄 수밖에 없었다.

전 세계적으로 활선 공사를 적극적으로 수행한 곳은 한국을 비롯해 이란 · 남아공 정도였다. 다만, ZTE는 P(Procument)에 해당하는 자재구매는 중국 업체에 맡겼다. 우암코퍼레이션이 에티오피아에 첫 해외 지사를 설립한 것도 시기였다. 본격적인 중앙아프리카 시장 공략에 나선 것이다.

고난의 연속인 프로젝트

에티오피아 OPGW사업의 우선협상대상자로 선정된 우암코퍼레이션은 2013년 6월 정식계약을 체결했다. 계약 구간은 ZTE가 맡은 총 1260km 구간 중 866km였다. 우암은 이후 100km를 추가 수주했지만, 다른 참여업체들과 구간 조정 끝에 230kV 454km, 132kV 212km 등 총 666km를 준공하게 된다.

계약을 마친 우암코퍼레이션은 2013년 7월 에티오피아 지사를 설립하고, 본격적인 현장답사 및 설계업무에 착수했다.

대개 중소건설사의 해외 진출은 국내 대기업 및 대형건설사의 하도급 형태를 띠는 것이 일반적이다. 해외 정보도 부족할뿐더러 그래야 혹 발생할지도 모를 현지 리스크를 줄일 수 있기 때문이다. 회사의 자금력이 충분하더라도 막연한 두려움 때문에 해외 진출을 꺼리는 중견·중소 업체도 허다하다.

이런 점에서 우암코퍼레이션의 에티오피아 OPGW사업은 무모한 도전에 가까웠다. 국내 업체가 아닌 중국 통신사를 파트너로 삼았고, 설계·시공도 전혀 경험이 없던 분

02. 드럼에 감겨 있는 OPGW 케이블. 드럼 1개 무게만 750kg에 달한다. 도로 사정이 안 좋아 공사현장까지 수십 명의 인력이 달라붙어 운반하기도 했다.

야다. 시쳇말로 맨땅에 헤딩하는 격이었다.

그만큼 에티오피아 OPGW 프로젝트는 고난의 연속이었다. 설계를 위해 현장답사를 나간 순간부터 우암코퍼레이션의 고민은 시작됐다.

해당 프로젝트에 참여한 정종원 우암코퍼레이션 상무는 당시를 이렇게 회고했다.

"이번 사업은 수도 아디스아바바에서 에티오피아 북부 지역에 OPGW를 설치하는 것이다. 말이 666km이지, 서울에서 부산을 넘는 거리였다. 그런데 문제는 도로였다. 공사현장인 송전탑까지 장비를 가져가야 하는데 도로사정이 너무 안 좋았다. 포장은 고사하고 현장까지 아예 길이 나지 않은 곳이 전체의 절반에 달했다. 현장답사를 마친 뒤 어떻게 공사를 해야 하나 두려움이 앞섰다."

OPGW를 설치하려면 OPGW 케이블을 비롯해 케이블을 감는 드럼, 설치 시 케이블을 당기는 엔진, 케이블을 송전탑에 거는 거치대 등 여러 장비가 필요하다. 하루 사용하는 장비만 해도 8t 트럭 몇 대 분량이다. 국내의 경우 헬

리콥터 등으로 운반하면 되지만 에티오피아에서는 꿈도 꾸지 못했다.

이가 없으면 잇몸이라고 했나. 결국 트럭으로 갈 수 있는 때까지 들어간 뒤 당나귀나 망아지를 빌려 운반했고, 이조차 안 될 경우에는 작업자 수십 명이 달라붙어 인력으로 장비를 옮겨야 했다.

기록상 2014년 9월 착공 예정이었지만 실제 착공한 시기는 11월이었다. 설상가상으로 중국 측에서 조달해주는 자재가 늦어진 까닭이었다.

작업자들의 손도 더뎠다. 착공 당시 120명 정도 인력이 투입됐는데, 한국에서 나간 인력은 현장소장 등 관리파트를 맡았고, 실제 작업하는 근로자는 에티오피아 현지인과 인도인으로 충당했다. 전공 출신이라 해서 뽑았는데 막상 현장에 투입하니 활선 교육부터 다시 시켜야 할 정도로 수준이 낮았다.

문화적 차이에서 오는 이질감도 부담이 됐다.

우리나라 근로자의 경우 잔업을 감수하더라도 하루 주

03. 작업 시작 전 인원 및 업무량 체크를 하는 모습. 공사 초기 작업자는 인도인과 에티오피아 현지인으로 충당했다.

어진 업무를 완수한다는 책임감이 강했지만, 현지인들은 달랐다. 퇴근시간이 되면 무조건 손을 놓았다. 생산성이 좋다면 당연했지만, 이들의 생산성은 한국인의 10분의 1에도 못 미쳤다.

또 명절이라서 3일 정도 휴가를 주면 1주일 정도 빠지는 게 다반사였다. 휴일 이틀 전에 출발해서 휴가를 보낸 뒤 이틀 후에 돌아오는 식이었다. 앞뒤로 4일을 까먹는 셈이다. 그렇다고 임금을 안 줄 수 없었다. 만약 무노동·무임금이라고 하면 파업을 일으키기 일쑤였다. 어느 정도 임금을 보전해주는 선에서 타협을 봐야 했다. 국내 인력의 현지 적응도 쉽지 않았다. 에티오피아가 개발도상국인데다 현장은 수도에서 떨어진 시골이다 보니 모든 게 부족했다. 전기와 물이 끊기는 것은 기본이었다.

그중 가장 참기 힘든 건 빈대였다. 한두 방 물고 가는 모기와 달리, 빈대는 한번 물면 선을 그리며 연달아 쭉 문다. 마치 대상포진을 방불케했다. 빈대는 숙소든 현장이든 어디든지 있었다. 그래서 휴일이면 이불을 털어 햇볕에 널거나 뜨거운 다리미로 매트리스를 지지는 게 일이었다.

심지어 현장에 수풀을 우거져 있으면 타이즈도 모자라 테이프를 다리에 꽁꽁 둘러 감고 들어갈 정도로 작업환경은 열악했다.

비즈니스는 신뢰… 최대한 공기를 맞춰라

입찰 당시 열악한 현지 도로 사정이나 현지 근로자의 낮은 기술력 못지않게 계산하지 못한 부분이 또 있었다. 다름 아닌 날씨였다.

아프리카 지역에 있지만 고원지대인 에티오피아 북부는 한국의 초가을을 연상케 할 정도로 날씨가 좋다. 그런데 7~9월에는 비가 내리는 우기가 있다. 연간 강수량이 이 시기에 집중된다. OPGW는 고압선에 작업하기 때문에 비가 오면 공사를 중단해야 한다.

착공 이듬해인 2015년 7월, 공정률은 형편없었다. 계획상 50% 이상을 달성해야 했는데 30%에도 못 미쳤다. 게다가 우기가 시작된 터라 2~3개월은 손 놓고 있어야 할 형편이었다. 다행히 발주처에서 늦어진 공기에 대한 패널티를 주지 않았지만, 이대로라면 엄청난 손실은 불보듯 뻔했다. 손실을 생각하면 오히려 공사를 포기하는 편이

04

04. 05. OPGW 설치 장면.

옳았다. 그러나 평소 '비즈니스는 신뢰'라는 철학을 지닌 송 대표에게 공사 포기는 죽기보다도 싫었다.

한치 앞이 안 보이는 암담한 순간 송 회장은 또다시 기지를 발휘했다. "한국에서 숙련된 전공을 데려오자"는 것이었다. 각 팀마다 숙련된 한국 전공을 팀장으로 두고 이들을 중심으로 공사를 수행하자는 아이디어였다.

공사비만 생각하면 이 아이디어는 도박에 가까웠다. 국내 송전전공의 일당은 40만원에 육박한다. 한 달 50만~60만원인 현지 근로자와 비할 바가 못 된다. 여기에 한국에서 먼 에티오피아까지 그들을 데려오려면 추가로 비용을 지불해야 한다.

하지만 송 회장은 "고액의 인건비를 투자하더라도 그만큼 공기를 단축시킨다면 승산은 있다"고 판단했다. 그리고 그 판단은 옳았다.

2015년 9월 말부터 한국에서 데려온 송전전공을 투입해 공사를 진행했다. 한국인 송전전공 1명당 8~10명의 현지 근로자를 붙여 팀을 꾸리는 식이었다. 한국인 송전전공의

05

능숙한 손놀림에 현지 근로자들의 눈빛이 달라졌다.

고급 기술을 하나라도 더 배우려는 의욕을 불태웠다. 휴일에 송전탑에서 일하는 요령을 배우려는 현지 근로자도 있었다.

자연스럽게 공사에 속도가 붙기 시작했다. 한 달에 100km를 끝내 발주처를 놀래키기도 했다. 말이 100km이지 휴일을 제외하면 하루에 4km씩을 완료한 것이다.

현지 근로자들의 손놀림도 달라졌다. 처음 12명으로 시작한 한국인 송전전공은 점차 줄어 마지막에는 3명 정도면 충분했다.

2016년 3월 마지막 송전탑에 OPGW를 설치하면서 공사를 완료했다. 그로부터 3개월 후인 2016년 6월 준공검사까지 마치며 사업을 최종 준공했다. 계획보다 6개월이 늦었지만 함께 시작한 이란·남아공 업체보다 빨랐다.

역사적인 첫 공사의 성공적인 수행, 그것도 낯선 이국 땅에서 해낸 것이다. 송 회장의 가슴속에선 뜨거운 것이 차올랐다.

"2005년 에너지 분야로 사업을 확장한 이래 설계·공사 쪽으로 한걸음 더 내디뎠다는 점에서 가슴이 벅찼다. 물론 수익은 내지 못했다. 오히려 손실이 났다. 처음부터 한국인 송전공을 투입했더라면 계획보다 앞당겨 공사를 끝냈을지도, 또 수익을 냈을지도 모른다. 그러나 이 또한 해외사업의 시행착오 아닌가. 많은 어려움이 따랐지만 프로젝트를 성공적을 완수했다는 점에서 우리 우암 식구들을 칭찬해주고 싶다. 그만큼 해외사업에 대해서도 자신감을 갖게 됐다. 발주처도 아주 마음에 들어했다."

우암코퍼레이션 입장에서 이번 프로젝트에는 또 하나의 자랑거리가 있다. 인사사고가 없었다는 점이다.

경미한 사고가 발생하기는 했지만, 근로자가 사망한 사고는 없었다. 발주처가 우암코퍼레이션에 특히 고마워한 것도 이 부분이었다.

"글로벌 에너지 토털서비스기업으로 거듭날 것"

에티오피아 OPGW 프로젝트는 우암코퍼레이션에 여러 사업 기회를 선사했다. OPGW 프로젝트 수행 도중 국영 통신사인 에티오피아텔레콤(ETC)에서 발주한 통신망확장공사의 현장조사 및 설계를 추가 수주해 완료했다. 이 사업은 3G 및 4G 모바일 도입을 위해 도심지 내 광케이블 설치 현장조사 및 설계를 하는 것이다.

이 사업 역시 중국 자본인 ZTE과 스웨덴의 글로벌 통신사인 에릭슨이 주도하고 있다. 우암코퍼레이션은 설계에 참여한 만큼 추후 발주될 건설공사에도 참여할 수 있을 것으로 기대하고 있다.

또한 이번 북부 지역 OPGW사업에 이어 조만간 발주될 남부 지역 OPGW사업에도 참여를 노리고 있다. 이 기간 동안 일본에서 대규모 태양광 설치사업도 완수했다. 후쿠시마현 쿠니지 지역에 폐업한 골프장 부지에 13MW 규모의 태양광발전소를 건설하는 606만달러짜리 프로젝트로, 2014년 9월에 수주해 1년 만에 준공했다. 신재생에너지 사업에까지 발을 넓힌 것이다.

우암코퍼레이션은 일단 중앙아시아를 중심으로 해외시장 진출을 가속화할 계획이다. 2015년 9월에는 에티오피아에 이어 가나에도 지사를 설립했다. 가나에서는 현재 송변전 감리사업을 진행하고 있다.

IT전문기업으로 출발한 우암코퍼리에션은 이제 에너지 토털서비스기업으로 변신을 꾀하고 있다. 국내에서는 ESS(에너지저장장치), DR(수요반응), AMI(지능형전력량계) 관련 사업도 진출한 상황이다.

송혜자 회장은 "4차 혁명의 핵심은 산업 간 융합이며, 그 중심에는 IT와 에너지가 위치해 있다. 이 두 가지는 우암코퍼레이션이 가장 잘 하는 것"이라고 강조했다.

송 회장은 이어 "예컨대 ESS사업이라고 ESS를 제조하는 것은 아니다. ESS를 필요로 하는 공장이나 에너지 다소비 빌딩에 최적화된 에너지 솔루션을 제공해 설치해주는 것이 우리가 할 일이다. 장비는 제조업체와 계약을 맺으면 된다"고 덧붙였다. 이는 에티오피아 OPGW 프로젝트를 진행하면서 얻은 자신감의 발로라 해도 과언이 아니다. 설계에서 시공까지 프로젝트의 한 텀을 완수했기 때문에 향후 어느 프로젝트이든 타당성조사에서부터 준공까지 할 수 있다는 자신감이다.

2005년 송 회장은 30년 후를 내다보고 에너지 사업에 투자를 결정했다. 이제야 그 결실이 맺고 있는 시기라고 했다. 앞으로 글로벌 에너지 시장에서 우암코퍼레이션이 그려나갈 지도가 자못 궁금해진다.

| 정회훈기자

인터뷰
interview

송혜자 우암코퍼레이션 회장

손실은 났지만… 가장 큰 소득이었다

송혜자 우암코퍼레이션 회장은 벤처업계에서 여장부로 통한다. 1993년 4평짜리 연립주택에서 직원 1명을 두고 출발한 우암코퍼레이션은, 지금은 판교 테크노밸리에 번듯한 사옥을 보유하고 있다. 직원들은 해외법인까지 포함해 50여 명에 이른다.

스스로는 "내가 부족해서 이 정도밖에 안 됐다"고 겸손해했지만, 그동안 얼마나 많은 벤처기업이 명멸했는가를 떠올리면 대단한 성장이 아닐 수 없다.

우암코퍼레이션은 2018년 창립 25주년을 앞두고 있다. 제4대 여성벤처협회 회장 등을 역임한 송 회장은 현재 스마트그리드협회 부회장, 중소기업중앙회 에티오피아 민간대사를 맡고 있다.

Q. 잘 나가던 IT업체가 에너지로 사업 영역을 확대한 배경은.

2005년 즈음이었다. 모든 산업에는 업다운이 있다. 내가 발을 담근 IT업계에서도 데스밸리를 넘지 못해 망하는 기업을 많이 봤다.

당시 우리가 개발한 화상 소프트웨어는 전성기였지만 또 한편으로는 겁이 났다. 사업포트폴리오의 다변화를 고민하다 선택한 것이 에너지였다. 지금은 구글 · 페이스북 등 IT기업이 세계 10대 기업에 들어와 있지만, 그때만 해도 10대 기업 중 셸(SHELL) 등 에너지 기업이 5개나 됐다. 오래된 기업들이고 무엇보다 진입장벽이 높았다. 우리도 아무나 할 수 없는 사업을 해야겠다고 생각했다.

Q. 지금은 에너지에 IT가 접목되고 있지만 당시에는 드물었다. 어찌보면 생소한 분야이었을 텐데.

처음엔 우리가 할 수 있는 것을 해보려고 했다. 수요예측 컨설팅 등 IT를 기반으로 한 것부터 시작했다. 그 후 한걸음씩 도전했다. 타당성조사(F/S)로 했고 감리도 했다. 그러다보니 전력 인더스트리에 대한 공부가 되고 전력망이 얼마나 중요한지 이해가 되면서 시장도 보이더라. 조그만 한 EPC를 해보자고 한 게 에티오피아 OPGW였다.

Q. 에티오피아 OPGW 프로젝트는 CEO 입장에선 썩 좋은 결과는 아닌 듯한데.

수익 측면에서만 본다면 아프다. 손실이 났다. 그러나 회사 전체에 미치는 영향을 보면 모멘텀이 될 만한 프로젝트라고 생각한다.

설계에서 시공까지 인사사고 없이 프로젝트의 한 텀을 수행해봤다는 게 가장 큰 소득이었다. 많은 시행착오를 겪었지만 앞으로 비슷한 프로젝트가 나오면 잘 할 수 있을 것이라는 자신감이 생겼다.

Q. 아프리카 시장을 집중적으로 공략하고 있는 모습이다.

아프리카는 잠재력이 큰 시장이다. 인구는 많지만 전력 인프라는 열악하다. 송전망 사업뿐 아니라 마을 단위의 마이크로그리드 사업도 추진하고 있다. 아프리카는 지금은 기부금으로 지탱되는 시장이지만 몇 년 안에 구매시장으로 바뀔 것이다.

일단 에티오피아와 가나에 집중해서 좋은 결과가 나오면, 이를 가지고 중동 · 동남아시아 등 다른 지역에도 진출할 생각이다.

올해 초 중국 최대 전력건설업체인 파워차이나와 기자재 공급과 관련한 MOU를 체결했다. EPC를 위해서인데 협업을 통해 중국 진출도 가능할 것으로 본다.

Q. IT전문기업에서 에너지 토털서비스기업으로 변신 중인데.

IT에서 출발했지만 지금은 에너지 기업으로 전환 중이다. 현재 매출 비중은 에너지가 더 크며, 앞으로 더 커질 것이다. 매출의 70~80%까지 키울 생각이다. 그렇다고 IT를 포기하는 것은 아니다. 화상회의도 유무선 통합 클라우딩으로 서비스하고 있다. 회의 방식은 달라져도 회의 자체는 없어지지 않는다.

또 스마트그리드는 IT를 기반으로 한다. EMS(에너지관리시스템), AMI(지능형전력량계), DR(수요반응) 등은 IT가 뒷받침되지 않으면 안 된다. 이런 측면에서 우암코퍼레이션은 IT와 에너지를 모두 잘 하는 기업이라고 자부한다.

Q. 여성으로서 사업 하기가 쉽지 않았을 것 같다.

업력으로만 따진다면 회사는 지금보다 더 컸어야 한다. 여성이 CEO로 있는 기업이 대부분 그렇지만 큰 기업이 없다. 아마 접대문화가 없기 때문으로 생각한다. 대신 열심히 기술개발을 해서 한걸음씩 나아간다는 자부심은 있다.

최근 한국남동발전에서 히든챔피언으로 선정되기도 했다. 앞으로는 큰 기업이 성공하는 게 아니라 시장 변화에 빠르게 대응하는 기업이 성공하는 시대가 올 것이다. 지금까지 에너지 분야에 투자한 R&D 비용은 70억원에 달한다. 우리 같은 중소기업으로선 적지 않은 돈이다. 작지만 에너지 분야에서 핵심이 되는 강소기업으로 키울 것이다.

Q. 대신 여성 CEO로서 강점도 있을 법한데.

섬세한 경영이 강점이랄까. 중동에서 바이어가 방한했을 때 일이다. 그는 두바이에서 맞춘 다초점 렌즈 안경을 분실했다. 안경을 맞춘 후 바이어에게 전달했는데 자신이 매일 사용하는 물건이라 선물로 받을 수 없다고 거절했다.

결국 바이어가 안경값을 지불했다. 남성 CEO라면 여기서 멈췄을 것이다. 그러나 나는 그주 토요일 저녁 바이어를 저녁식사에 초대해 다초점 선글라스를 건넸다. 안경점에 남아 있는 그의 검안결과를 토대로 선글라스를 맞춰준 것이다. 깜짝 선물에 바이어는 놀라고 감격스러워했다. 귀국 후에는 답례선물을 보내왔다. 내가 출장 가면 집으로 저녁 초대를 한다. 이슬람 문화권에서 여성을 집으로 초대하는 것은 상당한 호의의 표시라고 한다.

Q. 중소기업으로 해외 진출은 쉽지 않았을 텐데.

국토교통부나 해외건설협회에서 지원하는 해외시장개척자금 등이 도움이 됐다. 해외지원의 폭을 좀더 확대했으면 하는 바람이다. 이에 더해 도전하는 기업을 응원해주고 잘 케어해주는 제도적 개선이 필요하다.

해외에서 사업하다 보면 100% 성공을 보장할 수 없다. 실패했을 때 제대로 평가를 하고 사업자가 제기할 수 있는 기회를 주어야 한다. 예컨대 기업 대표의 연대보증 같은 건 반드시 없어져야 한다. 실패할 경우 법인이 책임지는 것은 당연하지만, 개인(대표이사)까지 책임지라고 하면 기업가 정신을 발휘할 수 없다.

해외로 나가라고만 할 게 아니라 열심히 했는데도 안 좋은 결과가 나왔을 때 다독여주는 시스템이 우리 같은 중소기업 입장에선 절실하다.

Q. 비즈니스를 하면서 가장 중요한 것은 무엇인가.

'신뢰'라고 생각한다. 2003년 즈음의 일이다. 상장 준비를 하는데 벤처캐피털에서 우리 회사에 30억원을 투자했다. 그러나 결과적으로 상장하지 못했다. 벤처캐피털 입장에선 투자금은 날릴 수 있는 상황이었지만, 내가 개인 재산을 팔아서 투자한 비율대로 다시 사줬다.

우리 회사를 위해 투자한 것을 나몰라라 할 수 없었다. 적어도 시장에선 송혜자는 신뢰가 있는 사업가, 우암코퍼레이션은 투명한 회사로 봐준다.

오랜 시간을 거치면서 쌓은 신뢰가 바탕이 된 것이다. 그러다 보면 더 큰 기회가 온다. 손실을 본 에티오피아 OPGW사업도 신뢰로 완수했다.

정회훈기자 hoony@

뜨거웠던 도전, 신시장 개척의 불씨가 되다

인도네시아 자카르타 유료도로 민자제안사업

시간을 버려야만 사업권을 확보할 수 있다는 말은 그럴듯하게 들렸다. 발주처를 만나는 날에는 평균 1시간 이상을 기다려야 하며, 더위에 지쳐갈 때쯤 대답을 들을 수 있다는 충고는 진심 어린 말이었다.

박종선 동부엔지니어링 이사가 해외건설협회의 해외시장개척 지원사업인 인도네시아 자카르타 유료도로 민간제안사업 추진을 위한 현지 답사 이전에 들었던 말 중 하나였다.

2010년 10월 인도네시아 자카르타 수카르노하타 공항에 도착한 첫날 눈에 들어온 첫 경관은 빼곡히 들어찬 자동차였다.

공항은 대형 주차장을 방불케 했다. 호텔로 이동하는 내내 자동차들은 우리 옆을 훑어보듯 자리를 지키고 있었다.

"20분이면 갈 수 있었다던데…."

이국의 탁한 냄새와 자동차 매연까지 가세하니 코끝이 아려왔다. 공항에 도착해 자동차를 탄 지 1시간이 지났지만, 여전히 자동차는 도로 위에 있었다.

마치 온 도시를 휘감고 있었다는 표현이 어울릴 정도였다. 밤에도, 대낮에도 도로는 오롯이 자동차만의 것이었다. 그러나 자동차가 많아지면서 자동차마저 도로에서 밀려났다. 갈 곳 없는 자동차는 또 다른 길을 만들 수밖에 없도록 했지만, 모든 길은 이미 또 다른 자동차들로 흘러 넘쳤다.

출퇴근 시간이 가까워지면 오토바이마저 지나갈 곳을

01

찾지 못해 제자리에 멈춰 섰다.

그렇게 '마껫(Macet)'이라 불리는 교통체증은 인도네시아의 상징처럼 자리를 잡았다. 한 해 평균 400시간을 도로에서 보낸다는 인도네시아의 첫인상은 도로를 가득 메운 자동차와 뿌연 매연으로 가득했다. 바람 따라 흩날리는 자동차 바퀴에 묻어 흩뿌려지는 먼지는 동부엔지니어링의 신사업 아이디어가 됐다.

애초 인도네시아 자카르타에 유료도로 민간사업을 제안하려는 배경도 여기에 있었다. 실제 인도네시아는 육지 교통수단의 상당수가 도로다.

2004년 기준으로 도로는 총 37만2929km에 달하지만, 1997년 아시아 경제위기 이후 재정부족 현상으로 도로건설 상당수가 방치되면서 교통체증이 매우 심각한 것으로 조사됐다. 교통체증을 완화하기 위한 새로운 간선도로 계획은 해외 민간투자사업 기업에는 기회였고, 자국 국민에게는 복지로 작용하는 구조였다.

동부엔지니어링과 수성엔지니어링이 6대 4의 비율로 현

01. 02.
버까시(BEKASI) 유료고속도로 등 자카르타 시내는 교통체증으로 몸살을 앓고 있다. 왼쪽은 이륜차 통행이 불가한 유료도로이며, 오른쪽은 버스전용차로를 시행 중인 일반 도로. 버스전용차로는 차량정체로 사실상 무용지물 상태다.

02

지 답사를 시작한 사업이다. '꽉 막힌 도로를 시원하게 뚫어준다면 어떻게 될까?'라는 물음표를 마침표로 확정하는 시간은 길지 않았다.

"SPC(크레산 쿠수마 디안드라 마가, KKDM, PT. Kresan Kusuma Dyandra Marga)가 외환위기 때문에 파산한 거잖아. 이게 사업성이 없는 게 아니지. 그렇지 않아?"

"이게 확실합니다. 교통체증이 유명한 만큼 신규로 제안할 사업도 충분하다고 봅니다. 이제 사업부지 선정과 파이낸싱만 명확히 한다면 우리가 대만과 태평양을 건너온 성과는 충분하다고 생각합니다."

동부엔지니어링 박종선 이사와 김경석 이사가 서로에게 되받아치듯 아니 스스로에게 질문하듯 말하고 답했다. 그렇게 기술자의 감각적인 아이디어는 인도네시아 유료도로 민자제안사업 추진의 성공을 확신하는 동시에 시간과의 싸움을 시작했다. 대상지를 확정하는 동안 사업 추진을 위한 든든한 지원군도 등에 업었다.

드넓은 인도네시아에서 마쩻이 가장 심한 곳으로 알려진 자카르타는 최적지로 꼽혔다. 총 130km에 달하는 도로를 물색했고, 이 중 한 곳을 선택했다.

1996년 SPC(PT. KKDM)를 설립해 다음해 착공까지 진행한 버까시 짜왕~깜풍 멜라유(Bekasi-Cawang-Kp, Melayu, 20.42km)가 꼽혔다.

버까시 짜왕~깜풍 멜라유 구간은 1996년 12월 수하르토 전 대통령의 아들이 소유한 PT 크레사나 타라(Kresana Tara)가 주간사로 있는 SPC(PT. KKDM)가 사업을

03. 동부엔지니어링 엔지니어들이 인도네시아 자카르타 짜왕 시내에서 교통량을 조사하고 있다.

이끌어온 유료도로 사업이다.

1997년 3월 양허계약을 체결한 뒤 같은 해 공사를 시작했다. 그러나 인도네시아의 금융위기가 시작되면서 다음 해인 1998년 12월 사업이 중단됐다. PT Kresana Tara가 파산한 게 주요인이 됐다. 2년도 채 추진되지 못한 유료도로 공사는 도로 상판을 떠받칠 교각만 일부 조성된 상태였다. 총 20km 구간 중 5km구간, 120개 정도였다. 그렇게 10년이 흘렀고, 2010년 동부엔지니어링은 죽어 있던 사업에 숨결을 불어넣기 시작했다.

해외건설협회 해외시장개척자금 지원을 기반으로 시작된 첫 출장. 동부엔지니어링이 120여 일간 진행한 인도네시아 최초의 민간제안사업 발굴을 위한 여정의 시작이다. 현지조사와 인도네시아 유료도로청과의 협의 그리고 대안설계를 만들어 투자자(PT. KKDM)와 이를 협의하고, 시공사와 타당성조사설계용역을 수주하는 단계까지 숨 쉴 틈 없는 1년의 여정은 도로뿐 아니라 철도와 상하수도, 수자원 개발사업의 디딤돌을 마련하는 쾌거로 남았다.

네 번의 출장… 명운을 건 싸움

첫 출장, 외국 문화는 다르다

종업원은 시원한 냉면 네 그릇을 동시에 들고 왔다. 식탁 옆 수저통에서 숟가락과 젓가락을 꺼내고 있는 박종선 동부엔지니어링 도로공항부 이사의 얼굴은 조금 지친 것 같기도 했고, 전날 잠을 못 잔 것인지 늙어버린 것 같기도 했다.

동료인 김경석 해외사업부 이사도 크게 다르지 않은 얼굴색을 보였다. 사업에 함께 참여한 수성엔지니어링 김인, 오수동 이사도 말없이 냉면을 바라보고 있었다.

"잘 될까?"

박종선 이사가 물었다.

"잘 돼야죠. 그러려고 가는 건데요…."

김경석 이사가 겨우 대답했다.

2010년 10월 해외건설협회 해외시장개척자금 확보를 위한 인도네시아 자카르타 현지답사팀의 첫 여정이 시작됐다. 해외건설시장 진출의 첫 단추는 불안과 걱정, 염려로 가득했다.

국적기 기준으로 하루 단 1대의 비행기만 운영하는 7시간의 여정

식사를 마친 이후에도 비행기 출발까지는 1시간 정도가 남았다. 인천국제공항에서 오후 3시에 출발한 비행기는 저녁 8시에야 인도네시아 자카르타 수카르노하타 공항에 도착했다. 입국수속이 시작됐다.

"…."

"왜 잔돈을 안 주는 거지?"

박종선 이사 등으로 구성된 현지답사팀의 여정은 처음부터 말썽이 이어졌다. 인도네시아 자카르타 공항 입국비자 발급이 첫 단계였다.

"여기 문화는 잔돈을 안 준다고 하니, 그냥 나오세요. 뒤에 줄도 모두 끊겼어요."

"5달러가 큰 돈은 아니지만, 너무하네요."

푸념이 이어졌다.

생소한 이국의 문화

가루다항공은 비행기 내에서 입국비자를 준비하지만, 외항기는 현지에서 절차를 밟아야 하는데 잔돈을 주지 않는 문화는 낯설기만 했다. 공항을 나와서는 호텔 버스 때문에 애를 먹었다.

"미스터 김(Mr. Kim), 여기입니다. 짐을 주세요."

짧고 간단한 한국말은 반가웠다.

눈 깜짝할 사이에 짐은 모두 차량으로 옮겨졌다.

문제는 5분도 채 지나지 않아 나타났다.

"정말 A호텔에 가는 차가 맞아요?"

"…."

우리 일행이 묻는 질문이었지만, 미스터 김을 외친 현지인은 답을 못했다. 대답을 하지 못하는 건지, 안 하는 건지 불명확했다.

그렇게 10분여간 실랑이를 벌이는 사이, 박종선 이사 일행이 애초 예약한 호텔 차량이 도착했다. 미스터 김을 외친 현지인은 어느새 짐을 풀고 자리를 떠났다.

"큰일 날 뻔했네요."

"아, 타향에서 고생한다는 게 이런 거구나."

서로를 위로했다.

다음날 인도네시아 공공사업부 유료도로청(BPJT: Badan Pengatur Jalan Tol) 관계자와의 미팅도 순탄하지만은 않았다. 사업권을 가진 투자자와 유료도로청 소속의 정부 관계자(유료도로위원회·Toll Road Authority), 민간사업자, 투자자, 금융권)가 한 자리에 모였다.

건설이 중단 또는 예정인 유료도로 노선에 대한 FS(타당성 검토)자료 검토 및 현장 답사가 시작됐다. 운영 중인 유료도로 교통량 조사도 병행했다.

첫 회의에는 유사이드 토입(Yusid Toyib) 유료도로청 부청장 등 총 10여 명이 참여했다. 당시 우리나라는 인도네시아에 '명품 고등훈련기 T-50'의 판매 계약을 앞둔 상황이었다. 또 우리나라 축구 간판스타인 박지성 선수의 활약으로 한국에 대한 이미지는 좋은 시절이었다.

현지답사팀은 이러한 외교관계를 활용해 담당 공무원과 친밀도를 높였다. 그러나 자료협조는 쉽지 않았다. 상당수가 수작업으로 이뤄지는 구조여서 모든 자료마다 가격이 매겨졌고, 비용이 수반됐다.

"투자라고 생각하고, 준비를 해보자고."

박종선 이사의 한 마디는 현지조사팀에 활력소가 됐다. 그렇게 나흘간 유료도로인 △버까시 짜왕~깜풍 멜라유(Bekasi-Cawang~Kp, Melayu, 20.42km) △데폭~안타사리(Depok~Antasari, 21.70km) △찌비뚱~찌리찡(Cibitung(Cikarang)~Cilincing, 33.92km) △짜위~수카부미(Ciawi~Sukabumi, 54km) 등 총 130km에 달하는 4개 예상 사업 노선을 돌아봤다.

지장물은 물론 집단 가옥과 지반 그리고 통행량 등 기본적인 경제성 조사까지 마무리했다. 이 과정에서 또 다른 난관에 부닥치기도 했다.

"그곳에서 뭐하는 겁니까?(Apa yang kau lakukan di sana?)"

버까시 짜왕~깜풍 멜라유 유료도로에서는 총을 멘 경찰들에게 조사를 제지당하기도 했다. 보안문제로 사전조사할 수 없다는 게 이유였다.

"중단하고, 나가시오."

알아들을 수 없는 말이지만 총부리를 겨눈 경찰은 두려웠다. 등줄기에 식은땀이 흘러내렸다. 박종선 이사 일행은 후들거리는 다리를 겨우 부여잡았다.

"이대로 쫓겨나는 건가. 조사해야 하는데…. 조사도 하지 못한 채 돌아간다면 사업을 망치게 되는데…."

정신이 혼미해졌다. 박종선 이사가 어렵게 첫 말을 꺼냈다.

"우리는 한국에서 온 기술자입니다. 버까시 짜왕~깜풍 멜라유 유료도로 공사 추진 현황을 조사하기 위해 왔습니다."

현지 경찰들은 잘 모르겠다는 듯 어깨를 들썩였다. 동시에 한쪽으로 자리를 옮기라는 듯 총구를 이리저리 흔들었다. 답답하고 두려웠다.

흘러내리는 이마의 땀을 훔치며 박종선 이사가 두 번째 말을 건넸다. 비행기에서 읽은 인도네시아의 문화를 떠올렸다.

축구에 대한 사랑

그게 해법이 될 수 있을지는 불분명했다. 그래도 배짱이 필요했다. 이대로 돌아갈 수는 없었다.

"한국, 박지성의 나라입니다. 우리는 그 나라에서 왔습니다."

"오, 지성~. 코리안."

이게 통할 줄은 예상하지 못했다. 당시 인도네시아의 TV와 옥외광고, 지면광고에는 마우(MAU)라는 카피를 통한 선불카드 광고가 도시전역을 뒤덮고 있었다. 국제 축구계에서는 변방에 있는 곳이지만, 축구를 사랑하는 마음은 세계적이라는 인식이 현실화되는 순간이었다. 특히 영국의 프리미어 리그 광팬이 많은 곳 한 인도네시아였다. 박종선 이사 일행은 경찰이 요구하는 대로 순순히 응했다. 신분을 밝히고 사업에 대한 사전조사 필요성도 설명했다. 결국 조사에 필요한 수수료를 지급했지만, 오히려 경찰의 보호를 받으며 답사를 마치는 상황까지 연출됐다.

04. 05.
크레사나 타라(Kresana Tara)가 주간사로 있는 SPC(PT, KKDM)에서 1997년 3월 시공한 짜왕(CAWANG) 강변측 통과구간 교각의 모습. 인도네시아의 금융위기가 시작되면서 크레사나 타라(Kresana Tara)는 파산했고, 다음해인 1998년 12월 사업이 중단됐다.

두 번째 출장, 귀한 인삼을 술로 담갔다고?

앞서 첫 출장 조사를 바탕으로 마련한 사업제안서는 해외건설협회에 제출됐다.

해외시장개척자금 지원 승인 단계까지 접근했다. 그렇게 2010년 11월15일, 5박6일간 이어진 두 번째 출장길이 시작됐다. 인도네시아 공공사업부 유료도로청(BPJT)과 노선협의를 하고, 사업권자인 PSC(PT, KKDM)와 설계노선에 대한 대안설계, 총 사업비 규모, 파이낸싱 등에 대한 의견 조정을 위한 출장이었다.

박종선 이사와 김경석 이사는 전 노선을 조사한 내용을 바탕으로 버까시 짜왕~깜풍 멜라유(Bekasi-Cawang~Kp, Melayu, 20.42km)를 최종 사업제안지로 선택했다. 한국도로공사 해외사업팀의 참여를 확정하기 위한 현지조사였다.

권우현 한국도로공사 해외사업팀 차장이 참여한 출장인 만큼 사업 추진에도 가속도가 붙었다. 수월한 자료 수집과 의견 교환을 위한 선물도 준비했다.

"지난번에는 인삼차를 준비했는데, 이번에는 1L짜리 인삼주를 준비했어요. 마음을 담았으니 현지 공무원들도 우리나라에 대한 인식이 좋아지지 않겠어요?"

"고민을 많이 했네요. 좋은 결과가 기대되네요."

박종선 이사와 김경석 이사는 서로를 격려하며 두 번째 미팅을 기대했다. 그렇게 사업제안지를 결정한 프로젝트팀은 공공사업부 유료도로청(BPJT)을 방문해 사업 협의단계에 접근했고, 이틀째 만남을 기약했다. 그러나 공무원들의 반응이 이상했다. 감이 좋지 않았다. 아니나 다를까, 이슬람 문화권을 제대로 이해하지 못한 결과는 씁쓸했다.

"이렇게 귀한 인삼을 술로 담갔나요?"

당황스러웠다. 우리나라 문화에서는 인삼을 술로 담가 오래도록 마시는 양풍이 있었지만, 이슬람 문화에서 술은 금기사항이었기 때문이다. 불안한 마음에 심장박동 소리가 귀에 웅웅거렸다.

해외건설 시장에 진출한다는 게 이토록 복잡하고 미묘한 것이라는 사실을 제대로 깨닫는 순간이었다. 문화를 제대로 이해해야 했다. 발주처와의 미팅을 마친 뒤 곧바로 현지 시장으로 달려갔다.

"전통의상 있을까요?"

숨을 고르며 옷 두 벌을 골랐다.

"이게 효과가 있을까?"

"외국인이 한복 입었을 때와 같을 거야. 한 걸음이라도 다가서려면 준비하는 게 낫지."

바띡(Batik) 두 벌은 상상 이상의 효과를 냈다. 인삼주로 어정쩡해진 분위기를 날려버리기에 충분했고, 미간에 가득하던 주름도 사라졌다.

동부엔지니어링과 한국도로공사의 반전도 시작됐다. 한국 특유의 자긍심으로 무장한 협상은 현지 에이전트 미팅을 주도하는 전환점으로 이어졌다.

"왜 우리나라(인도네시아) 도로사업을 하려고 하나요?"

"우리는 인천대교 등 다양한 교량·철도·도로 민자사업을 한 기술력을 갖추고 있습니다. 또 우리가 사업을 제안하려는 도로는 1997년 투자자가 파산하면서 중단된 사업에 불씨를 살리려는 게 핵심입니다. 한국은 박지성의 나라입니다. 한번 달리기 시작하면 끝까지 달립니다."

"먼 타국에서 일할 수 있는 투자자가 있겠느냐. 게다가 우리나라 진출은 처음인데 문화 적응이나 할 수 있겠느냐?"

"우리는 한국도로공사가 있습니다. 앞서 우리나라 기업들이 인도네시아 곳곳에 사업을 진행한 결실도 많이 있습니다. 인도네시아 국민을 위한 복지 인프라 구축에 팔을 걷어붙이게 될 우리 투자자를 반드시 모으겠습니다."

공공사업부 유료도로청(BPJT)의 설득은 사업의 순탄대로 진입을 알렸다. 이어 버까시 짜왕~깜풍 멜라유 유료도로에 대한 기본적인 자료제공은 물론, 현지 에이전트(금융권) 투자자와의 미팅까지 주선하는 성과를 낳았다.

셀프 파이낸싱(자본금)을 검증할 수 있는 자료까지 모두 확보했다. 그렇게 사업의 원활한 추진을 위한 구간 분리 시행 방안과 대안설계 조정, 도로 폭 조정 등 협의도 가시화됐다.

이후 이어진 미팅에서는 금융권의 참여와 1996년 사업을 추진한 SPC(KKDM)의 지분 참여, 한국 건소시엄이 참여해야 할 금융비용의 윤곽을 마련했다. 그날 인도네시아의 밤공기는 유난히 시원했다.

세 번째 출장, 대안 노선 제시

버까시 짜왕~깜풍 멜라유 유료도로의 사업성 분석이 본격화됐다. 첫 출장 때 현지 경찰의 보호를 받으며 조사한 내용이 사업성을 결정하는 단초를 제공했다면, 두 번째 출장 때 확보한 SPC(PT, KKDM)의 자본금 현황과 현지 금융권의 미팅은 사업추진의 촉진제가 됐다.

사업총괄 사업성 분석은 동부엔지니어링 이창수 전무와 박종선 이사가 주도했고, 국내 실무는 김창섭 부장이 맡았다. 박종선 이사가 해외에서 협상을 주도했다면, 국내에서는 김창섭 부장이 세부내용을 작성하는 구조였다.

국내에서는 박종선 이사가 가져온 자료를 숨 쉴 틈 없이 검토한 데 이어 대안설계 마련을 본격화됐다. 도면을 확인하고, 원제안자가 사업을 추진하지 못한 데 따른 대안을 만들었다. 구조 2명, 도로 3명, 교통 2명 등 10여 명의 내로라할 기술자가 밤샘을 이어갔다. 그렇게 4개월 만에 대안 기본노선안이 완성됐다.

현지에서 어렵사리 구한 지도를 통해 도면자료를 입혀서 자료를 만들었다. 결정은 명확하고 빨랐다. 유료도로의 시점부는 깜풍 멜라유로 확정했다.

자카르타 최대 혼잡 지역의 하나로 꼽히는 이 구간은 하천을 따라 상가와 가옥 등 지장물을 모두 철거해야만 하는 어려움이 있다. 그러나 상당수가 국가 소유의 부지여서 철거가 가능했다. 공공사업부 유료도로청(BPJT)도 강제철거가 일반적인 방식이어서 시공에 무리가 없을 것이라는 의견을 내놨다. 내부 수익률도 18~23% 수준이어서 경제성까지 확보했다.

기존 유로도로에서 분기하는 특징이 있고, 도로 전체 연장의 90%가량이 고가로 된

06

노선이었다.

두 번째 출장에서 논의한 사업비 절감 방안을 유료도로청에 제시했다. 구조물 조사를 하면서 실제 구조물의 사용 여부를 살펴본 결과를 바탕으로 대안까지 내놨다.

총 사업비 8929억원, 6차로(2×3), 연결로 22개소, 건설기간 36개월로 계획된 애초 노선의 변경안에 대해 발주처는 긍정 신호를 보냈다.

동부엔지니어링의 대안은 1단계와 2단계, 3단계로 나누어 진행하는 방식이었다. 1단계는 토지매수에 따른 민원을 최소화하기 위해 국유지인 하천 우안측을 왕복 4차로(12.5km)로 우선이엔씨 건설하는 방안으로 계획됐다. 공사비는 2803억원, 용지비 등을 포함하면 3836억원이 제시됐다. 용지매수가 유리한 강변 남측을 1단계 건설구간으로 계획해 선시공하고, 4차로를 임시 개통해 초기 투입 비용을 최소화하는 방안이다.

이어 2단계 사업에서는 1단계에 연계한 종방향 도로를 건설하는 단계다. 공사비는 920억원, 용지비를 포함하면

06. 2010년 11월17일. 동부엔지니어링 관계자들이 인도네시아 유료도로청(BPJT)을 방문했다. 왼쪽부터 레자 아비딘(REZA ABIDIN, 현지 에이전트 사장), 권우현 한국도로공사 차장, 박명식 동부엔지니어링 부사장, 이성근 동부건설 인도네시아 지사 소장, 유료도로청 청장, 오수동 수성엔지니어링 이사, 유사이드 토입(Yusid Toyib) 유료도로청 부청장, 김인 수성엔지니어링 이사, 박종선 동부엔지니어링 이사, 김경석 동부엔지니어링 이사.

1260억원이 투입되는 방안이다.

3단계에서는 좌안 3차로를 건설해 왕복 6차로를 운용하는 방안이다. 공사비 2253억원, 용지비를 포함해 총 3082억원을 투입해 공사를 마무리하는 계획이다.

애초 계획과 비교하면 공사비는 750억원가량을 절감하고, 앞서 교통체증을 해결한 대안까지 마련하는 새로운 아이디어였다. 다만 조건이 붙었다.

"투자자를 찾아와야 합니다."

우리나라 시공사의 사업 참여를 위한 발걸음이 시작됐다.

"안다 바비쥬 베사(Anda begitu besar)" 끊임없는 찬사

눈이 내릴 듯 하늘은 탁했다. 날씨는 초겨울을 연상시킬 만큼 차가웠다. 바람은 매서웠다. 우리나라 11월 말 날씨는 인도네시아 현지인에게는 더욱 매서웠다.

버까시 짜왕~깜풍 멜라유 유료도로 대안이 마련된 이후 첫 인도네시아 정부 관계자 초청 일정이 확정됐다.

2010년 11월29일 4박5일간의 기록이다.

박종선 이사와 김경석 이사 등 프로젝트팀의 세 차례 방문 이후 사업권을 확정짓기 위한 사실상 마지막 절차였다. 동부엔지니어링 국내외팀은 미팅 전날까지 뜬눈으로 밤을 보내야 했다. 이동 경로와 식사, 회의, 미팅 등 일정은 차치하더라도 날씨는 손 쓸 방법이 없었다.

"몇 명이나 오나요."

"우리나라 음식이 잘 맞을까요."

"지금 그런 걸 논의할 때가 아니잖아. 어디를 방문해서 소개할지를 선택해야지. 한국도로공사 등에 연락해서 일정 잡고, 현장 방문 일정을 짜봐."

"그런데 날씨가 추워져서…."

어떻게 해야 우리나라에 대한 인식, 그리고 동부엔지니어링에 대한 신뢰를 심어줄지가 관건이었다. 인도네시아 유료도로청 관계자는 총 3명이 방문하기로 계획됐다.

유료도로청 아구스 이사회 임원(Mr. Prof.Agus Sidharta, Board Member of Indonesia Toll Road Authority), 신기 관리국장(Mr. Singgih Karyawan, Head of

General Affair Division), 로이 공사관리과장(Mr. Sudiro Roi Santoso, Head of Monitering Sub Division) 등이다. 방문 목적은 명확했다.

인도네시아 유료도로 시장 개척사업과 관련해 본사업의 좀 더 원활한 업무수행을 위해 사업의 직접적인 발주처인 유료도로청 정부 관계자에게 우리나라의 고속도로 건설현장과 유지관리 그리고 운영현황을 고스란히 보여주기 위함이었다.

손님을 맞기 전 불안한 마음은 단 한마디에 눈 녹듯 사라졌다.

인천국제공항에서 일행을 맞이하기 위한 피켓을 들고 있는 박종선 이사에게 건넨 첫마디는 '안다 바비쥬 베사(Anda begitu besar)'였다. 안다 바비쥬 베사는 '대단하다'는 의미다. 도로를 달리는 순간에도, 서울 도심에 도착한 이후에도 찬사는 끝나지 않았다. 이후 계획대로 동부엔지니어링 본사를 방문했고, 한국도로공사를 방문해 관계자 등과의 미팅도 진행했다. 이제 주도권은 동부엔지니어링에 넘어왔다고 믿었다.

특히 서울영업소 교통관제센터에 조성된 도로 모니터링은 이들의 입을 쩍 벌리기에 충분했다.

"전국 고속도로가 다 보이는 거 같습니다. 대단한 시스템입니다. 우리나라(인도네시아)에도 이런 시스템 설치가 가능할까요?"

신기 유료도로청 관리국장(Mr. Singgih Karyawan)의 말 한마디한마디는 감탄사와 다르지 않았다. 이어 방문한 천안~논산 고속도로 주식회사를 방문했을 때에도 이들은 놀란 눈을 감추지 못했다.

"이렇게 큰 장비는 언제 사용하는 겁니까."

"인도네시아에는 제설장비가 없죠. 우리나라는 사계절이 있어서 겨울철 눈이 많이 올 때 도로 유지관리를 위해 사용합니다."

"이렇게 큰 제설장비는 처음 봅니다. 도로 유지관리 기술만도 엄청나네요."

무엇보다 한강을 끼고 달리는 강변북로와 올림픽대로는 인도네시아 자카르타 현지 사정과 비슷하다 보니 서울 시내를 오갈 때마다 눈길을 떼지 못하는 상황도 이어졌다. 그러나 날씨는 우리 편이 아니었다.

점심 식사를 위해 서울 성북구에 있는 삼청각으로 이동할 때부터 급작스럽게 하늘이 어두워지기 시작했다. 박종선 이사의 발걸음이 분주해졌다.

"바띡만 입고 오다니…. 무지 추울 텐데. 옷을 구입하든 아니면 작업복이라도 챙겨와봐."

김창섭 부장이 헐레벌떡 동부엔지니어링 근무복을 세 벌 챙겨왔다. 그러고나서 눈이 내렸다. 박종선 이사의 촉은 틀리지 않았다. 다행히 추위, 식사, 문화홍보 등 모든 게 순탄히 풀렸다.

현장을 누비는 기술자들의 역할과 근로자들의 피와 땀을 느꼈다는 인도네시아 발주처와의 만남은 그렇게 마무리됐다. 매서운 바람이 불던 12월 초였다.

네 번째 출장, 시공사의 사업참여 확약 결정

2011년 3월 시공사 참여 유도를 위한 마지막 출장길이 열렸다. 사업 확정을 위한 마지막 길이었다. 네 번째 출장에서도 난항은 이어졌다.

"시설물 구조 안전 조사장비를 반입하지 못하게 하는데, 어떻게 해야 하죠."

"답답하네. 벌써 2시간이 지났어요."

박종선 이사도 고위 임원들도 발만 동동 굴렀다.

'슈미트 햄머'를 이용해 콘크리트 강도를 측정하는 상황이었는데 '슈미트 햄머'를 반입하는 게 문제가 됐다. 장비를 설명하는 데 2시간 넘게 걸렸다.

결국 유료도로청과의 약속 시간을 한참 넘어서야 현장에 도착할 수 있었다.

"정말, 인생은 계획대로 되지 않는 거 같아요."

"그래도 고난 끝에 낙이 있다고 하잖아. 새옹지마가 될 거야. 믿어봐."

박종선 이사는 스스로에게, 그리고 직원을 위로했다.

이튿날 버까시 짜왕~깜풍 멜라유 유료도로 현장에서 콘크리트 강도 실험이 시작됐다. 10년 전 5km에 걸쳐 시공된 120여 개 교각을 어떻게 처리하느냐가 공사비와 직결되는 만큼 신중함은 커졌다. 공사한 교각을 모두 살리지는 못했다. 대신 코핑(상판)은 버리고 기둥을 살리는 방향으로 정리했다.

초기투자비를 절감할 수 있는 방안인 만큼 경제성도 상향 조정될 것으로 기대했다. 국내로 돌아와 사업 설명 자료를 만들기 시작했다.

"간단하면서도 명확한 30페이지 분량 정도가 적당해. 너무 많아도, 너무 적어도 안 돼."

박종선 이사의 주문에 따라 기술자의 발걸음도 분주해지기 시작했다. 이후 사업개

요와 사업추진 경위, 관계기관과의 협의, 제안 노선, 경제성 검토 결과, 교통량 산정 등 프로젝트 추진 계획을 모두 담았다. 재무적 관점의 교통량까지 모든 내용이 압축됐다.

귀국 후 시공사와의 만남이 본격화됐다. 그러나 현실은 달랐다. 네 번에 걸친 현장 방문을 거쳐 마련한 정보 이외의 추가 정보의 요구가 빗발쳤다. 아차 싶었다.

"리스크를 관리하기 위한 정보가 보완돼야 할 것 같은데요."

상당수 시공사와의 미팅에서 유사한 답이 돌아왔다.

"맞다. 리스크 관리를 해야 시공사 참여를 확인할 수 있었는데…. 보완해서 다시 뵙는 걸로 하죠. 우리도 검토하겠습니다."

뒤늦은 후회였다. 자료를 보완하기는 쉽지 않았다.

"수차례에 걸쳐 국내외 기술자들이 검토하고, 현장을 돌아왔습니다. 추가 정보가 필요하다면 더 지원할 테니 긍정적으로 평가해주기 바랍니다."

"네."

07. 2011년 12월1일. 인도네시아 유료도로청 관계자들이 한국을 방문, 천안~논산 고속도로를 견학한 뒤 기념사진을 촬영하고 있다.

08. 현지 공사 중인 인부(인력깨기).

단답형의 답변은 차가웠다. 그러나 인도네시아 유료도로청의 협의는 1년 전과 비교해 현저히 개선됐고, 사업이 성공적으로 추진될 것이라는 믿음은 더 강해졌다.

며칠 후 시공사에서 사업 참여 답이 돌아왔다. 어찌된 일인지 4개사 모두 최종 참여를 확정했다.

"충분히 가능할 것으로 보이네요. 내부 조사에서도 긍정적 평가가 있었습니다. 꾸준한 수요 증가가 사업의 안정성에 큰 보탬이 될 것이라 생각합니다. 그동안 수고하셨습니다."

"믿어줘서 고맙습니다."

박종선 이사는 수화기 너머로 몇 차례에 걸쳐 인사를 하고 또 했다.

그렇게 2011년 7월 현대산업개발, 대우건설, 롯데건설, GS건설 등 4개사와 한국도로공사가 함께 사업을 추진하겠다는 내용의 업무협약(MOU)을 체결한 데 이어 인도네시아 SPC(PT, KKDM)에 결과를 제출했다.

사업 추진의 발판을 만든 단계다. 4개월 이후인 같은 해 11월에는 동부엔지니어링이 4개 시공사와 사전 타당성조사를 계약하는 성과로 이어졌다.

해외건설협회 시장개척지원금은 8928억원 규모의 공사를 추진하기 위한 사업비 치곤 크지 않다. 사전조사비용인 까닭이다. 총 사업비 5700만원 중 40% 수준인 2270만원이 지원됐고, 동부엔지니어링은 1년여 만에 성과를 도출했다.

그리고 해외건설협회에서 지원한 자금 중 50%인 1130만원을 사업 타당성조사 용역 계약 이후 환급했다.

지원조건에 따른 조치이며, 이렇게 쌓인 해외시장개척지원 자금은 또 다른 신규 사업의 발판이 된다.

실제 동부엔지니어링은 2011년 이후 인도네시아에서 4건의 신규 설계 조사 등을 수주하는 기염을 토했다. 주요 사업은 찌따룽강 유역 홍수예경보시스템 개발사업 사업관리, 자카르타 수도권해안종합개발 컨설팅사업 심층기획조사, 중부자바 섬유산단 조성사업 기본 및 실시설계, 웨스트자바 반둥시 자원회수시설 BOT 프로젝트 타당성조사 등이 있다. 그 사이 박 이사의 머리카락은 가늘어지고 하얗게 변했다. 주름도 깊어졌다.

끝나지 않은 도전

동부엔지니어링은 이후 시공사와 계약한 타당성조사를 성공적으로 완수했다. 그러나 현지 사정이 달라지면서 계획도 일그러졌다. 애초 기본 안에 제시된 교통량은 하루 평균 26만 대로 집계됐다. 연 평균 11%의 교통량이 늘어날 것이라는 예측도 했다.

자카르타 찌캄프(Jakarta-Cikamp, 8차선), 티제인짜왕(T.J-Cawang, 6차선), 자로르와이(JaGorwai, 6차선) 등 경쟁노선과 비교한 교통량 증가율인 5.86%보다 낮은 4.6%를 적용한 결과였다. 이를 통한 수익률은 23.9%에 달했다.

동부엔지니어링이 새롭게 제시한 대안은 하루 평균 16만3000대로 계획됐다. 수익률은 18.17%로 애초보다 다소 낮았지만, 1~3단계 대안 건설 방안을 고려하면 적정 수익이 가능하다는 결론이 제시됐다. 그러나 인도네시아 정부가 지금까지 지급해오던 유료보조금을 2012년 급작스럽게 중단하면서 경제성에 문제가 발생했다.

교통수요에 악재가 되는 문제였다. 타당성조사 단계에서 확인할 수 없는 사항이었고, 시공사는 대안을 모색하기 시작했다. 실제 시공사가 2012년 재조사를 진행한 뒤 교통량은 역행했다. 4.6%의 증가가 아닌 하락이었다. 교통량 감소는 결국 사업 중단으로 이어졌다.

여기에 투자자인 SPC가 보유한 216억원의 금액과 함께 시공사가 부담해야 할 파이낸싱 지분 참여 비율을 30%까지 올려줄 것을 요구했다.

그러나 협상은 끝나지 않았다. 서로의 요구는 방황했고, 사업도 표류하기 시작했다. 이후 중국계·싱가포르계 기업의 도전까지 더해지면서 사업은 복잡한 구도로 짜이고 있다. 하지만 해외건설협회가 시장개척자금 지원을 통해 쌓은 동부엔지니어링의 신뢰는 무너지지 않는 철옹성으로 자리 잡았다.

2012년 이후 5년이 지났지만 동부엔지니어링이 일궈낸 인도네시아 자카르타 유료도로 민간제안사업은 지금까지 자카르타의 교통체증을 해소할 해결사로 남아 있다.

2010년부터 2011년까지 인도네시아에 1년간 달궈놓은 동부엔지니어링의 뜨거운 날은 끝나지 않았다.

| 한형용기자

인터뷰
interview

박종선 동부엔지니어링 도로공항부 이사
김창섭 동부엔지니어링 해외사업부 부장

버까시 짜왕~깜풍 멜라유 유료도로 사업총괄을 담당한 박종선 동부엔지니어링 도로공항부 이사(사진 오른쪽)와 국내에서 대안설계 등 실무 업무를 맡은 김창섭 동부엔지니어링 해외사업부 부장(사진 왼쪽). 박 이사가 해외에서 협상을 주도했다면, 국내에서는 김 부장이 세부내용을 작성했다. 구조 2명, 도로 3명, 교통 2명 등 10여 명의 내로라할 기술자가 뜬눈으로 밤을 지새우며 4개월 만에 대안 기본노선안을 완성했다.

"현지 기업과 공동협력… 인도네시아 진출로 열어"

멈추지 않는 자동차의 엔진과 같은 인도네시아 건설시장의 길목을 열었다. 인도네시아 정부가 역점을 두고 추진하는 인프라 개발 분야뿐 아니라 일반 주택과 상업용 빌딩, 산업용 공장 등 다양한 분야에서 수요가 확대되는 신시장이다. GDP의 10%, 연 6~7% 성장이 예상된 인도네시아 건설 신시장 개척을 향한 도전은 불씨가 필요했다. 해외건설협회의 작은 지원은 그런 불씨를 만들었고, 동부엔지니어링은 불씨를 불꽃으로 키워냈다. 불씨를 만든 박종선 이사는 지금도 인도네시아와 한국을 오가며 인연의 끈을 촘촘히 일궈가고 있다.

Q. 왜 인도네시아인가.

한국수출입은행과 한국국제협력단 등 ODA기관들이 중점 대상지역으로 꼽고 있는 인도네시아는 자원부국이면서도 인구가 2억6000만 명이 넘는 대국이다. 외국기업의 투자가 활발한 곳이며, 차관사업과 대규모 민관협력사업(PPP)이 곳곳에서 펼쳐지고 있다. 시장 가치는 충분하다고 판단된다.

Q. 2010년 당시에도 그랬나.

당시는 해외 진출을 위한 계획을 고심했던 시기다. 동부그룹은 동부건설과 동부엔지니어링이 해외사업을 적극적으로 진출하는 방안을 검토해왔다. 이때 동부엔지니어링도 전략적인 해외사업 수주를 위해 별도의 해외사업부를 구성해 운영을 시작했다. 그렇게 개발도상국 여러 곳을 찾아다녔다. 해외사업 발굴 차원이었다. 그러다 동남아시아 시찰 중 발주처인 인도네시아 공공사업부(Ministry of Public Works)와 민자도로위원회(Toll Road Authority) 등 정부부처 공무원과 만날 기회가 있었다.

그때 사업을 확인했고, 가치를 가늠했다. 우리가 예상한 것보다 훨씬 컸고 넓었으며, 지속성장이 가능한 시장이라고 내다봤다.

Q. 사업을 결정한 계기는 무엇인가.

인도네시아 국가개발계획부에서 수립한 '민관협력사업(PPP, PUBLIC: PRIVATE PARTNERSHIPS) 사업 2010~2014년 계획 보고서'가 계기가 됐다. 보고서에는 PPP사업의 경우 장래사업, 우선사업, 추진사업으로 3단계 구분했다. 우리는 PPP사업 중 우선사업에 대한 수주교섭 및 조사활동을 진행했다. 향후 유로도로 건설사업에 참여하는 방안을 검토했고, 해외건설협회 지원으로 사업 단초를 마련했다.

Q. 착공까지 이행되지 않았다. 아쉽지 않나.

사업 성패를 떠나 해외건설협회 시장개척지원금을 통해 얻은 가치는 매우 크다고 본다. 인도네시아 유료도로는 자카르타의 극심한 교통난 해소를 위한 방안이다. 시급한 상황이지만, 인도네시아 정부의 재정부족 문제로 한계에 봉착해 있다. 지금이라도 또 다른 사업을 발굴해 추진할 수 있는 시장이다. 2010년 첫 유료도로 사업 검토를 통해 만난 발주처와의 관계는 호형호제까지는 아니더라도 사업 추진의 신뢰를 갖추는 기둥이 됐다.

Q. 2012년에 완성한 타당성조사 결과는 보완이 필요한 것 아닌가.

현재 존재하는 사전 타당성조사는 인도네시아 현지 정부에서 작성한 게 있다. 그러나 이미 4~5년 전 옛 자료가 됐다.

그들도 정확하지 않다고 판단하고 있다. 이를 위해 우리에게 타당성조사를 요청하는 상황이다. 유료도로법 개정 등에 따른 교통량 분석과 산업성향의 변화, 경제성장 속도 등을 모두 반영한 조사결과다.

Q. 향후 추진할 사업이 또 있나.

보고서에는 유료도로 장래 사업이 총 18건이 계획돼 있다. 우선사업으로는 17건이 있다. 그중 자카르타 내에만 7건의 유료도로가 우선사업으로 계획됐다. 도전의 기회는 넓고 많다. 사업을 어떻게 선택하느냐만 남아 있다.

이번 유료도로 사업이 착공까지는 이어지지 않은 상황이지만, 또 다른 사업을 새롭게 발굴할 토대는 마련했다. 우리 후배들이 또 다른 시장을 열 수 있는 단초를 만든 데 자부심을 느낀다.

Q. 해외시장 진출 그리고 인도네시아 건설시장의 가치는.

2017년 현재 국내 인프라 분야 발주물량은 감소세를 보이고 있다. 해외 진출은 선택이 아닌 필수사항이 된다. 하지만 해외사업의 리스크는 여전히 크다. 이때 해외건설협회의 지원정책은 큰 도움이 된다. 이를 잘 활용해 해외 진출을 계속 추진하는 장기적 관점이 요구된다.

또 인도네시아는 2014년 첫 직선제로 조코 위도도 인도네시아 대통령이 당선됐다. '조코노믹스'로 불리는 경제정책의 핵심은 인프라 투자가 있다. 2만여 개 섬으로 구성된 인도네시아는 항만, 운송 등 인프라에 집중투자하는 방안을 세운 상태다. 엔지니어의 도전정신이 신시장 개척의 도화선이 될 것이라 믿는다.

Q. 해외건설협회가 지원해줄 부분을 추가한다면

지원사업을 선정할 때 중소 · 중견 기업의 정부지원금 비율을 상향조정해주면 좋겠다. 해외 진출을 준비할 때 상대적으로 기업의 부담을 줄이는 방안이다. 반대로 말하면 재정여력이 미흡한 곳에 힘을 보태달라는 이야기다. 또 현장에서 발 뻗고 잠자기도 어렵던 경험이 있다. 지원사업 중 인건비 인정 등 정산 항목의 규제를 완화해준다면 체력과 신뢰를 바탕으로 좀 더 열정적인 해외시장 개척 활동에 나설 수 있다.

험난한 사막과 산악을 뚫고…
新실크로드의 역사를 놓다

우즈벡 ADB CAREC 도로개선 2개 프로젝트

조지아의 성과, ADB사업 참여의 마중물이 되다

기회는 기회의 모습으로 오지 않는다. 오직 준비된 자만이 그 기회를 잡을 수 있다. 국내 엔지니어링 업체인 삼보기술단의 우즈베키스탄 진출은 우연히 찾아온 기회와 오랜 준비가 결합된 결과물이다.

우즈베키스탄 사업의 뿌리는 유럽과 아시아 대륙의 경계에 위치한 나라, 조지아(Georgia)에서 찾을 수 있다.

우즈베키스탄 사업이 발주되기 전, 삼보기술단은 그루지아에서 바투미(Batumi) 우회도로의 설계용역 업무를 수주해 수행하고 있었다. 이 프로젝트는 총 48.4km 왕복 2차로 도로로, 이 중 1차 설계구간인 15.4km에 대한 실시설계사업이며 아자라(Adjara)주를 남북으로 가로지르는 기존 도로와 병행하는 신설 도로사업이었다.

당시 삼보기술단은 오스트리아, 캐나다, 조지아 현지 업체 등과 컨소시엄을 이뤄 사업에 참여하고 있었다. 사업참여 지분율이 10%에 그치는 사업이었지만, 수익성보다 중요한 것은 이 사업이 아시아개발은행(ADB)의 사업이라는 점에 있었다.

그동안 삼보기술단은 한국국제협력단(KOICA)과 한국수출입은행을 통해 이뤄지는 대외경제협력기금(EDCF), 공적개발원조(ODA) 프로젝트를 수행하며 다양한 해외사업 능력을 축적하고 있었지만, 해외 다자간개발은행(MDB)에서 발주하는 해외 경쟁입찰은 낯선 분야였다.

전 세계의 컨설팅업체들과 맞붙어 기술과 입찰가격에 대한 평가에서 1위 자리를 차지하기 위해서는 많은 노력과 경험이 수반돼야만 한다. 이에 조지아 사업 역시 수익성보다는 ADB사업에 참여해 견문과 식견을 넓히기 위한 의도에서 시작됐다.

하지만, 여기서 생각지 못한 잭팟이 터졌다. 사업수주 이후 주관사던 해외 업체가 공동수행하던 업체들과 불화를 일으키며 하나둘씩 균열이 발생하기 시작한 것이다. 결국, 상대적으로 업무수행 능력을 인정받은 삼보기술단이 단독으로 사업을 수주하게 됐다. 다소 행운이 잇따른 결과였지만, 결국 무사히 발주처에 성과품을 납품하게 되었고, 이는 ADB사업실적을 획득할 수 있는 소중한 기회로 작용했다. 조지아 ADB 프로젝트 수행 경험은 삼보기술단에 '해외경쟁입찰사업 역시 도전해볼 만하다'는 자신감을 안겨줬다.

그 이후, 삼보기술단은 신규 ADB 프로젝트 참여 기회를 확대하기 위해 중앙아시아 지역을 예의주시했다. 곧 우

01. 우즈베키스탄 현지인들과의 식사자리. 이슬람 문화권에 속한 사람들이지만 한식을 함께 먹어도 까다롭지 않게 식문화를 공유했다.

02. 일부 현지인들은 현지식보다 한식을 더 선호하기도 했다.

스베키스탄의 'CAREC Corridor ADB' 프로그램에 의한 2개의 프로젝트 정보를 ADB 공고를 통해 입수하고, 해외건설협회의 시장개척자금 프로그램의 지원을 받아 발주처 방문 및 현장조사를 수행하면서 수주를 위한 만반의 준비를 갖춘 결과, 우즈베키스탄 사업의 수주사로 선정되는 쾌거를 안았다.

낯선 나라 우즈베키스탄

우즈베키스탄 이름은 많이 들어보았지만 아직 익숙지 않은 나라다.

지금이야 10년 전 '미녀들의 수다'라는 방송 프로그램이 히트를 치며 '김태희가 밭 갈고 한가인이 소 여물 주는 미인의 나라'로 전해져 있지만, 사실 우즈베키스탄은 한 민족의 아픔이 서려 있는 국가다.

러·일 관계가 극에 달하던 과거 1937년, 일본인과 외모가 매우 유사해 간첩 색출이 어렵다는 이유로 단행된 스탈린의 '고려인 강제이주 정책'에 의해 극동 지역에 거주하고 있던 한인 약 17만2000명이 일면식 없는 나라로 옮겨지게 된다.

강제이주 여정은 고통의 시간이었다. 끔찍한 추위와 부실한 식사, 불결한 위생상태, 식수 부족, 의료지원 부족 등으로 수많은 고려인이 목숨을 잃었다. 한 달여의 시간이 흐르고, 열차에서 내린 고려인들이 마주한 나라가 바로 우즈베키스탄이었다.

여름철 50℃까지 다다르는 뜨거운 사막의 나라. 이곳에서도 고려인은 살아남았다. 제2차 세계대전의 위험한 상황에 놓인 중앙아시아에서 농사를 지으면서도 특유의 성실함으로 밤낮 없이 일해 현지인들보다 몇 배 많은 쌀, 밀, 채소 등을 수확해낸 고려인의 과거에 대해서는 현지에서 익히 알려진 이야기다.

소련 붕괴 이후에는 대우그룹 김우중 회장의 자동차 무역이 '대박'을 치며, 우즈베키스탄에서 한국의 존재는 더욱 크게 자리 잡게 된다. 지금도 현지에서 볼 수 있는 우즈베키스탄 차량의 80%가량은 대우에서 생산한 차량이다. 대우차는 국산차라는 인식이 있을 정도다. 근래에는 한국 드라마로 한류 열풍이 불며, 우즈베키스탄인에게 한국은 선망하는 나라로 자리 잡게 됐다.

이러한 현지의 인식은 삼보기술단에도 호재로 작용했다. 이미 현지에 자리 잡은 고려인뿐만 아니라 한국 교민들이 많은 편이어서, 한국인을 만나는 게 생소한 일이 아니었다. 도리어 현장 답사를 나온 삼보기술단 직원들을 현지 고려인으로 생각하고 러시아말로 말을 걸어오는 현지인도 심심치 않게 만날 수 있었다. 상업지구에는 한국 식당도 많이 있었고, 한국 식자재를 파는 마트도 있어서 타지 생활로 인한 향수병은 상대적으로 크지 않았다.

물론, 뚜렷하게 느껴지는 문화적인 차이는 극복해야 할 장벽이었다.

우즈베키스탄은 지난 1991년 옛 소련으로부터 독립한 직후, 카리모프(Islom Karimov) 대통령(2016년 작고)이 내리 5선을 하며 25년 동안 권좌에 앉았던 나라다. 강력한 독재권력을 기반으로 한 경찰국가이기 때문에 사회 곳곳에서 엄격한 감시와 통제가 이뤄졌다. 관공서와 지하철 역사 등 군중이 집결할 수 있는 곳이면 곳곳에 배치돼 있는 무장경찰을 만날 수 있었고, 큰 가방을 들고 다니면 사복경찰에게 불심검문이 이뤄지기도 한다.

이와 관련해서 산악 지역에 위치한 현장에서는 가슴 철렁한 일이 벌어지기도 했다. 사업현장을 답사하는 과정 중 사진 촬영을 하던 직원들이 군 부대에 적발돼 끌려가는 해프닝이 발생한 것이다. 당시 현장은 군사지역과 인접해 있어, 모든 교량에 군 경비초소와 촬영금지 표시판이 있었지만 이를 제대로 보지 못했기 때문이다. 끌려간 직원들은 정부 사업을 위한 조사업무를 수행하는 중이라는 설명과 함께 ADB사업공고문을 보여준 덕에 간신히 빠져나올 수 있었다. 그때 한국에서 가져온 초코파이를 선물로 주면서 서로 웃으며 헤어질 수 있었다.

다행스러운 점은, 이토록 강력한 치안 시스템을 구축한 덕분에 대부분의 지역이 안전한 상태라는 것이다. 기본적으로 이슬람 문화권이지만, 우즈베키스탄은 이슬람권에서 자주 발생하는 테러와는 거리가 먼 나라 중 하나다. 종교시설 중에는 이슬람 사원이 제일 많지만, 수도인 타슈켄트에서는 러시아의 영향을 받은 기독교 정교 교회와 일부 가톨릭 교회도 쉽게 찾아볼 수 있다. 이슬람 문화권이면서도 돼지고기를 마트에서 구매할 수 있다는 점도 특이한 풍경이다. 이 때문에 우즈베키스탄 현지 사람들과 미팅 후 식사 자리를 가질 때면, 한사코 현지 식당보다 한국 식당을 선호하는 편이었다. 한국 식당에 가면 나오는 메뉴의 대부분을 좋아하고 때로는 삼겹살 같은 돼지고기도 별다른 거부감 없이 잘 먹는 이들이 많았다. 다만, 대부분의 중앙아시아 국가들과 마찬가지로 주식이 고기와 빵이라서 한국의 해산물 생각이 간절해졌다. 간혹, 현지 식당에서 만나는 생선요리는 해안가가 없는 지역 특성상 대부분 오랜 기간 소금에

절이거나 말린 민물고기 요리가 대부분이었다. 이는 현지인들에게도 외면당하기 일쑤였다. 그나마 우연히 소개받아 알게 된 송어요리를 하는 현지 식당 정도가 먹을 만한 메뉴였다.

한때는 돈다발을 들고 다니며 부자가 된 기분을 낸 적도 있었다. 공식 화폐인 숨(Cym)은 과거 인플레이션을 겪으면서 화폐 가치가 폭락한 적이 있다. 더군다나 우즈베키스탄에서는 고액권은 보기 드물었다. 최근에는 5000숨·1만숨 단위의 고액권이 발행됐지만, 발행된 숫자가 적어 일상에서는 접하기가 힘들었다. 주로 통용되는 고액권은 1000숨이 대부분이었다. 여기에 우즈베키스탄에서는 호텔 밖에서 현지 식당이나 편의시설을 이용할 때 신용카드 결제가 불편한 경우가 상당히 잦았다. 이러한 영향으로, 식당에서 여러 명이 한 끼 식사를 해결하려면 1인당 식사비로 뭉칫돈을 지불해야 했다. 이에 식당이나 상점에는 은행서만 볼 수 있는 '지폐계수기'가 필수적으로 비치돼 있다. 자동차같이 거액의 상품을 거래할 때에는 현금을 가득 실어둔 트렁크 여러 개를 준비해 통째로 건네주는 진풍경이 벌어지기도 했다. "숨(Cym) 세려다가 숨 넘어갈 뻔했다"라는 말은 한국인이라면 한번쯤 하게 되는 농담이다.

이런 상황이니 환율도 널뛰기를 했다. 우즈베키스탄은 카리모프 대통령의 오랜 통치기간에 정치·경제·사회적으로 폐쇄적 경향이 남아 있는 나라기 때문에 정부고시 환율과 시장 환율 격차는 오랫동안 우즈베키스탄 정부를 괴롭혀왔다. 공식적인 환율상으로 1달러의 가치는 4000숨 정도로 평가받는다. 하지만 불법 암시장에서 환전하면 가격이 8000숨까지 뛰어오른다. 이에 암시장은 물론 택시나 호텔에서도 고시 환율과 시장 환율의 차이를 노린 불법 환전이 일상적으로 벌어졌다. 물론 사복경찰이 눈에 불을 켜고 단속하지만, 현지인들은 몰래 암거래를 이용하는 경우가 다반사였다. 이에 심각성을 느낀 우즈베키스탄 정부는 2017년 8월 환율을 암시장 시세에 맞춰 고시하는 등 강력한 환율 유지 정책을 펴오고 있다.

CAREC 프로젝트

삼보기술단이 우즈베키스탄에서 수행한 사업은 'CAREC 프로그램'의 일부분이었다. 우선, 'CAREC은 Central Asia Regional Economic Cooperation'의 약자로, 중

앙아시아 경제협력체라는 의미다.

소련 붕괴 이후, 중앙아시아 지역에 대한 세계 각국의 투자가 증대되면서 지역개발을 위한 협력기관과 참여국의 목표가 일치하며 탄생한 프로그램이 바로 CAREC 프로그램이다.

이 프로그램은 공식적으로 ADB와 유럽은행(EBRD), 국제통화기금(IMF), 이슬람개발은행(IsDB), 유엔개발프로그램(UNDP), 세계은행(IBRD) 같은 다자간 국제기구의 지원하에 카자흐스탄, 우즈베키스탄, 키르기즈스탄, 타지키스탄, 아제르바이잔, 아프가니스탄, 몽골, 중국(신장위구르 지역)의 8개국이 참여한다.

중앙아시아 지역 국가들의 열악한 산업 인프라, 에너지 불균형, 정치적 부정부패, 무역장벽을 처리하기 위한 일련의 과제들을 해결하여 중앙아시아를 유라시아 대륙의 경제 중심지로 만드는 것을 목표로 하며, 궁극적으로는 역내 경제통합을 추구한다.

CAREC 프로그램은 효율적인 중앙아시아 개발을 위해

03. 까다롭기로 소문난 '실크로드 상인의 나라' 답게 우즈베키스탄 발주처 관계자들과의 협상 자리는 호락호락하지 않았다.

04. 까다로운 의사 결정 과정으로 인해 최종 협의 단계가 이르기까지는 오랜 시간을 필요로 했다.

05. CAREC 프로그램 사업의 성공적인 완수를 위해서는 각국의 담당자들이 함께 머리를 맞대고 지혜를 모아야만 했다.

크게 운송(Transport), 에너지(Energy), 무역(Trade)의 세 가지 분야로 나누어 진행하고 있다.

특히, 운송 분야는 과거 유럽과 아시아를 잇는 요충지던 실크로드같이 앞으로 중앙아시아가 세계 물류의 중심지로 성장하는 기회를 마련하기 위한 인프라를 구축하는 것에 역점을 둔다.

이를 위해 CAREC 프로그램은 과거 2001년부터 2억4700만달러에 해당하는 6개 프로젝트를 시작으로, 최근 2016년에는 한 해 동안 무려 176개 프로젝트에 대해 294억달러를 투자할 만큼 성장해왔다.

삼보기술단은 이러한 CAREC 프로그램의 유럽과 아시아를 연결하는 신(新)실크로드를 개척사업에 참여하게 됐다.

착공을 앞두고… '산 넘어 산'

이처럼 CAREC 사업은 기회가 많은 반면, 국가 특성상 여러 변수가 존재한다. 가장 최근에 있은 변수는 정치의 변동성이었다. 최근 2016년 말에 새로운 대통령이 선출되면서 국가 정부의 조직개편과 함께 해외투자사업 방침이 전반적으로 재검토된 것이 대표적인 사례다. 이로 인해 일부 신규사업의 경우, 이미 사업참여자가 결정되었음에도 불구하고 취소되는 경우가 발생하기도 했고, 이러한 경우 예상치 못한 매몰비용으로 사장되는 리스크로 이어진다. 삼보기술단이 참여한 CAREC프로그램 사업은 해외 경쟁입찰을 거쳐 선정된 사업이었지만, 우즈베키스탄의 정치 상황은 끝까지 마음 놓을 수 없게 만들었다.

이와 함께 우즈베키스탄 정부의 복잡한 절차로 인한 행정처리도 사업의 발목을 잡는 변수였다. 그렇지 않아도 우즈베키스탄 사람들은 느긋한 심성으로 일의 진척이 느린 편이다. 이는 '빨리빨리'에 익숙해져 있는 우리나라 사람들에게는 2배로 느리게 느껴지는 부분이었다. 여기에 공산주의 체제를 거치며 생겨난 행정절차에 익숙지 않은 한국 사람들에게는 많은 인내심을 요구하게 된다. 이러한 영향으로 인해 계약체결은 제안서 제출 후 1년이 지나서야 이뤄지게 됐고, 그 기간 동안 수없이 많이 재촉 해봤지만, 워낙 진척이 더뎌 끝까지 긴장의 끈을 놓지 않을 수 없었다.

우즈베키스탄 사람 특유의 장사꾼 기질은 곳곳에서 느낄 수 있었다. 우즈베키스탄 국민들은 대체로 선량한 편이지만, 감정을 솔직하게 드러내지 않는 경우가 많다. 유럽과 아시아 대륙의 중간에 있는 나라답게, 우즈베키스탄 사람들은 실크로드를 통해 세상 곳곳을 돌아다니며 비즈니스를 통해 갈고 닦은 협상의 기술이 DNA에 새겨져 있는 듯했다. 한마디로 장사에 도가 튼 사람들이라고 할 수 있다. 물론 신뢰가 쌓이면 더욱 믿고 완전히 다가오는 경향이 있다. 그러나 신뢰가 쌓일 때까지는 방관하며 일정 간격을 두고 사람을 대한다. 이를 위해 우즈베키스탄 사람들은 협상 파트너를 시험해보기도 한다.

발주처 담당자들과 첫 대면하는 자리에서 겪은 일은 지금도 잊을 수 없는 아찔한 기억이다. 대개 첫 대면식이란, 격식과 교양이 가득한 화기애애한 자리라는 게 글로벌 비즈니스 상식이다. 그러나 이러한 상식과 달리, 우즈베키스탄 발주 담당자들은 처음부터 잔뜩 성난 모습으로 나타났다. 처음 만난 자리에서 마치 죄인을 대하듯, 회의실 안이 쩌렁쩌렁하게 울리도록 큰 소리로 삼보기술단의 업무능력에 지적하며 공세를 퍼부었다.

예고도 없이 찾아온 발주처의 급습(?)에 삼보기술단 관계자들을 당황하게 만들었다. 그러나 이대로 가만히 있다가는 괜한 오해를 살 수 있다는 생각이 들었다. 이에 현재 상황을 설명해가며 반격을 했고, 여러 가지 변수를 하나하나 짚어가며 당사만의 문제점이 아니라는 점을 논박하기 시작하자 어느새 발주자의 큰 목소리는 조금씩 정상적으로 돌아오기 시작했다. 답변을 끝마친 이후로는 더 이상 몰아붙이는 식의 태도가 나타나지 않았다. 시간이 흐른 후 그 순간을 돌이켜보면, 당시 벌어진 치열한 공방전은 '삼보기술단에 사업을 제대로 수행할 수 있는 능력이 있는지' 확인하는 일종의 테스트였다는 것을 느낄 수 있었다. 이러한 경험의 영향으로 삼보기술단은 이후 다른 회의에 가서도 상대방이 어떤 스타일의 사람인지 미리 확인해보는 습관이 생겼다.

천신만고 끝에 삼보기술단과 발주자 간에 계약이 체결된 이후에도 변수가 발생했다. 당시 최초 시공사로 선정된 극동건설이 공교롭게도 국내에서 법정관리에 들어감에 따라 시공사가 교체되는 상황이 발생하게 된 것이다. 부득이 시공사가 변경되는 바람에 또다시 1년이 지나게 됐다. 시간이 흐를수록 현장에 투입해야 하는 엔지니어들은 현장보다는 본사에서 대기만 할 수밖에 없는 상황에 부닥치게 됐다.

불행 중 다행인 것은 CAREC 프로그램 사업이 해외경쟁입찰사업임에도 불구하고, 새로운 시공사로 한국의 포스코건설이 수주하게 됐다는 사실이고, 그중에서도 우즈베키스탄에서 시공 경험이 있던 포스코건설의 선정은 컨설팅 업무를 수행하는 동안 많은 도움이 되었다.

끝없는 모래의 길, 실크로드에 고속도로를 내다

삼보기술단이 참여한 ADB의 CAREC사업은 우즈베키스탄 내 2개 사업지에서 도로를 조성하는 것이었다. 그러나 사업대상 지역은 각각 사막지역과 산악지역에 있어서 너무 동떨어진 곳이었고, 같은 나라임에도 판이하게 다른 환경에 있기 때문에 예상대로 사업관리가 쉽지 않았다.

사막지역 프로젝트는 우즈베키스탄 부하라(Bukhara) 지역에 위치한 A-380도로(CAREC 2구간)의 일부인 85km에 대한 콘크리트 포장도로 개보수사업 시공감리 컨설팅 용역이다.

삼보기술단은 한국에서는 접하기 어려운 사막지역을 마주한 후, 사업의 기술제안서를 작성하기까지 녹록지 않은 환경에 진땀을 흘렸다.

우즈베키스탄은 원래 농산물 주요 수출국임에도 불구하고 북서부지역은 대부분 사

막지역이 때문에 사업노선의 전 구역이 모두 사막지역 안에 위치해 있었다.

사업구간을 살펴보기 위해서는 모래언덕을 1시간을 꼬박 달려야만 했다. 차를 타고 달리는 사이, 주변을 아무리 살펴보더라도 나무 한 그루조차 발견할 수 없었다. 그야말로 허허벌판인 것이다.

사막은 고된 환경이었다. 뙤약볕이라고 하기엔 너무나 강렬한 태양빛, 입안을 바짝 메마르게 만드는 열기는 금새 갈증을 느끼도록 만들었다. 한국에서와 달리 금새 지칠 수밖에 없는 환경이었다. 사방이 지평선이고 멀리 떨어진 곳에서는 종종 회오리바람만 보일 뿐이었다.

사막의 모래 역시 넘어야 할 장벽이었다. 현장을 조사하는 동안 바람이 조금이라도 불면 한국에서는 한 번도 경험해본 적 없는 모래가 온몸을 뒤덮었다. 실눈을 뜨고 작업환경을 살핀 후, 차에 오르면 어김없이 옷에 달라붙은 사막의 고운 모래가 차량 내부에 함께 쏟아져 내렸다. 모랫바람은 사무실 안에서도 마스크를 써야 할 정도로 강하게

06. 사막지역 도로사업 개요도.

07. 열악하고 뜨거운 사막에서 시작된 공사 현장의 모습.

08. 성실히 공사를 진행한 덕분에 사막 프로젝트는 빠른 기간 내에 준공할 수 있었다.

09. 공사 현장은 나무 한그루 찾을 수 없는 척박한 환경이었다.

09

불어왔다.

무엇보다도 현장에서 가장 큰 어려움은 건설용 재료 수급에 있었다. 우즈베키스탄은 중앙아시아 대륙 한가운데에 자리 잡아 자재와 공구 조달이 어려웠고, 운송이나 장비, 자재 조달 계획이 어긋나면 공기가 지연되기 십상이기 때문에, 시공사의 공정을 관리하는 업무는 매우 중요한 문제였다. 앞서 다룬 사막의 어려움은 정신력으로 어느 정도 극복할 수 있는 것들이었지만, 재료 수급 문제는 발을 동동 구를 수밖에 없는 현실적인 문제였기 때문이다. 사막지대는 기반시설이 부족하고 교통 물류 여건도 열악해 자재와 공구 등 소모품 보급에 난항을 겪었다.

삼보기술단이 수주한 컨설팅사업은 모두 콘크리트 포장 공사였다. 이를 위해서는 기술제안서 작성 시 주변 재료 수급현황을 사전 조사해서 어떻게 사업을 수행할지 파악해야 하는데, 콘크리트 공사에 가장 우선적인 골재원와 물에 대한 정보를 얻는 일이 쉽지 않았다.

공사를 진행한 후에는 어느 순간부터인지 시멘트 수급에 차질이 발생하는 경우가 많았다. 나중에 확인해보니, 우즈베키스탄 정부가 외화 확보를 위해 수출 중심의 정책을 펼친 것이 원인이었다. 대부분의 시멘트 재료가 해외로 수출되는 바람에 정작 국내 공사현장에서는 시멘트 재료 납품이 잠시 불가능한 상황이 벌어진 것이었다. 시멘트뿐만 아니라 골재 역시 수급에 어려움을 겪었다. 골재의 경우, 사막지역의 특성상 시방 기준에 맞는 골재를 구하기 위해서는 먼 거리에서 운송해야만 했다. 공정에 맞춰 공사가 진행되기 위해서는 골재의 원활한 수급을 위한 운송계획 수립이 필수였다.

물 또한 부족했다. 사막에서 물의 가치란, 직접 겪어보지 못한 사람은 느낄 수 없는 귀중한 자원이다. 물은 언제나 인근 주민들이 우선적으로 사용해야 하는 자원이었다. 결국, 공사현장에 수급되는 물은 지극히 제한적일 수밖에 없었다. 공사진행 상황에 맞춰 물을 수급하기는 여간 어려운 것이 아니었다.

이렇게 어렵게 각종 재료를 확보한 후에도 기다리고 있던 것은 콘크리트 균열이었다. 50℃에 달하는 사막의 뜨거운 온도는 콘크리트의 수분을 빼앗아가 하루만 지나면 균열을 일으키는 문제가 발생했다. 이러한 이유로 우즈베키스탄에서는 어디에서나 균열이 일어난 도로를 쉽게 만날 수 있다.

그러나 행운이 따라왔다. 시공을 맡은 포스코건설은 이번 CAREC 프로그램 사업 이전에 우즈베키스탄에서의 시공 경험이 있었다. 특히, 사막지역에서의 콘크리트 타설에 대한 경험 덕분에 우수한 시공 품질을 확보하며 위에서 언급한 여러 가지 어려움을 극복할 수 있었다.

공사 품질이 양호하다고 평가를 받으면서 현지에서 입소문이 돌기 시작했다. 이에 우즈베키스탄 방송국에서 공사현장을 찾아와 여러 차례 취재해가며 보도하기도 했다. 이러한 사실을 접한 ADB 담당자들도 현장을 방문해서 포스코건설의 시공 능력과 삼보기술단의 감리 업무 능력에 감탄하며 칭찬과 격려의 말을 전하고 돌아갔다.

결국 한국 업체들이 컨설팅과 시공을 맡은 사막 현장은 외국 회사들이 맡은 인접한 다른 현장과 달리 큰 공기 지연 없이 2017년 3월 무사히 준공해낼 수 있었다.

험고 깊은 골짜기를 지나… 고산지대에 길을 내다

산악지역 프로젝트는 우즈베키스탄 캄칙(Kamchik) 지역에 위치한 A-373도로(CAREC 2구간)의 일부 구간인 74km에 대한 콘크리트 포장도로 개보수사업 시공감리 컨설팅 용역이다.

이 사업지는 사막지역과 정반대의 작업 환경이었다. 일단 높이부터 달랐다. 과업구

10. 산악지역 도로사업 개요도.

11. 눈 덮힌 설(雪)산에서 시작된 도로조성사업.

간은 해발 2000m를 넘는 산악지역을 횡단하는 구간이었다. 찬바람이 수시로 불어오는 고지대의 악조건을 견뎌내야 했다. 특히, 동절기에는 사막지대의 열기가 그리울 정도였다.

환경 문제도 있었다. 과거 한국의 개발도산국 당시에도 환경 대책이 미흡해서 다양한 사건들이 많았는데, 현재 우즈베키스탄의 상황이 이때와 비슷한 풍경을 보이고 있다. 특히, 대우자동차 공장 설립의 영향으로 중앙아시아 국가 중에서 유일하게 자동차 제조공장을 보유한 국가이기 때문에 자동차 보유 가구수가 늘어나면서 도심 내 공기오염도 매우 눈에 띄게 증가하고 있는 추세다.

삼보기술단이 수주한 산악지역에 있는 사업 현장은 그 중에서도 공기 오염이 심각한 곳이었다. 사업지 주변에는 대형 석탄발전소가 자리 잡고 있었다. 교통이 열악한 산악

지역에 화력발전소가 있다는 점은 비효율적인 풍경일 수 있지만, 이는 과거 공산주의의 잔재였다. 공산주의식 전체주의하에서는 개별난방이 아닌 중앙난방 방식이 보편적이었다. 여기에 필요한 에너지를 확보하기 위해 각 지역에는 발전소가 하나씩 필요했던 것이다.

이 공장에서 뿜어져 나오는 시커먼 연기는 금새 하늘로 솟구치다가 구름층 밑에 머물게 됐고, 이는 산악 지역의 골짜기 사이를 가득 채웠다. 매연은 공기의 질은 물론 지하수까지 오염시킬 정도였다.

산악지역에 위치한 사업구간에 도달하는 문제 역시 쉽지 않았다. 가뜩이나 오르막길인데 도로 폭도 좁게 나 있는 열악한 산악지역에서 우회도로를 만들기가 불가능했기 때문에 도로는 차량정체로 막히기 일쑤였다. 이에 현장까지 차가 제때에 도달하는 것은 쉽지 않았다. 차량정체 문제는 단순한 시간지연 문제를 넘어 시공품질에 문제를 가져올 만큼 심각한 문제였다.

우즈베키스탄은 콘크리트 믹서트럭을 보기 힘든 나라다. 이에 산 밑에 있는 콘크리트 배칭플랜트에서 레미콘을 작업현장까지 적정시간 내에 운반하지 못할 경우 우수한 시공품질을 확보하기 위해서는 많은 노력이 필요했다. 시공사 교체에 따른 작업 중단도 원활한 공사 진행의 장애물이 됐다.

2012년 계약 당시에 선정된 스페인의 시공사가 2015년 공사 타절을 결정하며 공사가 일제히 중단됐다. 새로운 시공사가 선정된 것은 8개월의 시간이 흐른 후였다. 그러나 삼보기술단은 포기하지 않고 새롭게 공사를 맡게 된 아제르바이잔 시공사와 손발을 맞추며 사업을 빠르게 정상화시켰다.

산악지역 프로젝트는 오는 2018년 준공될 예정이다. 삼보기술단에서 수주한 사업이 포함된 CAREC 프로그램이 완료되면 우즈베키스탄의 경제발전에 크게 기여할 것으로 기대된다.

이후의 프로젝트

분명 ADB사업은 쉽지 않은 사업이었다. 해외경쟁입찰을 통해 해외 업체와 수주 경쟁을 펼치고, 예상치 못했던 리스크를 해결하기 위해 적잖은 노력을 필요로 한다. 그러나 이러한 어려움을 극복하면서 우즈베키스탄에서 새롭게 쌓은 경험은 영업 방침 및 전략을 수립하는 밑거름이 됐다. 무엇보다 중요한 점은 이러한 경험이 삼보기술단에게 성공적인 해외사업 수주와 운영에 대한 크나큰 자신감을 안겨줬다는 사실이다.

인적 인프라도 얻을 수 있었다. 조지아와 우즈베키스탄 사업을 수행하는 중 인연을 맺게 된 ADB 관계자와의 만남은 새로운 프로젝트로 나아가는 원동력이 되었고, 향후에는 삼보기술단이 파키스탄과 베트남의 ADB사업을 추가 수주할 때 동일한 ADB 담당자를 만나면서 사업을 수행하는 동안 많은 도움을 받을 수 있었다.

특히, 당시 파키스탄의 사업지는 유찰의 늪에 빠진 ADB사업이었다. 아직까지도 계속되는 테러의 위험으로 사업을 이끌 수 있는 적당한 해외 컨설팅 업체가 참여하지 않았기 때문이다. 당시 해외 보험회사에서도 파키스탄 전역에 대한 여행자보험 가입을 중단하던 시기의 상황을 감안한다면 당연한 것이라 생각하고 넘어갈 수 있었다.

그러나, 삼보기술단은 달랐다. 열악한 우즈베키스탄의 난관을 돌파했다는 자신감으로 무장돼 있었기 때문이다. 수차례에 걸친 논쟁 끝에, 적극적인 해외수주를 위해 파키스탄 사업에 도전장을 내밀기로 결정했다. 이후 현장 방문 시 발주자의 철저한 무장경호원 지원을 요청하고 업무 외 외부출입을 최대한 자제하는 등 현지에서 안전에 각별히 주의하며 신중하게 컨설팅 업무를 진행한 덕분에 큰 사고 없이 무사히 컨설팅 사업을 완수할 수 있었다.

어려운 사업 환경에서도 꿋꿋이 해외경쟁입찰 사업을 완수해내는 삼보기술단의 노력은 조지아에 이어 우즈베키스탄을 거쳐 파키스탄과 베트남까지 이어지고 있다. 특히 우즈베키스탄은 역사적으로 현지 고려인에 대한 인식이 좋기 때문에 타 국가에 비해 한국에 대한 이미지가 좋았다. 여기에 해외 업체들이 빠져나가는 현장을 끝까지 사수하며 완공을 위해 노력하는 삼보기술단의 책임감은 '건설 한류'의 신기원을 열어가고 있다.

| 김희용기자

해외건설 성공사례 | 우선이엔씨

佛心도 감동한 眞心 히말라야에 문명을 전파하다

하늘과 땅의 경계 '부탄' 전력 프로젝트

"거기에는 히말라야산맥이 있잖아요. 국토의 평균 고도가 해발 2200m를 넘는 고지대니까. 수력발전을 하기에는 최고의 조건이죠."

2004년 네팔의 레인보우하우징(Rainbow Housing) 프로젝트에 참여하기 위해 네팔을 방문한 김광수 우선이엔씨 대표이사는 네팔 건설회사 쪽 현지인으로부터 우연히 부탄에 대한 정보를 듣게 됐다. 솔깃했다. 부탄은 네팔 인근에 위치했지만, 해외시장 진출지로는 고려해본 적이 없는 나라였다. 아니, 더 솔직히 말하자면 부탄에 대한 관심이 거의 없었다. 하지만 부탄에 대한 정보를 들어보니 전력 분야에 있어 성장 가능성이 높을 것 같았다. 그때 결심했다.

"부탄에 한번 진출해보자."

부탄은 중국 티베트 자치구와 인도 사이에 자리한 남아시아의 작은 산악 국가다. 히말라야 여러 산맥의 지역적 특성상 부탄의 남쪽은 해발고도가 낮은 반면, 북쪽은 고산이 많고 고도가 높다. 북쪽 끝에 히말라야산맥이 있기 때문이다.

히말라야산맥은 부탄과 중국을 나누는 경계선이기도 하다. 산스크리트어로 '눈'을 뜻하는 '히마(hima)'와 '거처'라는 의미의 '알라야(alaya)'가 더해진 히말라야는 '눈이 사는 곳'이라는 뜻을 갖고 있다. 이는 히말라야의 만년설에서 기원한 합성어다.

일반적으로 만년설에서 녹아 흐르는 물은 수력발전을 위한 훌륭한 에너지원이 된다. 높은 곳에서 흘러내리는 물을 효율적으로 이용하면 경제적으로 전기를 생산할 수 있다. 낙차가 크고 유량이 풍부할수록 수력발전에 유리하다. 히말라야는 그 둘의 조건 중 큰 낙차를 효율적으로 이용 할 수 있는 장소이다.

히말라야산맥에서 가장 높은 에베레스트의 고도는 8848m. 부탄에서 가장 높은 고도 7570m의 강카르 푼섬(Gangkhar Puensum)을 비롯해 부탄에는 7000m 이상의 봉우리가 여러 개 있다. 히맘라야의 고지대에 쌓인 만년설은 낙하를 반복하며 흐르고 흘러 하천이나 호수에 모인다. 그렇게 모인 고지대의 풍부한 수량은 위치에너지를 운동에너지로 변환, 전기에너지의 원천이 된다. 알프스산맥을 끼고 있는 오스트리아와 스위스, 노르딕산맥 밑에 자리한 노르웨이에서 수력발전이 발달한 이유도 이 같은 교집합의 자연조건 덕분이다. 히말라야를 가진 부탄 역시 수력발전이 발달할 수밖에 없는 국가다.

높은 히말라야산맥은 수력발전의 원천이 되는 한편, 외부와의 왕래를 어렵게 만드는 요인 중 하나다. 히말라야산맥 내륙에 위치한 부탄은 지리적 특성상 다른 국가와의 접촉과 왕래, 교류가 적은 편이다. 그래서 외국인의 출입도 다소 엄격하게 심사한다. 특히 비자 발급 절차가 상당히 까다롭다. 심지어 부탄에는 대한민국 대사관도 없다. 이는 그만큼 부탄과 우리나라 간 교류가 드물다는 방증이기도 하다. 부탄은 현지 누군가의 인바이트(초청) 없이는 입국이 어렵다. 송전선로 공사나 수력발전 변전소 사업 등을 전문으로 하는 업체 중 부탄에 진출한 한국 기업이 단 한 군데도 없다는 게 이상한 일도 아니다.

하지만 사업을 추진하기 위해 현지를 방문하는 것은 너무나 당연한 수순이다. 김 대표도 부탄 진출을 결심한 이상, 어떤 식으로든 부탄에 가야 했다. 방문을 앞두고 걱정이 한가득이었다. 그런데 의외로 일은 쉽게 풀렸다. 김 대표의 네트워크 능력과 성실함이 빛을 발한 덕분이다.

2004년 당시 김 대표는 부탄의 수력발전 정보를 전달한 네팔 현지인으로부터 부탄에 거주 중인 친척을 소개받았다. 그 친척은 부탄의 송전선로 공사 진행을 담당하는 발주처 관계자를 연결해줬다. 그리고 김 대표는 부탄 진출을 위해 그 발주처 관계자와 수년간 지속적인 관계를 유지해왔다. 그 과정에서 발주처 관계자를 한국으로 초대

01. 신기가온(Singhigaon) 변전소 성능 개선 공사 현장.

02. 신기가온(Singhigaon) 변전소 성능 개선 공사 현장에서 인부들이 작업하는 모습.

하는 열정을 보이기도 했다. 이 같은 김 대표의 꾸준함 덕분이었을까. 네팔 현지인으로부터 소개를 받은 지 3년이 흐른 2007년경, 김 대표는 발주처 관계자에게 부탄을 방문하고 싶다는 의사를 밝혔다. 그러자 현지 발주처에서는 흔쾌히 우선이엔씨의 방문을 위한 비자발급 등의 절차에 도움을 줬다. 그렇게 김 대표는 부탄이라는 은둔의 왕국에 발을 내딛게 됐다.

은둔의 왕국, 부탄에 발을 내딛다

부탄으로 가는 여정은 간단치 않았다. 부탄으로 한 번에 갈 수 있는 직항이 없어서다. 우선 인천국제공항에서 태국 방콕의 수완나폼국제공항으로 이동해야 한다. 그곳에서 1박을 한 후 부탄 국적기인 드룩(Druk)항공을 이용해 부탄의 파로(Paro) 국제 공항에 내린 뒤 자동차로 이동하는 코스다.

부탄에서 받은 첫인상은 의외였다. 얼굴 생김새가 한국 사람과 무척이나 비슷했기 때문이다. 외모에서 느껴지는 친근감과 더불어 외지인에게 깍듯하게 예의를 지키는 모습이 인상적이었다. 한국인과 비슷한 외모의 부탄인 눈빛에는 선함이 가득했다. '진심을 갖고 이 사람들을 대하면 좋은 관계를 유지할 수 있겠구나'라는 자신감이 샘솟았다. 힌두교가 국교인 네팔과는 달리, 부탄 사람 대부분이 티베트불교를 믿는 점도 불교신자인 김 대표에게는 안심이 되는 요소였다. 부탄은 8세기경 티베트로부터 불교를 전파받은 뒤 불심(佛心)으로 세운 나라라 해도 과언이 아닐 정도다.

그러나 부탄 진출 과정이 순탄치만은 않았다. 히말라야산맥 내륙에 위치한 부탄의 지리적 특성상, 부탄인들은 대체적으로 외부인에 대해 방어적 자세를 취했다. 부탄 옆에 위치한 대국 인도로부터 쫓겨나고, 중국 티베트로부터 침략을 받은 역사가 만들어낸 국민적 성향이기도 하다. 오랜 시간 부탄 사람들의 보호막이 돼준 높은 히말라야산맥을 방패 삼아, 오랜 시간 은둔을 자처한 부탄 현지인들에게 외지인과의 비즈니스는 낯섦 그 자체다. 더군다나 부탄 현지인들 몇몇은 한국인에 대한 적대감까지 있었다.

우선이엔씨가 부탄에 진출하기 이전, 한두 차례 교류한 한국 업체들과의 좋지 않은 추억 때문이다. 국내 업체 몇 곳이 부탄과의 사업 협력차 방문할 당시, 부탄 발주처 정보를 취한 뒤 한국 기업의 내부 정보는 철저하게 감춘 전력이 있다고 한다. 이는 부탄인에게는 불신의 씨앗이 됐고, 그들은 외지인인 한국인에 대한 마음의 문을 굳게 걸어 잠궜다.

진실함만이 마음의 문을 여는 열쇠라고 생각한 김 대표는 특유의 성실함과 꾸준함으로 밀어붙혔다. 부탄 발주처 관계자들이 묻는 작은 질문에도 성실히 회신했다. 원하는 정보가 있으면 최대한 제공하려 노력했다. 사업 입찰에도 적극적으로 나섰다. 성공할 것이라는 확신은 중요치 않았다. 부탄 사람들과의 관계를 형성하고 친밀감을 높이기 위한 '발판'이자 '투자'라고 생각했다.

첫 도전, 쓰라린 패배

그러던 중 2008년 3월, 치랑(Tsirang)~지그멜링(Jingmeling)~겔레푸(Gelephu)

를 잇는 132kV 송전선로 공사 프로젝트가 진행된다는 소식을 현지 파트너가 알려왔다. 우선이엔씨는 회사 정보와 PQ를 발주처에 전달해 긍정적인 회신을 받았다. 우선이엔씨의 기술입찰(Technical Bid) 내용은 최우수로 평가됐다. 하지만 한국수출입은행의 보증을 받는 과정에서 문제가 발생했다.

글로벌 금융위기 조짐이 나타나는 시기와 맞물려 국내 은행들의 보증 심사가 보수적으로 바뀐 것이다. 수출입은행은 보증 자체를 거절했고, 시중 은행인 KEB외환은행(현 KEB하나은행)은 보증기간을 40일로 제한했다. 그 어떤 시중 은행도 발주처가 제시한 120일의 보증기간을 맞춰줄 수 없었다. 보증기간을 늘리지 못한 우선이엔씨는 결과적으로 부적격 판정을 받게 됐다.

입찰에서 좌절을 맛봤지만, 오히려 김 대표는 부탄 진출의 가능성을 확인했다. 입찰 과정에서 우선이엔씨가 가진 기술력을 부탄 발주처로부터 인정받았기 때문이다.

자신감을 갖게 된 우선이엔씨는 해외건설협회로부터 6300만원가량의 자금을 지원받아 부탄을 재방문, 부탄의 주요 발주처인 부탄전력청(BPC: Bhutan Power Corporation Limited)의 경영진과 실무자와의 관계를 돈독히 했다. 그간 BPC는 시공 기술과 장비 및 자재 수급 과정에 있어 인도에 절대적으로 의존해왔다.

그러던 중 부탄 정부와 BPC는 인도 시공업체의 독점 때문에 부탄 전력산업의 기술 발전이 크게 낙후됐음을 서서히 인식하는 단계에 접어들기 시작했다. BPC는 풍부한 수자원을 활용해 대규모 수력발전소를 신설할 계획이었다. 국내에 공급하고 남는 전력은 인도에 판매하겠다는 내용의 국가 주도 전력개발사업이 태동하기 시작한 것이다.

그러던 어느 날, BPC 관계자가 솔깃한 제안을 하나 했다.

"2009년 3월쯤 대형 송전 프로젝트를 하나 하려고 합니다. 김 대표님도 참여하시죠."

김 대표는 어안이 벙벙했다. BPC가 우선이엔씨에 프로젝트 참여를 직접 요청해온 것이다. BPC가 제안한 푸나상추 400kV 송전선로 공사는 2억달러 규모의 송전 프로젝트였다.

"지금까지 우리는 인디아 스탠다드에 맞춰왔어요. 그런데 한국 기술을 접해보니 인도에 편중된 기술 제휴선을 다른 국가로 이전해도 좋겠다는 생각이 드네요. 앞으로 에너지 관련 프로젝트 발주가 계속될 것 같습니다. 우선이엔씨를 필두로 한국 업체가 적극적으로 참여해주면 좋겠습니다."

부탄 발주처의 마음이 열린 순간이다.

우선이엔씨는 2008년 10월, 인도 및 부탄 이외 업체로는 처음으로 BPC가 발주하는 송전공사에 공식 초청을 받아 입찰서를 제출했다. 하지만 해당 프로젝트의 론이 인도(GOI) 펀드로 조달되면서 문제가 생겼다. 인도 및 부탄 업체만 입찰에 참여하도록 입찰 조건이 변경된 것이다. 우선이엔씨는 서둘러 인도 업체와 조인트벤처(J/V)로 사업 참여를 검토했지만, 상호조건이 맞지 않아 프로젝트에 참여하지 않는 것으로 최종 확정됐다. 이 과정에서 BPC는 우선이엔씨의 의리에 대한 답례를 제공했다. 우선이엔씨의 부탄 현지 시공 경험 축적을 돕기 위해 인도 계약자로부터 프로젝트 하도급 수행 협조를 약속한 것이다. 이후에도 우선이엔씨는 2010년 220kV 말바세(Malbase)~삼체(Samtse) 송전선로 공사 등에 초청을 받아 입찰에 참여하는 등 BPC와 활발하게 교류했다.

부탄 전력의 최대 발주처, BPC

발주처인 BPC와의 관계가 무르익었다. 김 대표는 BPC와의 긴밀한 관계 형성을 위해 오랜 시간 노력했다. BPC는 부탄의 국가 에너지 및 전력 정책사업을 추진하는 공기업으로, 한국의 한국전력공사와 비슷한 업무를 수행한다. 부탄의 발전과 변전 및 송전·배전 등 부탄 내수 및 인접국으로의 전력 수출 사업을 수행하고 있어 우선이엔씨에는 중요한 발주처다. 특히, 부탄은 전력 에너지 수요가 증가하는 단계에 접어들고 있었다. 발전소와 송전, 변전 시설의 신설과 증설, 개보수 계획이 적극적으로 수립되는 시기이기도 했다. 이는 우선이엔씨가 BPC와의 관계 형성에 공을 들인 이유이기도 하다.

BPC는 그간 인도에 집중된 교류를 다른 나라로 확대하고자 하는 의지가 강했다. 국내 전력 개발 사업이 확대되면서 기술과 금융자금 조달이 필요해졌고, 점점 인도 외 다른 국가로 눈을 돌리기 시작했다. 이 무렵, 우선이엔씨의 적극적인 태도로 한국 업체에 대한 관심이 커졌고, 한국의 기술력과 제품, 서비스 지원 등에 대한 만족도가 높아졌다.

이는 김 대표의 노력 덕분이다. 한국의 선진화된 전력시스템에 관심이 많은 BPC

03. 타쉬초 종(Tashichho Dzong) 준공 후 야경.

관계자들을 한국으로 초청해 다양한 기술 체험과 설비 견학, 교육, 트레이닝 등의 서비스를 한국전력공사와 협력해 제공했다. 그렇게 BPC에서 한국으로 견학 온 관계자만 100여 명에 달한다. 김 대표 역시 평균 한 달에 한 번은 부탄을 방문해 지속적인 관계를 유지하며, BPC와의 유대감 형성에 지대한 노력을 했다.

2008년 BPC와 처음 인연을 맺은 이후 3년 이상 긴밀한 유지관계를 유지한 노력의 결실이 드디어 2011년에 드러났다. BPC가 170만달러 규모의 부탄 기념 건축물 경관조명공사 수의계약을 제안한 것이다. 단순한 입찰 참여가 아닌 수의계약을 전제로 한 제안이었다. 이 사업은 부탄의 제5대 국왕인 지그메 케사르 남기엘 왕추크(Jigme Khesar Namgyel Wangchuck)의 결혼식을 축하하기 위한 기념건축물 경관조명공사였다. 수도인 팀푸(Thimphu)에 위치하는 6층 50m 높이의 목조건물 '타쉬초 종(Tashichho Dzong)'과 5층 35m 높이의 석조건물인 '메모리얼 초르텐(Memorial Chorten, 국립기념탑)'

에 전선관 배관을 놓고, 내외부에 조명기구를 설치하는 작업이다.

종(Dzong)은 부탄의 요새화된 불교 승원으로, 불교 사원인 동시에 행정과 사법 청사 기능도 겸비하는 부탄 고유의 독특한 공간이다. 각 지역의 종에서는 부탄의 여러 기념식과 행사가 펼쳐질 만큼, 부탄에서 중요한 전통적 의미를 지닌 장소다. 메모리얼 초르텐 역시 50세도 되지 않은 젊은 나이에 요절한 제3대 국왕인 지그메 도르지 왕축(Jigme Dorji Wangchuck)을 기리기 위해 그 어머니가 세운 곳으로, 팀푸 시민들의 기도 장소이기도 하다. 역사적 의미가 남다른 이 두 공간의 경관조명공사 제안을 한국 업체가 받았다는 것 자체가 김 대표에게는 뜻깊었다.

지렁이 때문에 중단된 공사… 불심(佛心)의 나라, 부탄

막상 프로젝트를 진행해 보니 부탄은 우리나라와 달라도 너무 달랐다. 불심으로 세운 나라답게, 착공에 들어가기 전 길일(吉日)을 받아야 착공식을 진행할 수 있었다. 터파기를 가동할 때도 마찬가지다. 조명공사를 시작하기에 앞서 땅을 파는 브레이킹 작업을 할 때에도 길일을 받는 작업을 선행해야 했다. 이 때문에 우선이엔씨 역시 공사를 시작하기에 앞서 길일을 받아 날을 잡고 작업을 했다.

문제는 터파기를 본격적으로 가동해 굴착공사를 시작했을 때다. 터파기 작업을 시작하자 땅속에 있던 지렁이와 뱀이 어마어마하게 쏟아져 나왔다. 그러자 부탄 현지 작업자들은 모든 작업을 멈추고 지렁이와 뱀이 지나갈 때까지 그 모습을 우두커니 지켜만 보고 있었다. 그렇게 부탄 인부들이 수십여 분을 지켜만 보고 있자, 답답해진 한국인들은 시간을 지체할 수 없다며 공사를 재개했다. 일순간 부탄 인부들의 목소리가 커지기 시작했다.

"지금 뭐하는 거요? 공사 하나 하자고, 미물을 죽이는 거요?"

"그러면 이 많은 지렁이와 뱀이 빠져나갈때가지 턱괴고 앉아서 기다리고만 있자는 겁니까?"

부탄 현지 인부와 한국인 관리자 간 언성이 높아졌다. 부탄 인부는 공사를 위해 지렁이와 뱀을 죽이는 행위에 큰 불만을 드러냈고, 한국인 관리자는 느릿하게 움직이는 지렁이가 다 빠져나가기를 하세월 기다릴 수 없는 노릇이었다.

04. 종교의식인 푸자(Puja)를 마친 후 모습. 사진 왼쪽 김광수 우선이엔씨 대표.

불교를 국교로 하는 부탄에서는 살생(殺生)과 투도(偷盜)가 금기시된다. 불살생(不殺生)은 부탄인의 삶의 뿌리로 강하게 자리 잡고 있었다. 살아 있는 모든 것에 동일한 가치를 부여하는 생명 존중의 불교 사상이 주요하게 작용하기 때문이다. 특히 의도를 갖고 생명을 죽이는 것에 큰 반감을 갖고 있었다. 그런 부탄인의 눈에는 지렁이가 나오는 땅 위에서 공사를 재개하는 한국인의 행동이 무자비하게 보인 것이다.

불쾌감을 감추지 못하는 부탄인들을 위해 김 대표는 '푸자(Puja)'라는 의식을 행하기로 결심했다. 푸자는 부탄 사람들과 오랜 시간 교류하면서 알게 된 부탄 인근 지역의 의식 행사다. 푸자는 인도의 힌두교와 티베트불교가 융합된 의식 행사이자 예배로, 스님의 집전을 통해 죽은 지렁이와 뱀을 위한 축복과 기원을 하는 의식이다. 이후부터 김 대표는 BPC를 포함해 부탄에서 공사를 진행할 때마다 애플리케이션을 통해 길일을 미리 받아 푸자를 행했고, 이는 부탄 발주처에게 큰 인상을 남겼다. 우선이엔씨가 부탄의 문화를 있는 그대로 받아들이고 존중하는 모습을 보였기 때문이다.

푸자를 행한 후 재개된 공사는 순조롭게 진행됐다. 거대한 규모의 타쉬초 종과 메모리얼 초르텐에 조명공사를 하는 것은 쉽지 않았지만, 준공 후 점등식이 시작된 이래 지금까지도 팀푸 시민들은 이곳을 시내 최고의 야경 명소 중 하나로 꼽고 있다.

이는 향후 2016년에 진행된 80만달러 규모의 '파로종(Paro Dzong)' 경관조명공사에도 영향을 미쳤다. BPC는 타쉬초 종과 메모리얼 초르텐의 경관조명공사 실력을 인정해 우선이엔씨에 파로종 경관조명공사를 요청했다. 이에 우선이엔씨는 한국전력공사·(주)효성과 컨소시엄 형태로 해당 사업에 참여해 프로젝트를 수행했다. 이곳 역시 부탄 국민들에게서 야간촬영 명소로 각광받게 됐고, 이 파급 효과로 부탄 발주처는 그해 12월 부탄 내 가장 큰 규모인 '트롱사 종(Trongsa Dzong)' 경관조명을 위해 한국산 발광다이오드(LED) 등기구를 수입해 설치하기도 했다.

"2년 공기를 1년 이내로 앞당겨라"…
우선이엔씨에 당도한 미션

이후 우선이엔씨는 BPC가 발주하는 송변전공사에 본격적으로 뛰어들기 시작했다. 그 첫 프로젝트 수주 성과는 2012년에 진행한 220kV 셈토카(Semtokha) 변전소 용량증설 공사다.

부탄의 수도인 팀푸 시내에서 전력 수요가 가장 늘어나는 때는 동절기다. 화석 연료를 잘 쓰지 않는 부탄에서는 LPG가스보다 전기히터를 통해 난방하기 때문이다. 이에 부탄에서는 매년 겨울 전기히터 수요가 늘어나 전력 부하가 발생해 시내의 전력공급 부족 현상은 부탄 정부를 괴롭히는 골칫거리 중 하나였다.

팀푸시에는 대량 전력을 공급하는 변전소가 있다. 그게 바로 셈토카 변전소다. 하지만 셈토카 변전소가 노후화되면서 공급 능력이 꽉 차게 됐고, 수전 설비 용량 부족으로 교체하거나 증설할 수밖에 없는 상황에 직면했다. 이에 BPC는 추운 겨울이 오기 전에 적절한 난방을 위해 해당 설비의 용량증설 공사를 하기로 결정했다. 빠른 시일 내에 공사를 완료해 겨울이 오기 전, 시민들의 난방을 해결하고자 했다.

원래는 유럽 국가인 오스트리아에서 해당 공사 증설 작업을 진행하기로 했다. 문제

05. 파로종(Paro Dzong) 준공 후 야경.

는 오스트리아 업체가 제안한 공사기간이 최소 2년이었다는 점이다. BPC는 당장 겨울 오기 전에 팀푸 시민들에게 원활한 난방을 제공하고자 했기 때문에 공기를 1년 이내로 줄여달라고 했다. 하지만 이 작업은 팀푸 수도권 수요전력 공급용 220kV 변전소에 설치된 기존 단상 변압기 6대를 삼상변압기 2대로 교체하는 긴급 돌관 공사 방식의 대규모 공사다. 이 때문에 오스트리아 업체를 포함한 동남아시아의 시공 회사에서는 BPC의 공기단축 요구를 단호하게 거절했다.

이에 BPC 관계자가 우선이엔씨를 찾아왔다. 그간 우선이엔씨가 보여준 신의와 성실, 기술의 우수성과 공사 성과 등을 인정한 결과다. 김 대표는 고민에 빠졌다. '다른 업체들이 제안한 2년 공기의 절반 수준인 1년 이내로 공기를 맞출 수 있을까' 하는 부담감과 망설임이 도사렸다. 하지만 동일한 조건에서는 공사 수주의 기회를 가질 수 없다고 판단했다. 오스트리아를 포함한 유럽 업체는 수력발전이 발달해 기술력에서도 우위에 있었고, 인근의 인도와 태국 등의 동남아 국가들은 BPC와 꾸준히 공사를 진행하며 나름의 트랙 레코드(실적)를 쌓아 올려왔다. 하지만 우선이엔씨는 부탄에서의 변전소 증설공사 실적이 전무했기 때문에, 이를 발판 삼아 한국 시공업체로서 자리매김을 확실히 하는 게 중요하다는 생각이 들었다. 더군다나 해당 공사는 264만달러에 달하는 공사였다. 이에 김 대표는 1년 이내에 공사를 완료하겠다는 조건부 형태로 수주 계약을 체결했다.

난관은 운반이었다. 비행기로 자재를 운반할 때는 1~2t 내외만 가능했다. 그래서 비행기가 아닌 배로 운송해야 했지만, 내륙 지역에 위치한 부탄의 특성상 이 또한 쉽지만은 않았다. 인도에 있는 항구를 이용해 자재를 들여와 차로 부탄까지 이동시켜야만 했다. 문제는 부탄의 지형이다. 히말라야의 산맥을 낀 부탄의 지리적 특성상 고지대가 많아 해발 3000m를 웃도는 지역이 많았다. 이 때문에 특수운반장비를 제작할 수밖에 없었다. 일반 운반차로는 운반이 불가능했기 때문이다. 인도에서 운반을 위한 차량을 제작하는 데만 수십 일이 걸렸다. 심지어 해당 차량은 부피가 워낙 커 차량이 많이 이동하는 시간대에는 운행이 불가능했다. 이에 차량 이동이 적은 야간시간대를 이용해서 자재를 조달했다. 그때 그때 필요한 자재는 비행기를 통해 추가로 실어나르기도 했다.

공기를 앞당기기 위해서는 그만큼 일을 더 많이 하는 방법밖에 없었다. 자재 운반이 어려워 공사가 지체되면서 촉박해진 시간만큼, 일의 효율성을 높이고 절대적인 근무시간을 늘리는 것 외에는 달리 방도가 없었기 때문이다. 철야작업이 잦았다. 현지에서 밤 늦게까지 야간 근무를 하지 않으면 공기 내에 작업을 마칠 수 없었다.

해당 작업은 민관협력사업(PPP)으로 진행됐으며, 한국전력과 컨소시엄 형태로 이뤄졌다. 인도 인부들은 비자 없이 근무가 가능했고, 공업지역인 푼츠홀링

06. 험준한 산악도로를 오가기 위해 제작된 특수운반차량.

07. 220kV 셈토카(Semtokha) 변전소 용량증설공사 작업 중인 인부.
08. 220kV 셈토카(Semtokha) 변전소 용량증설공사 현장.

(Phuentsholing)과 인도 국경지역이 맞닿았기 때문에 인력을 구하기 용이했다. 그래서 이때 실질적인 현장 인력은 부탄 현지인과 인도 인부들로 구성해 전문가 그룹을 별도로 만들었으며, 한국인이 프로젝트 매니지먼트를 하며 작업을 수행했다.

공기를 채우기 위해 현장은 바쁘게 돌아갔지만, 그렇다고 해서 절대 작업을 소홀히 하지 않았다. 김 대표는 '품질'과 '공기', '안전'을 핵심 가치로 삼았다. 오히려 처음 공사를 수주한 작업이기 때문에 우선이엔씨와 한국의 기술을 제대로 보여주고 싶다는 생각이 컸다. 그래서 일부 기자재는 원가가 예산을 초과하는데도 좋고 튼튼한 자재를 사용했다. 한국기준 대비 평균 1.5배이상의 안전율을 적용해서 단단하게 만들었다.

주야로 작업한 결과, 우선이엔씨는 공기 내 공사를 마쳤다. 그리고 그해 부탄의 팀푸 지역 사람들은 추위 걱정 없이 따뜻한 겨울을 보낼 수 있게 됐다.

09. 사회공헌서비스(CSR)인 데이케어(DayCare) 센터 준공식, 사진 오른쪽 김광수 우선이엔씨 대표

진심은 진심으로 돌아온다

다시 떠올려보면 당시 부탄에 진출한 우선이엔씨는 사실상 혈혈단신이나 마찬가지였다. 네팔 지인에게서 건너 건너 부탄 현지인을 소개받기는 했지만 의지할 곳 하나 없었다. 우선이엔씨가 부탄이라는 나라에 진출한 경험이 없는 것은 차치하고서라도, 송전선로 공사를 수행하는 한국 업체 가운데 부탄에 진출한 업체자체도 전무했다. 막연하지만 확신에 찬 그때를 떠올리면 지금도 가슴이 두근거릴 정도로 부탄 진출에 대한 열정이 넘쳐났다.

김 대표는 진심을 믿었다. 국가와 인종을 막론하고, 진심으로 대하면 누구든 마음을 연다고 생각했다. 사업은 진심을 가진 사람과의 만남이라는 게 김 대표의 믿음이다.

"우리라고 쉬웠겠어요? 부탄에 진출하면서 온갖 우여곡절을 겪었지요. 지금이야 이미 다 마무리한 공사고, 다 이겨낸 일들이니까 웃으면서 얘기하지만, 당시에는 심각한 일들과 갈등도 많았죠. 진출 초기에는 부탄을 수시로 오갈 일도 많이 생겼고요. 하지만 조급해하지 않았어요. 성급하면 악수(惡手)를 두게 되니까. 저는 어느 나라를 진출하건 기준을 최소 5년으로 잡아요. 신뢰관계가 구축되지 않으면 그 어떤 사업도 성공할 수 없다고 생각하거든요. 신뢰를 쌓는 데에는 그만큼 시간이 필요합니다. 이건 우리나라에서도 마찬가지예요. 진심을 바탕으로 한 신뢰가 가장 중요합니다."

김 대표의 진심은 부탄에서의 사회공헌활동(CSR)을 통해서 찾아볼 수 있다. 우선이엔씨는 부탄에서 수주활동을 통해 벌어들인 수익의 일부분을 CSR 차원으로 부탄 국민들에게 다시 돌려주고 있다.

"내 이름이 김광수잖아요. 이름에 광(光)이 들어가기도 하지만, 빛과 전기는 나에게서 떼려야 뗄 수 없는 부분이거든. 그래서 부탄의 캄캄한 곳에 조명을 무상으로 달아주는 사업을 계속하고 있어요. 일종의 사명감이죠. LED 조명을 지원하는 것과 더불어 데이케어(day care) 서비스도 제공하고 있습니다. 아동을 돌보기 힘든 직장인들과 맞벌이 신혼부부들을 대상으로 아이들 돌보는 시설과 프로그램을 지원하는 거죠. 일종의 유아원 지원 서비스라고 보면 돼요."

김 대표의 CSR 활동과 맞물려 우선이엔씨의 수주도 가시적인 성과를 지속적으로 내고 있다. 우선이엔씨는 지난 2016년 220kV 신기가온(Singhigaon) 변전소 성능 개선공사 수주에도 성공해 현재 해당 공사를 진행하고 있다. 해외건설협회로부터 약 6000만원가량 지원금을 받은 이 사업은 3000만달러의 대규모 공사로, 한국전력과 컨소시엄 형태로 참여했다. 이 공사는 2012년에 진행한 셈토카 변전소의 시공 품질에 만족한 BPC가 우선이엔씨 쪽에 수의계약 협의를 우선적으로 제안해 진행됐다. 우선이엔씨는 앞으로도 부탄을 비롯해 인근 국가로의 해외 진출을 긍정적으로 타진할 계획이다.

"부탄은 국민소득이 높은 나라는 아니지만, 지금처럼 경쟁이 치열한 우리 삶에서 되돌아볼 수 있는 도피처이자 안식처 같은 곳이라고 생각합니다. 때묻지 않은 그곳의 청정함과 아름다움을 유지할 수 있도록 기여하고 싶어요. 부탄에서의 활발한 수주 활동과 함께 CSR도 지속적으로 추진할 계획입니다. 그럴 만한 가치가 있는 곳이니까요."

| 홍샛별기자

"동성을 믿는다"… "그럼 끝까지 해보자" 신뢰와 인내, 수주 '마중물'이 되다

현재진행형이자 미래지향적 해외시장 도전사

동성엔지니어링(이하 '동성')의 해외시장 도전은 'ing(현재진행형)'다. 2006년 필리핀 도로 건설 및 개선 사업 타당성조사(F/S)를 첫 해외사업으로 수행한 이후 지금까지 11개국에서 31개 프로젝트를 도맡았다. 누적 수주액만 700억원에 육박한다. 하지만 동성의 김형철 대표이사는 "우린 아직 배고프다"라고 말한다. '해외시장의 강자'로 우뚝 서기 위해 여전히 해야 할 일이 많다는 설명이다.

동성이 해외시장에 관심을 가진 것은 아주 우연한 계기였다. 1991년 탄생 후, 국내에서 왕성하게 활동하고 있던 동성은 '해외사업 실적이 있으면 국내 엔지니어링 용역 입찰 PQ(사전심사)에서 2점을 추가로 받을 수 있다'는 제도를 적극 활용하고자 해외시장에 관심을 두기 시작했다. 이 제도는 2002년 도입된 '해외설계 수행실적 가점제'다. 엔지니어링 용역의 전문성을 강화하기 위해 시행한 제도지만, 저가 해외수주 등의 부작용이 끊이지 않으면서 2010년 폐지됐다.

PQ 2점 가점을 위해 바라본 해외시장은 드넓었다. 동성의 경영진은 생각을 바꿨다. '가점도 중요하지만, 동성이 지속적으로 성장하려면 해외시장을 주무대로 삼아야겠구나'라는 생각이 들었다는 게 김형철 대표의 설명이다. 생각도 행동으로 옮겨져야 가치가 있는 법. 경영진은 바로 해외부문을 사업 포트폴리오에 추가하고, 해외사업 수주를 위해 불철주야(不撤晝夜) 노력했다.

노력은 곧 성과로 나타났다. 한국국제협력단(KOICA)

이 발주한 약 30만달러 규모의 '필리핀 도로 건설 및 개선사업 타당성조사(F/S)' 사업에 동성이 참가한 컨소시엄이 사업권을 따냈다. 단독 수주는 아니었지만, 첫 성과라는 점에서 동성은 한없이 기뻤다고 한다. 컨소시엄은 2006년 12월 본계약을 체결하고, 다음해인 2007년 말 모든 사업을 완료했다.

역시 처음은 호락호락하지 않았다. 들인 노력에 비하면 얻은 수익은 보잘것없었다. 그럼에도 동성은 좌절하지 않았고, 오히려 "자신감을 얻었다"며 다음 사업을 찾아 나섰다. 김형철 대표는 "'하면 된다'는 말을 행동으로 직접 느낀 성과였다"라며 "처음에는 막막했던 해외시장 공략의 비법을 체득한, 이른바 '학습 효과'의 기반을 닦은 사업이라는 점에서 의미가 있다"고 전했다.

두 번째 사업지는 라오스였다. 필리핀 도로 건설 및 개선사업 F/S를 수행하면서 찾아온 기회였다. 라오스 현지에서 발주한 2건의 도로공사 기본 및 실시설계 용역을 동성은 현지 업체와 합작해 진행했다. 동성은 점점 자신감을

01. 동성엔지니어링이 감리 용역을 수행한 카자흐스탄 알마티~흐르고스 간 도로 개보수 공사 3공구 현장. 교량 슬래브를 타설하기 전, 철근을 조립하고 있다.

02. 동성엔지니어링은 중앙아시아지역 경제협력(CAREC) 사업 중 하나로 추진된 서유럽~서중국 간 국제도로 건설사업의 감리 용역을 맡았다. 발주처인 카자흐스탄 교통통신부 실무자들이 건설된 교량하부를 살펴보고 있다.

03. 심바에프 카자흐스탄 교통통신부 도로위원회 위원장(왼쪽에서 여섯 번째)이 서유럽~서중국 간 국제도로 개통 기념식에서 기념사를 하고 있다).

04. 중앙아시아지역경제협력(CAREC) 사업 중 하나로 추진된 서유럽~서중국 간 국제도로에는 카자흐스탄에서 흔치 않은 강교교량이 건설돼 있다. 동성엔지니어링은 여기에서 감리 용역을 담당했다. 동성엔지니어링 감리단과 현지 기술자들이 강교교량을 배경으로 기념촬영을 하고 있다.

얻었다. 새로운 사업을 꾸준히 물색했고, 해외사업 정보가 있는 곳이면 어디든 찾아나섰다. 발로 뛴 노력이 저력을 발휘, 카자흐스탄 건설시장 진입에 성공했다. 당시 대표이사 자격으로 카자흐스탄 진출을 이끌던 박석주 고문은 이렇게 설명했다.

"카자흐스탄 건설시장 진출은 발로 뛰면서 획득한 성과입니다. 중앙아시아 건설시장을 소재로 한 컨퍼런스에 참가했는데, 그 자리에서 카자흐스탄 교통통신부 고위 공무원을 알게 됐습니다. 그 고위 공무원에게 우리가 가진 기술력과 노하우를 찬찬히 설명했습니다. 유심히 듣던 고위 공무원은 카자흐스탄 정부가 여러 건의 도로건설 사업을 발주할 예정인데, 동성이 관심을 가지면 좋은 기회가 될 것이라고 말하더군요. 저희도 좋은 제안이라고 판단했고요. 경영진과 실무진이 모여 논의한 결과, 카자흐스탄 건설시장에 나서기로 했습니다."

동성은 그동안 쌓아온 기술력을 바탕으로 카자흐스탄 교통통신부가 세계은행(WB) 자금을 이용해 발주한 사

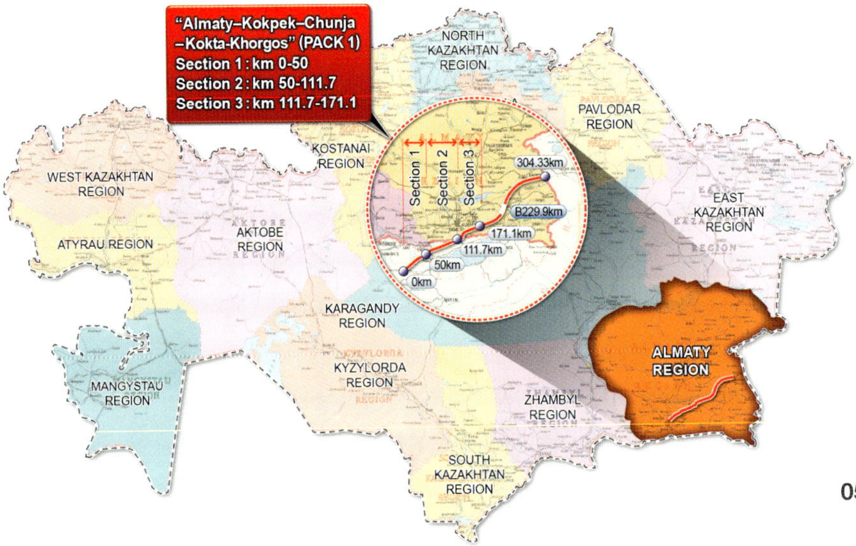

05

마라와 쉼켄트를 잇는 도로 2개 공구의 실시설계 용역을 현지 업체와 협력해 따냈다. 2개 공구 가운데 3공구 실시설계 용역의 계약은 2008년 10월, 1공구는 같은 해 12월 체결했다. 총 74만7000달러짜리 사업이었다. 역시 카자흐스탄 사업도 쉽지 않았다. 박석주 고문은 '맨 땅에 헤딩'이라는 표현으로 진출 초기에 겪었던 어려움을 대신 설명했다.

용역 수행 초반에는 별다른 문제가 없는 듯했다. 그러나 어느 날, 같이 팀을 꾸린 "현지 업체가 부도를 냈다"는 날벼락 같은 소식이 날아 들었다. 본사 임직원과 카자흐스탄으로 나가 있던 직원들이 수소문해 현지 업체의 현황을 파악했다. 날벼락 같은 소식은 사실이었다. 박석주 고문은 "부도 소식을 듣고 처음에는 진짜 막막했다"고 털어놓았다. 하지만 앉아서 한숨만 쉬기에는 처리해야 할 일이 한두가지가 아니었다.

경영진은 바로 모여 실시설계 용역 진행여부를 두고 마라톤 회의를 가졌다. "끝까지 밀어붙여야 한다"는 입장과

06

05. 동성엔지니어링이 감리 용역을 수행한 카자흐스탄 알마티~흐르고스 간 도로 개보수 공사 1공구 위치도.

06. 동성엔지니어링 소속 조한경 알마티~흐르고스 간 도로 개보수 공사 1공구 감리사업단장(왼쪽에서 세 번째)이 현지감리자와 시공사 관계자들과 회의를 진행하는 모습.

07. 동성엔지니어링이 감리 용역을 수행한 카자흐스탄 알마티~흐르고스 간 도로 개보수 공사 3공구 위치도.

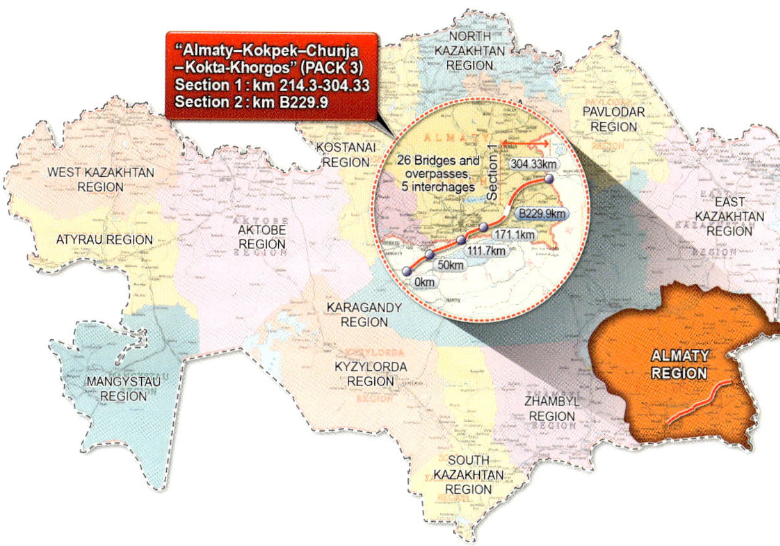

07

"우리도 포기해야 한다"는 의견이 맞섰다. 장시간 회의 결과는 '끝까지 밀어붙여야 한다'는 쪽으로 의견이 기울어졌다. 이어 발주처(카자흐스탄 교통통신부)에 동성의 입장을 전달했다. 발주처는 고맙다는 인사와 함께 "동성을 믿는다. 끝까지 잘 부탁한다"는 답변을 해왔다.

"처음에는 다 그런 거야"하며 동성의 임직원들은 서로 달래며 2개 공구의 설계 용역을 진행했다. 카자흐스탄 파견 임직원들과 본사 도로설계팀 임직원들은 갖고 있는 노하우를 총동원해 신설도로를 설계했다. 그러곤 자신있게 설계안을 발주처에 제출했다. 또 다른 날벼락이 들이 닥쳤다. 동성이 제출한 설계안과 발주처가 요구한 기준이 서로 달랐던 것이다. 우리나라와 앞서 진출한 필리핀 등은 설계에 미국 스펙을 적용하지만, 카자흐스탄은 러시아 스펙에 기준을 맞추고 있었다. 카자흐스탄 교통통신부는 러시아 스펙에 맞춰 설계를 조정해달라고 요구했다.

경영진은 또다시 고민에 빠졌다. 과업 수행에 따른 추가 비용이 불가피한 상황에 놓였다. 여기서 그만둘 순 없었다. 이전 설계안은 전부 버리고, 다시 작업에 착수했다. 한 가지 일을 두 번 하게 된 셈이다. 지금은 정부와 엔지니어링협회를 통해 러시아 스펙에 대한 정보 입수가 쉽지만, 당시 러시아 스펙은 생소한 기준이었다. 카자흐스탄에서 사업수행 경험이 있는 엔지니어링사를 직접 찾아가 도움을 요청했다. 그러나 그 업체는 "대외비라 외부유출이 힘들다"며 단칼에 거절했다.

08

09

동성은 사업단을 재구성했고, 사업단 소속 임직원들은 알음알음 물어가며 책을 참조해가며 실시설계 작업을 해나갔다. 박석주 고문은 "설계 프로그램과 설계안 프린트기 등 각종 기자재도 새롭게 구해야 했기 때문에 첫 작업보다 시간이 더 많이 들었고, 비용도 지출이 컸다"고 회상했다. 손실을 감내하며 과업을 마무리했다. 하지만 끝이 아니었다. 실시설계안 검토 과정에서 수정 요구사항이 많았다. 박석주 고문은 "속된 말로 '진짜 때려치고 싶다'는 생각이 머릿속에 가득했다"며 "그러나 발주처의 '동성을 믿는다'는 말이 잊히지 않아 참고 모든 요구를 수용했다"고 말했다. 결국 '신뢰' 하나로 도로 2개 공구의 실시설계를 짰다는 것이다.

모든 과정을 이겨내 실시설계안 용역을 마쳤고, 카자흐스탄 교통통신부는 동성에 엄지를 치켜세웠다. 결국 적자를 봤지만, 동성은 국내에서 겪기 힘든 이 과정에서 많은 것을 느꼈다고 한다. '신뢰'와 '인내'는 동성에 새로운 사업 수주라는 결과를 낳았다.

08. 동성엔지니어링은 2010년 카자흐스탄 사마리~쉼켄트 간 테미를란노브카 우회도로 건설공사의 실시설계 용역을 수주했다. 이 도로가 지나가는 테밀라노브카 도시 구간 전경. 동성엔지니어링은 이 하천 구간에 800m 교량을 설계했다.

09. 카자흐스탄 사마리~쉼켄트 간 우회도로가 지나가는 테미를란노브카 마을 풍경.

10. 동성엔지니어링은 2010년 카자흐스탄 사마리~쉼켄트 간 테미를란노브카 우회도로 건설공사의 실시설계 용역을 수주했다. 과업구간 시점부 전경.

입찰 과정을 거쳐 카자흐스탄 교통통신부가 발주한 서유럽과 서중국을 잇는 국제도로 9공구와 10공구 도로공사 감리 용역을 수주했다. 이 도로 건설사업은 중앙아시아 지역경제협력(CAREC) 사업 중 하나로 총연장이 1만km 이상이다. 해당 감리 용역비가 약 955만달러에 달한다. 단일 공사 기준으로 동성이 수주한 사업 중 가장 큰 규모다. 2010년 1월 계약을 맺었다.

수주낭보는 이어졌다. 같은 해 3월 사마리~쉼켄트 간 테미를란노브카 우회도로 건설공사의 실시설계 용역도 확보했다. 김형철 대표는 "앞선 설계 용역에서 러시아 스펙에 대한 기법을 확실히 익혔기 때문에 이후 수행한 설계 용역은 그다지 어렵지 않았다"며 웃었다.

카자흐스탄에서 여유가 생긴 동성은 현지 문화의 이해를 위해 현지인과 스킨십하는 시간도 늘렸다. 김형철 대표는 "사업 수주도 중요하지만, 성공적으로 수행하려면 현지인과 현지 문화에 대한 빠른 이해가 필수라는 생각이 들었다"고 했다. 동성 임직원들은 카자흐스탄의 문화를 다양한 부분에서 느낄 수 있었다고 말했다.

"카자흐스탄 진출 초기에는 수주와 용역수행 등 사업에 집중하느라 현지 문화에 대한 이해가 부족했습니다. 그러나 사업을 하면서 '성공적으로 수행하려면 '현지인과 스킨십도 중요하구나'라는 생각이 들었지요. 다행스럽게도 카자흐스탄의 문화는 우리나라와 비슷했습니다. 대표적인 게 '음주문화'입니다. 대표적으로 카자흐스탄에서도 한

11

번에 술잔을 비우는 '원샷'이라는 문화가 있습니다. 특히 중요한 손님과 갖는 저녁 자리에서 원샷은 친목을 나타내는 필수 표현입니다. 그리고 잔이 비면 바로 따라주는 문화도 우리나라와 비슷하다고 생각했지요. 결국 코가 삐뚤어지게 마셔야 손님을 잘 대접했다고 느끼는 게 카자흐스탄의 음주문화입니다."

음주와 식사 문화 등에 익숙해지면서 멀게만 보이던 카자흐스탄 현지인들이 동료처럼 느껴졌다고 했다.

"카자흐스탄 현지인에 대한 첫인상은 '딱딱하고 근엄하다'였습니다. 그래서 친해지기 어려웠던 게 사실입니다. 하지만 현지 문화를 이해하고, 유대관계를 맺은 후에는 친구 아니, 가족이라고 느낄 수 있을 정도로 가까워졌습니다. 처음에는 잘 드러나지 않지만, 카자흐스탄 현지인들은 어느 누구보다 '따뜻함'을 지니고 있는 민족이라는 점을 깨달았지요."

이런 과정을 겪으면서 동성은 카자흐스탄이 '제2의 고향'으로 느껴졌다고 했다. 그리고 점점 카자흐스탄에서

11. 정창원 동성엔지니어링 해외사업부 전무(왼쪽에서 두 번째)가 동티모르 도로 실시설계 용역 수주 준비 과정에서 동티모르 공공사업부 실무진들과 현지 한국 식당에서 저녁을 먹으며 의견을 나누고 있다. 정창원 전무는 "동티모르 사람들은 우리나라의 삼겹살을 좋아한다"고 말했다.

동성만의 먹거리가 보이기 시작했다고 김형철 대표는 말했다. 실제 서유럽과 서중국을 잇는 국제도로와 사마리~쉼켄트 간 테미를란노브카 우회도로 건설공사의 실시설계 용역 이후, 사실상 매년 사업을 수주했다. 2013년 2건의 도로공사 감리사업(총 1400만달러)과 2017년 또 다른 2건의 도로공사 감리사업(총 900만달러)이 대표적인 실적이다. 2017년 11월 말까지 동성이 카자흐스탄에서 수행한 사업은 총 8건(도로 실시설계 3건, 도로공사 감리사업 5건)이다. 이를 금액으로 환산하면 약 285억원에 달한다.

카자흐스탄에서 해외사업에 대한 기반을 확실히 구축한 동성의 도전은 계속됐다. 해외사업 첫 진출 국가인 필리핀에서 추가 수주를 이뤄냈으며, 이어 활동 무대도 파키스탄과 캄보디아로 넓혔다. 아울러 카자흐스탄에서 아제르바이잔과 아프가니스탄으로 나아갔다. 아시아가 좁았던 동성은 중남미 건설시장에도 나섰다. 수출입은행이 발주한 볼리비아 '모레 교량 및 연결도로 건설사업 F/S' 용역을 2011년 성공적으로 완료했다.

동성은 진출한 11개국 가운데 동티모르도 잊을 수 없는 나라라고 지목했다. 동티모르 공공사업부(Ministry of Public Works)가 아시아개발은행(ADB) 자금을 활용해 발주한 '국도 실시설계' 용역을 수주, 2014년 동티모르에 첫발을 디뎠다. 동티모르 사업을 이끈 정창원 해외사업부 전무는 "동티모르는 동성이 한국 기업 중 가장 최초로 도로설계 및 감리사업을 수주한 국가라는 점에서 의미가 깊다"고 했다. '최초'라는 자부심이 발동했는지 동성은 동티모르가 낯설지 않았다고 전했다. 한국 기업을 대하는 동티모르 사람들도 호의적인 편이라고 말했다. 시간이 조금 흐른 후, 정창원 전무는 동티모르와 우리나라가 예전부터 관계를 해온 사이라는 점을 깨달았다.

"나라 이름만 들으면 낯선 국가이지만, 동티모르와 우리나라는 그리 먼 사이가 아닙니다. 우선 해외파병 부대로 잘 알려진 상록수부대의 파견지가 동티모르입니다. 그래서 동티모르 사람들은 '대한민국'을 잘 알고 있습니다. 또 오랜 식민지 생활을 한 동티모르가 독립국가로 다시 태어나는 과정에서 한국인들이 적지 않은 역할을 했습니다. 이밖에 동티모르는 우리나라 정부가 지정한 '공적개발협력(ODA) 중점협력국가'이기도 합니다."

카자흐스탄에서 익힌 노하우를 바탕으로 동성은 동티모르 정부와 신뢰관계를 바

탕으로 사업을 꼼꼼하게 이끌어 갔다. 동티모르 정부도 동성을 인정했다. 국도 실시설계 용역 후 동티모르 정부가 동성에 감사패를 수여했다는 점만 봐도 동성의 현재 위치를 쉽게 읽을 수 있다. 동성은 여기서 만족하지 않고 이어 '10개 하천 소형댐 건설 F/S'와 '주요도로 개선공사 감리사업'을 추가로 확보했다. 정창원 전무는 "동티모르 사업은 수익도 쏠쏠한 편"이라고 했다.

동성은 여기에 만족하지 않고 동티모르 실무자들과 꾸준한 관계 유지를 위해 공공사업부 공무원들을 매년 한국으로 초청해 국내 현장 견학 등을 실시하고 있다. 우리나라를 찾은 동티모르 공공사업부 공무원들은 "한국 건설 기술력이 세계 정상급"이라며 놀랐다고 한다. 얼마 전에는 동성의 김영종 부회장이 동티모르 공공사업부 장관과 실무자들을 집으로 초대해 바비큐 파티를 열기도 했다.

이처럼 해외시장에 안착할 수 있었던 비결에 대해 동성은 "해외건설협회(해건협) 지원도 한몫 했다"고 말했다.

12. 동성엔지니어링은 동티모르 국도 실시설계 용역 후, 동티모르 공공사업부 실무자들과 신뢰관계를 구축했다. 한 실무자 가 자신의 생일을 맞아 동성엔지니어링 임직원들을 집으로 초대해 같이 어울리는 시간을 가졌다.
13. 동성엔지니어링의 동티모르 건설시장 개척은 절대 쉬운 일이 아니었다. '10개 하천 소형댐 건설 타당성조사' 과정에서 주변에 식당이 없어 컵라면으로 끼니를 해결하는 모습.
14. 김영종 동성엔지니어링 부회장(맨 오른쪽)이 동티모르 공공사업부 장관과 실무자들을 자신의 집으로 초대해 바비큐 파티를 열고 있다.

해건협은 현재 국내 기업의 해외시장 진출 활성화를 위해 다양한 방법으로 지원책을 펴고 있다. 가장 대표적인 정책이 '해외건설시장 개척지원'이다. 중소기업이 해외사업 수주교섭에 나서면 해건협은 초기 추진자금의 80%를 지원한다. 수주 '마중물'인 격이다. 수주에 실패해도 절대 환급을 요구하지 않는다. 수주가 쉽지 않다는 것을 알기 때문이다. 동성은 2008년 카자흐스탄을 시작으로 총 9개 사업 수주교섭 과정에서 4억 1473만원을 지원받았다. 이 가운데 카자흐스탄·동티모르·필리핀의 3개국에서 발주한 사업을 따냈다.

'해외건설 현장훈련(OJT) 지원 사업'도 지원책 중 하나다. OJT는 해외 건설현장에 인력을 파견한 중소기업에 1년간 월 80만원씩을 지원하는 제도다. 동성은 이 제도를 활용해 시니어급 인력 5명, 청년 1명을 해외 건설현장에 파견했다. 이밖에 해건협은 수주교섭 중인 중소기업에 현지 인맥과 정보도 공유하는 지원책을 펼치고 있다. 정창원 전무는 "해건협의 물심양면(物心兩面) 지원이 중소기업에 큰 도움이 된다"며 "잘만 활용하면 이런 지원책이 해외시장에서 활동범위를 넓힐 수 있는 발판이 된다"고 말했다.

동성은 이제 더 큰 곳을 바라보고 있다. 지금은 활동 무대가 10여개 국이지만, 무리하지 않고 점차 늘려나간다는 방침이다. 김형철 대표는 "천천히, 그리고 알차게 해외시장 공략에 나선다는 게 동성의 방침"이라고 했다. 그래서 지금도 여전히 기반을 닦고 있다. 그 대표적인 움직임이 '해외사업 태스크포스(TF)' 구성이다. 정창원 전무가 단장을 맡고 있는 이 TF에는 동성 내 8개 부서 소속의 젊은 엔지니어 8명이 구성원으로 참여하고 있다. 동성은 이들을 중심으로 젊은 엔지니어들에게 해외사업 관련 교육과 해외 출장 등 각종 지원을 아끼지 않고 있다. 이들이 동성의 미래를 이끌 인재가 될 것이라는 판단에서다.

아울러 지금보다 더욱 안정적으로 해외사업을 영위하기 위해 최근 '리스크 관리 전문가'도 영입했다. 이 리스크 관리 전문가는 건설사 등에서 수십 년 동안 해외사업을 수행한 '해외통(通)'이다. 정창원 전무는 "리스크 관리 전문가는 안정적인 재정관리와 기술부문 리스크 해소 등에서 자신의 경험을 바탕으로 각종 조언을 아끼지 않고 있다"라고 했다.

김형철 대표는 "해외시장을 선점할 수 있는 방안을 다각도로 고민하고 있다"고 말했다. 이어 "현재 새로운 성장동력으로 준비하고 있는 물 관련 사업까지 잘 갖춰진다면 동성의 활동무대는 50개국, 100개국이 될 것"이라고 자신했다. 영국의 물 전문 리서치 기관인 글로벌워터인텔리전스(GWI)에 따르면, 세계 물 시장 규모는 지난 2016년 말 기준 7139억달러(약 820조원)로, 오는 2020년까지 연평균 4.2%씩 성장할 것이라고 전망한다.

| 최남영기자

기업 소개_ 동성엔지니어링은…

(주)동성엔지니어링
DONGSUNG ENGINEERING CO., LTD.

최근 5년간 매출 및 수주현황

최근 5년간 현황		2012	2013	2014	2015	2016	2017(11월현재)
수주	국 내	311.0	237.2	263.5	252.2	332.2	318.6
	국 외	0.0	27.4	25.9	19.8	36.8	221.6
	합 계	**311.0**	**264.6**	**289.4**	**272.0**	**369.0**	**540.2**
매출	국 내	242.4	208.4	220.3	259.5	267.9	244.0
	국 외	20.3	14.8	32.8	42.0	47.5	39.6
	합 계	**262.6**	**223.2**	**253.1**	**301.5**	**315.4**	**283.6**

지난 1991년 주식회사 형태로 설립된 도로, 수자원 및 환경 분야에 전문성을 지닌 종합 엔지니어링 기업이다. 자타가 인정하는 전문성은 사업 수행 실적에서도 잘 드러난다. 최근 공사 계약을 맺은 세종~포천 간 고속도로(안성~구리 11공구) 실시설계를 비롯해 서울~세종 고속도로 3공구 기본조사와 파주~포천 간 고속도로 4공구 실시설계 등 도로 설계 실적이 셀 수 없이 많다. 국도 1호선과 국도 43호선의 기본 및 실시설계안도 동성엔지니어링 손에서 나왔다. 종합 엔지니어링이라는 이름에 걸맞게 하천과 저수지를 포함한 수자원 분야 설계와 환경영향평가 등 환경 분야에서도 경쟁력을 지니고 있다. 도시계획을 비롯해 상하수도, 조경 · 레저 및 철도 분야 설계 등 다양한 분야에서 시공 감리까지 수행하고 있다.

민자 방식으로 건설된 서울외곽순환 북부구간, 용인~서울 고속도로 및 천마산터널을 성공적으로 수행했으며, 인천~김포 간 고속도로 내 수참나들목(IC) 접속형식변경사업과 청라국제도시 통과구간 형식변경(지중화) 사업에서는 설계 감리도 진행했다. 사회기반시설(SOC) 타당성조사(F/S)도 동성엔지니어링의 주요 먹거리다. 지난 3년 한국개발연구원(KDI)이 발주로 수행한 예비타당성조사 실적이 20건에 육박한다. 올해(2017년)에는 서울시 동부간선도로 지하화 민간투자사업 적격성조사를 포함해 무주~대구 간 고속도로 성주~대구 구간 건설사업 예비타당성조사와 부산진해 경제자유구역(BJFEZ) 북측진입도로 건설사업 예비타당성조사 등을 실시했다. 이처럼 많은 성과를 이뤄낸 동성엔지니어링은 현재 3실 12부 1연구소로 구성돼 있다. '기술이 곧 경쟁력'이라는 판단으로 엔지니어링사에서는 흔치 않게 기술연구소를 보유하고 있다. 기술연구소는 설립(1996년) 20년이 넘었다. 2017년 말 기준 임직원 수는 350명이다. 이 가운데 80명이 기술사다. 토목시공 기술사가 20명으로 가장 큰 비중을 차지하고 있다. 이어 도로 및 공항 부문 기술사는 15명, 환경 부문 기술사는 10명이다.

아울러 해외시장 공략 거점 역할을 하고 있는 현지 법인과 지사를 총 5곳이나 확보했다. 현재 해외 법인은 카자흐스탄과 필리핀에, 해외 지사는 카자흐스탄을 비롯해 동티모르와 아프가니스탄에 있다.

현재 수장은 회사 창립멤버이기도 한 김형철 대표이사 사장이다. 김형철 대표는 '사람이 미래다'라는 비전으로 기술과 노하우를 가진 인력을 상시 채용하고 있다. 이어 경영방침은 '일하기 좋은 회사'라고 소개했다. 김형철 대표는 "직원들이 편안해야 회사가 성장한다는 신념으로 경영하고 있다"며 "직원 시절, '내가 사장이 되면 이렇게 해야겠다'고 세워둔 계획을 하나하나 실천하고 있다"고 말했다.

경쟁사와 비교해 유난히 장기근속자가 많다는 점에서 회사의 경영방침을 읽을 수 있다. 회사 성장에 이바지한 장기근속자들을 위해 동성은 여행포상 등 각종 우대제도를 시행하고 있다.

인터뷰
interview

김형철 동성엔지니어링 대표이사 사장

"경험이 자산… 기술력과 책임감으로 승부"

김형철 대표에게 동성엔지니어링은 자식 같은 존재다. 1991년 설립 때부터 함께하며, 지난 26년 동안 동성과 '동고동락(同苦同樂)'했다. 동성은 이제 '약관(20세)'을 지나 '이립(30세)'을 바라보고 있다. 김형철 대표는 "몇 년 후 이립을 맞이하는 동성이 더 넓은 해외 무대에서 활동할 수 있도록 지금은 기반을 닦을 시기"라고 진단했다. 이 각오를 매일매일 되새기기 위해 서울 송파구에 위치한 서울 사무소 1층에 '세계지도'를 걸어놨다. 이어 "장기적인 성장을 위한 신사업 마련도 차근차근 준비해야 할 시점"이라고 덧붙였다. 다음은 일문일답.

Q. 중소기업 가운데 동성은 해외시장 안착에 성공한 기업이다. 그 비결은.

: 해외시장은 국내보다 고려해야 할 변수가 더 많은 시장이다. 그래서 조금이라도 무리하면 후폭풍이 상당하다. 동성은 '돌다리도 두들겨보고 건너야 한다'는 전략으로 해외시장에 나섰다.

진출 후에는 '기술력'과 '책임감'으로 승부했다. 해외사업을 수행하면서 발주처 및 현지인들과 '돈독한 신뢰'도 중요하다는 것을 깨달았다.

아직 동성이 안착에 성공했다고 말하기엔 이르다. 아직은 몇 번의 경험을 쌓은 것에 불과하다. 해외사업을 통해 쌓은 노하우를 십분 발휘해 꾸준히 실적을 늘려나가는 게 우리 목표다.

Q. 해외시장 진출 시 가장 어려웠던 점은.

실시설계나 타당성조사 방식은 수행 과정에서 세부 기준이 약간 다를 뿐, 우리나라와 큰 차이가 없다. 그러나 국가별로 세금제도는 다 다르다.

실제 법인세만 놓고 보면 여러 국가와 우리나라의 부과 기준과 세율 등에 상당한 차이가 있다. 다자간개발은행(MDB) 사업에서는 크게 3가지로 구분할 수 있다.

첫 번째는 동티모르처럼 개인소득세와 법인세를 사업비 항목에 포함, 세금에 대해 무관한 국가가 있으며, 두 번째는 필리핀같이 사실상 면세인 나라가 있다.

마지막으로 우리나라와 동일한 세법으로, 개인소득세와 법인세를 사업비 항목에 포함하지 않으나 따로 부과하는 국가가 있다. 대표적인 곳이 카자흐스탄이다.

해외시장 진출 초반에는 세금문제 때문에 곤혹을 치른 적도 있다. 그래서 지금은 해외시장에 처음 진출하면 현지 세금제도를 가장 먼저 살펴본다. 세금 부과 기준을 알아야 개인소득세나 법인세를 제대로 제때 낼 수 있기 때문이다. 해외 현장에 나간 직원들의 월급도 혼란을 겪지 않고 지급할 수 있다. 더 나아가 세법을 비롯해 노동법이나 환경법 등도 숙지하려고 노력한다.

Q. 장기 성장을 위한 회사의 전략은.

동성은 도로와 구조 분야 등에서도 충분한 경쟁력을 가진 엔지니어링 기업이다. 하지만 여전히 부족한 게 많은 기업이기도 하다. 장기 성장을 위해 우선 전체 매출 중 해외에서 창출하는 비중을 안정적으로 30%대로 늘릴 계획이다. 2017년에는 수주가 급증해 해외사업 매출 비중이 30%를 넘겼지만, 연 평균 20% 초반대다. 아울러 하천과 상하수도 등 '물 사업'을 신성장으로 생각하고 있다. 이미 국내에서 물 사업을 수행한 경험이 있기 때문에 해외시장 공략은 시간문제라고 생각한다. 계획대로 된다면 동성은 오는 2020년께 매출 기준으로 '국내 톱10' 안에 드는 엔지니어링사가 될 것으로 기대하고 있다. 현재는 15위 안팎이다.

해외건설 성공사례 | (주)이산

수해의 악몽 치유한 구세주 '빈국'에 삶의 질과 가치를 선사하다

라오스, 미얀마 진출 성공스토리

'코리아' 하면 '노스(North)코리아'로, 한(韓)식당이라면 북한 음식점으로 통하는 2000년대 중반의 인도차이나 반도. 국내 건설기업에 불모지나 다를 바 없던 이곳에서 하천 프로젝트의 새 장을 열어낸 프런티어가 있다. 바로 국내 수자원 엔지니어링 분야의 간판기업인 이산(회장 이원찬)이다.

2000년대 중반만 해도 'K팝'으로 대표되는 한류 열풍이 전혀 없던 시절. 인도차이나반도의 대다수 국가들은, 베트남전에서 총을 마주 겨눈 한국보다 북한을 더 친근한 우방으로 여겼다. 2004년 캄보디아의 크랑폰리강 수자원개발 공사의 타당성조사 자문용역을 시작으로 인도차이나를 밟은 이산으로선 거대한 도전이었다. 뼈를 깎는 노력 끝에 꽃을 피운 곳이 라오스다. 수도인 비엔티안에서 라오스인들의 오랜 고민거리를 해소하면서 인근 국가의 러브콜을 받는 수자원 분야의 글로벌 엔지니어링 기업으로 발돋움했다.

'이산'이란 이름을 인도차이나인들에게 널리 각인한 계기는 2006년 타당성조사를 맡은 라오스 수도 비엔티안의 메콩강변 종합관리 프로젝트다. 2014년 2월 사업이 완공된 후 비엔티안의 메콩강변은 세계 각국에서 온 정치 지도자들과 관광객들에게 가장 자랑스럽게 소개되는 명소이자, 시민 휴식 공간으로 탈바꿈했다.

1995년 한국과 수교한 라오스는 인도차이나반도의 최빈국 중 하나였다. 수도인 비엔티안만 해도 여름 우기 때마다 메콩강의 범람 피해가 되풀이됐다. 이산의 과업은 비엔티안시가 접한 강변에 12.3km의 제방을 쌓고 14.5ha의 강변공원과 3.0km의 강변도로를 신설하는 프로젝트의 타당성조사와 설계, 시공감리였다.

타당성조사를 위한 수문 등의 관련 자료는 반세기 전 프랑스가 남기고 간 자료가 전부였다. 시공 여건도 열악하기 이를 데 없었다. 폭우에 사이클론까지 엄습해 흙공사가 불가능한 우기만 연중 절반이다. 인도차이나를 종단하는 4800km의 메콩강변에 밀집된 도시들은 해마다 엄청난 홍수 피해를 입었지만 라오스인들은 이를 숙명이자, 생활의 일부로 받아들였다. 강에 대한 라오스인들의 시각을 바꿔놓은 게 바로 이산이다. 한국의 EDCF 하천사업 1호인 비엔티안 메콩강변 종합관리사업이 성공적으로 마무리되면서 강은 체념의 공간에서 관광·휴식이 가능한 희망의 공간으로 바뀌었다.

이산의 하수용 사장은 "2006년 당시에 사전조사차 비엔티안을 찾았을 때 메콩강변의 대통령궁 범람을 막기 위해 사람들이 마대자루를 쌓는 모습이 아직 생생하다"며 "이를 보고 프로젝트 성공을 확신했다. 나라의 자존심인 대통령궁과 정부 청사가 밀집된 수도의 얼굴을 바꾸자는 제안이 먹힐 것으로 믿었고, 결국 우리가 비엔티안의 얼굴을 바꿔놓았다"고 말했다.

현지 정부와의 프로젝트 협의과정에서 시장개척자금은 물론 공적 백그라운드를 제공한 정부 역할도 빼놓을 수 없다. 비엔티안에 이은 메콩강 유역 치수종합 마스터플랜부터 미얀마의 트완테 운하와 에야와디강 만달레이지구 등 후속용역 수주과정 곳곳에서 국토교통부는 아낌없는 후원자였다.

하 사장은 "국내도 관공서 공문을 갖고 방문하는 것과 읍소해서 만나는 게 천지 차이인데, 해외는 오죽하겠느냐"며 "시장개척자금과 개도국 마스터플랜이란 두 가지 큰 도움을 받았지만 그 이상의 위력을 발휘한 지원은 우리 뒤에 대한민국의 국토교통부가 있다는 공적 백그라운드였다. 현지에서 만난 공무원들의 태도가 달라졌고, 그게 업계가 갈구하는 우리 정부의 뒷받침"이라고 강조했다.

01. 1966년 비엔티안 대홍수
02. 2008년 비엔티안 대홍수

해외사업의 시작, 라오스

(주)이산의 본격적 해외 진출은 2006년 발주된 '라오스 메콩강변 제방 및 강변공원건설 타당성조사(한국국제협력단 지원)'로 시작됐다.

당시 라오스는 유엔(UN) 등 국제기구가 지정한 최빈국 중 하나였고, 정치적으로도 북한과 밀접한 탓에 인도차이나반도 국가 중에서도 현지 사업팀 구성이 가장 힘든 나라로 통했다. 6개월여의 타당성조사를 어렵게 마친 이산은 라오스 정부로 하여금 한국의 EDCF 차관으로 해당 사업의 재원을 마련할 것을 제안했다. 1년여에 걸친 한국과 라오스 간 협의 끝에 2008년 3월 EDCF 차관 3호로 선정돼 차관협정이 이뤄졌고, 비엔티안시가 발주한 컨설팅사업에 참여해 2014년 2월 성공적으로 사업을 마무리했다.

① 라오스 비엔티안시 메콩강변 종합관리사업 (EDCF, 2008 ~ 2014년)

03. 04. 05. 06.
사업완공 후 비엔티안시 메콩강변.

비엔티안시 메콩강변에 제방(연장 12.3km), 강변공원(면적 14.5ha) 및 강변도로(연장 3.0km) 등을 건설해 치수안전도(100년 빈도) 확보는 물론 도심지 교통난 해소, 관광여건 증진 및 시민휴식 공간 제공 등을 목적으로 한 사업이다.

메콩강변에서 수행된 최초의 대규모 종합치수사업으로 2010년 강변공원이 준공된 기점을 전후해 라오스 국민의 폭발적 관심과 사랑을 받았다.

메콩강변을 찾는 관광객들이 증가했고, 각 지방정부에서도 제2의 메콩강 사업을 시행하려는 의지를 표명하는 계기가 된 프로젝트다.

5년의 공사기간을 거쳐 2014년 2월 준공된 후에는 한국과 라오스 양국에서 가장 성공적이고 모범적인 공적개발원조(ODA) 사업 중 하나로 평가받았다. 여기서 얻은 자신감을 계기로 동남아 치수사업에 본격적으로 진출했고, 특

06

히 이곳을 찾은 미얀마의 관료들과 관광객들에게 사업 효과를 인정받으면서 미얀마로 사업 영역을 확장하는 결정적 계기가 됐다.

② 라오스 메콩강유역 치수종합 마스터플랜 수립사업(국토부, 2015 ~ 2016년)

이산은 2010년 비엔티안 메콩강변 사업 수행기간 중에 라오스 정부와의 긴밀한 협력을 통해 남부 참파삭주 메콩강변에 대한 후속사업에 합의했다. 자체 자금을 투입해 예비타당성조사도 완료한 상황이었다. 그러나 비엔티안 사업 완공 후 후속사업 추진을 위한 교두보가 마땅치 않았다. 이때에 국토교통부의 '개도국 인프라개발 마스터플랜 수립사업'이 결정적 도우미 역할을 했다.

2015년 이산은 라오스 메콩강 본류구간(연장 1650km) 및 주요 지류에 대한 종합 치수계획 수립을 목적으로 하는 '라오스 메콩강유역 치수종합 마스터플랜 수립사업'을 국토교통부로부터 수주해 후속사업 추진의 교두보를 마련했다.

③ 라오스 참파삭주 메콩강변 종합관리사업(EDCF, 2016 ~ 2021년)

'라오스 비엔티안 메콩강변 종합관리사업'을 수행 중이던 2010년 후속사업인 '참파삭주 메콩강변 종합관리사업'을 추진하기 위해 자체 자금으로 선투자해 예비타당성조사를 수행했다. 이후 2015년 타당성조사 수행을 거쳐 2016년 사업에 착수했다.

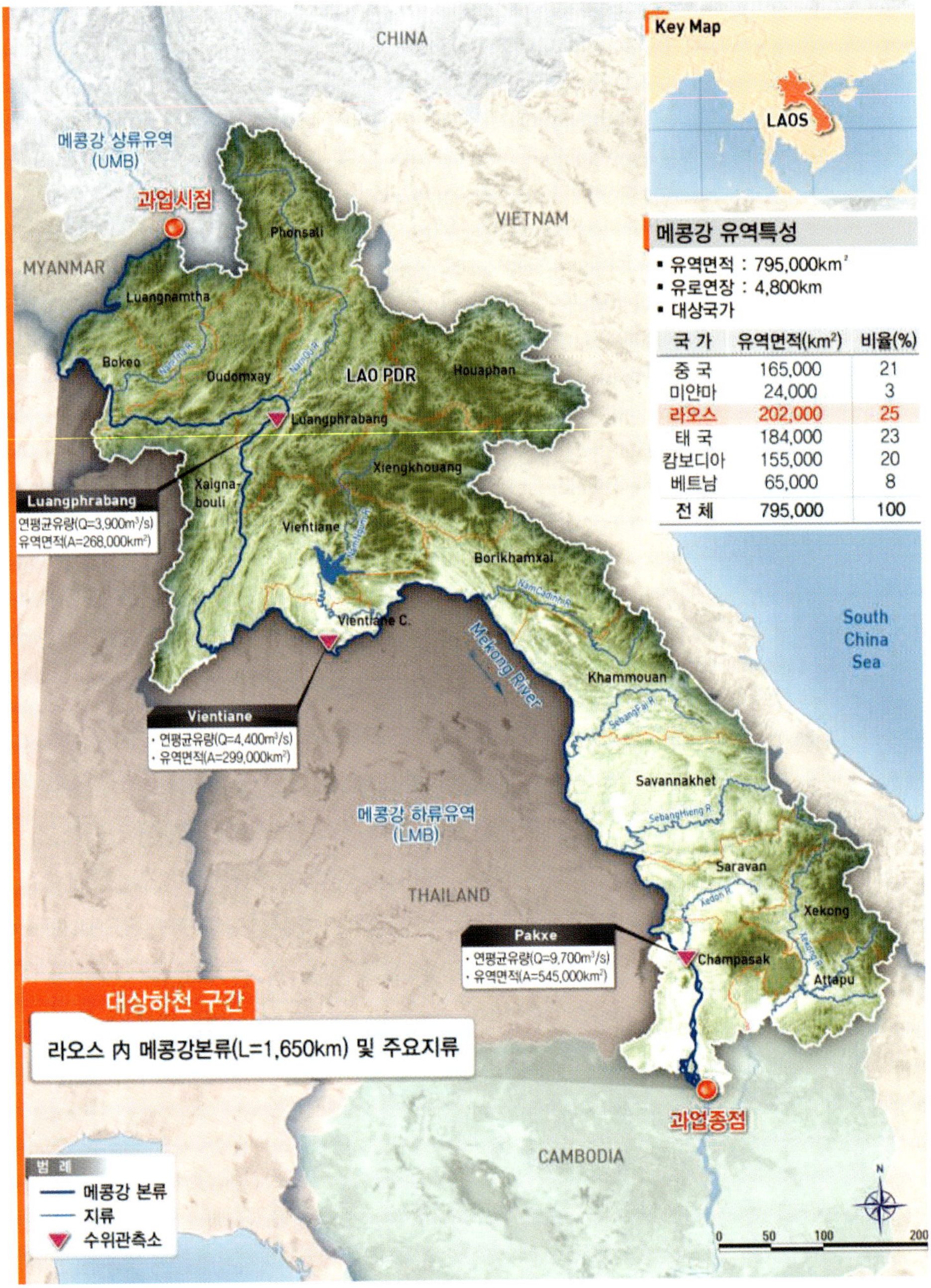

CHINA
Key Map
LAOS
메콩강 상류유역
(UMB)
과업시점
MYANMAR
VIETNAM
Phonsali
Luangnamtha
Bokeo
Oudomxay
LAO PDR
Houaphan
Luangphrabang
Xiengkhouang
Xaignabouli
Vientiane
Borikhamxai
Vientiane C.
Mekong River
Khammouan
Savannakhet
Saravan
Xekong
Champasak
Attapu
South China Sea
메콩강 하류유역
(LMB)
THAILAND
CAMBODIA
과업종점
Luangphrabang
연평균유량(Q=3,900m³/s)
유역면적(A=268,000km²)
Vientiane
· 연평균유량(Q=4,400m³/s)
· 유역면적(A=299,000km²)
Pakxe
· 연평균유량(Q=9,700m³/s)
· 유역면적(A=545,000km²)
메콩강 유역특성
▪ 유역면적 : 795,000km²
▪ 유로연장 : 4,800km
▪ 대상국가
국 가 | 유역면적(km²) | 비율(%)
중 국 | 165,000 | 21
미얀마 | 24,000 | 3
라오스 | 202,000 | 25
태 국 | 184,000 | 23
캄보디아 | 155,000 | 20
베트남 | 65,000 | 8
전 체 | 795,000 | 100
대상하천 구간
라오스 內 메콩강본류(L=1,650km) 및 주요지류
범 례
메콩강 본류
지류
수위관측소
N
0 50 100 200

▲위치도 및 사업범위

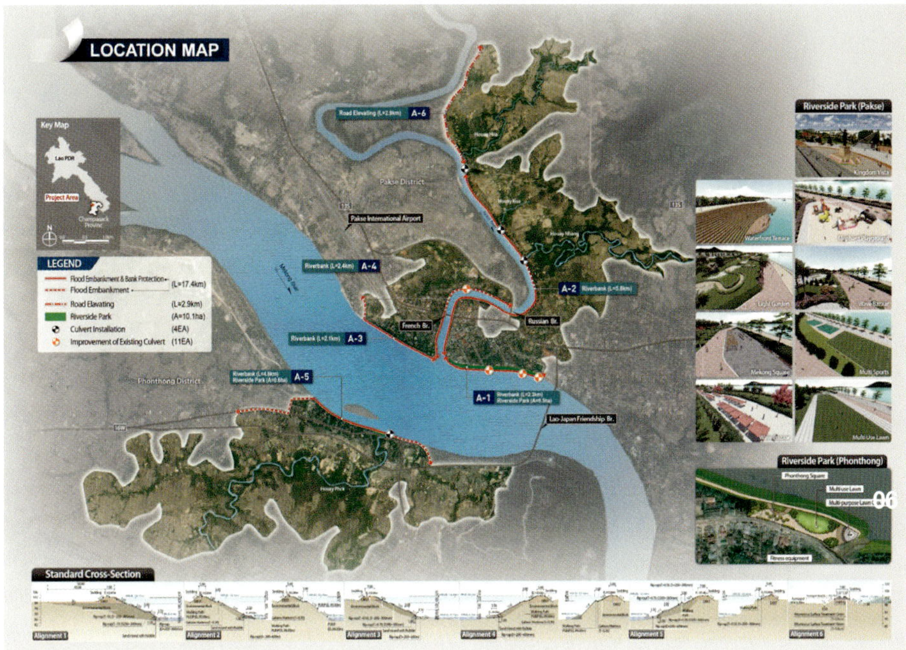

라오스 남부 참파삭주 메콩강변에 제방(연장 17.4km), 강변공원(면적 10.1ha)을 건설하고 기존 도로 증고(연장 2.9km)를 통해 해당 지역의 치수안전도(50년 빈도)를 확보하고, 시민들의 휴식공간을 제공하는 사업이다.

2016년 8월 착수하여 2021년 6월 완공을 목표로 진행 중이다.

④ 라오스 비엔티안시 메콩강변 종합관리사업(2단계) (EDCF)

'비엔티안시 메콩강변 종합관리사업'의 성공은 라오스 내에서 한국 치수사업에 대한 폭발적 관심을 유발했다. 2016년 참파삭주 사업으로 연결됐고, 비엔티안시 메콩강 2단계 사업을 추진하는 원동력이 됐다.

기존 비엔티안시 사업구간의 직하류 메콩강변에 제방(연장 8.4km), 강변공원(면적 4.0ha) 및 강변도로(연장 4.4km) 등을 건설해 1단계 구간과 연계된 치수안전도(100년 빈도) 확보, 도심지 교통난 해소, 관광여건 증진 등을 목적으로 한 프로젝트다. 2017년 11월 현재 EDCF 차관협정이 체결되는 등 본격적 사업추진 단계에 와 있다.

2018년 착수해 2023년 완공될 이번 사업은 라오스에서 EDCF 지원에 의해 수행되

는 사업 가운데 세 번째로 큰 메콩강변 종합치수사업이다.

07. 컨설턴트 계약식 (2016년).

08. 사업추진단계 공공사업교통부 장관 면담 (2010년).

미얀마로 영토를 넓히다

우기가 절정이던 2012년 7월, 이산은 미얀마 수자원 개발사업 참여준비를 위한 인적네트워크 구축을 목표로 현지에 직원을 파견하기로 했으나, 관련 정보나 인적네트워크가 전무한 상황에서 고심 끝에 미얀마 주재 라오스 대사를 접촉하게 됐다.

주미얀마 라오스 대사도 '라오스 비엔티안 메콩강변 종합관리사업'의 수행 현황을 잘 알고 있었기에 미얀마 교통부 수자원국 담당자와의 면담을 주선해주었다.

당시 이산 직원들은 짧은 출장기간에도 불구하고 적극적으로 양곤시청, 교통부 수자원국 등 관련 기관을 방문하여 '라오스 비엔티안 메콩강변 종합관리사업'의 추진 경위 및 효과 등을 설명하며 관계자들의 신뢰를 얻기 위해 노력

미얀마 주요 홍수피해
09. 집중호우로 인한 대홍수 (2015년).
10. 사이클론 나르기스 내습 (2008년).

했다.

한국 정부의 개도국에 대한 ODA 지원현황 등을 설명하며 긴급하게 지원이 필요한 사업들에 대해 자료를 요청했고, 관련 기관의 협조를 받아 현장 답사를 수행했다. 이 과정에서 시급하게 추진될 사업들이 일본 JICA 등 타국의 ODA 기관에 의해 이미 추진되고 있다는 사실을 알게 되어 더 적극적인 사업추진의 필요성을 절감했다.

이미 각종 해외사업 추진을 통해 현지 업체와의 파트너십 구축이 해외사업 진출에 있어 필수요소라는 점을 감안해 관련 정부기관의 추천을 받아 현지 업체와 상호협력 기반을 구축하며 미얀마 진출의 첫 단추를 채웠다.

① 미얀마 트완테 운하 정비사업–수주교섭 및 인사초청 (국토부, 2013년)

2012년 첫 방문 후 미얀마 정부로부터 제안받은 '트완테 운하 정비사업'을 추진하기 위해 이산은 좀 더 확고한 현지 네트워크 구축을 필요로 했다. 마침 국토교통부는 해외

건설협회를 통해 '해외건설 시장개척 지원사업'을 추진 중이었는데, 이는 본격적 해외사업 발굴을 위한 교두보 구축에 적합한 프로그램이었다.

이산은 2013년 수주교섭 및 인사초청 프로그램을 활용해 향후 타당성조사 수행과 마스터플랜 수립 등의 구체적인 사업 발굴여건을 조성했다.

11. 12. 미얀마 해외사업 진출을 위한 현지 네트워크 구축 (2012년).

13. 미얀마 교통부 장관면담.

14. 미얀마 정부 및 민간 전문가 초청연수.

② 미얀마 트완테운하 정비사업-타당성조사(국토부, 2014년)

미얀마 정부로부터 정비사업 추진을 제안받은 트완테운하는 1883년 영국 식민지 시대에 건설되어 미얀마 북부 및 에야와디 델타 지역과 양곤항을 연결하여 교통물류의 핵심을 담당했으나, 그동안 체계적인 유지관리가 미흡하여 하안침식, 하상세굴 등으로 운하의 상시운영이 불가능한 상태로, 정부 차원에서 선박 운항, 홍수 피해 예방을 위한 대책방안을 강구하고 있었다.

이산은 미얀마 교통부 수자원국의 도움으로 현장 기초조사를 수행하고 해외건설협회에 타당성조사 지원사업을 제안하여 해외건설협회와의 지원협약, 미얀마 교통부와의 사업수행합의서를 근거로 2014년 1~12월에 걸쳐 타당성조사를 수행했다.

이후 미얀마 정부 및 의회에서 타당성조사 결과에 근거한 사업승인 절차가 이행됐고, 양국 간 EDCF 차관지원 협의절차를 통해 2017년에 EDCF 차관계약이 체결되어 2018년 사업시행을 앞두고 있다.

내륙주운의 안정성 확보와 홍수 및 제방침식으로부터 주거지 및 농경지를 보호하기 위해 제방축조(연장 39.5km), 호안설치(연장 5.88km), 하상침식 방지(면적 5만 5500㎡) 등을 시행할 계획이다.

③ 미얀마 에야와디강 수자원 마스터플랜 수립(국토부, 2013~2014년)

이산은 추가사업 발굴을 위해 2013년 국토교통부의 '개도국 인프라개발 마스터플랜 수립사업'으로 에야와디강 수자원 마스터플랜 수립사업을 K-water와 공동으로 맡았다. 본 마스터플랜의 수립을 통해 이산은 미얀마 정부의 당면한 수자원 관련 문제점을 진단하고, 체계적이며 효과적인 하천홍수 방어 및 내륙주운 개선, 수자원개발 방안 등을 제시해 향후 추가사업 발굴을 위한 기반을 마련했다.

도출된 사업후보지는 수자원개발 11개소, 홍수방어 및 내륙주운개선 17개소 등이며, 미얀마 정부는 최우선 사업대상지에 대해 별도의 타당성조사 수행을 이산에 제안했다.

④ 미얀마 만달레이지구 하천정비사업-타당성조사(국토부, 2016년)

이산은 미얀마 정부의 요청에 의해 '미얀마 에야와디강 수자원 마스터플랜 수립사업'에서 도출된 최우선 사업 대상지에 대한 타당성조사 수행을 위해 국토교통부의 '해외건설 시장개척 지원사업' 프로그램을 이용했다.

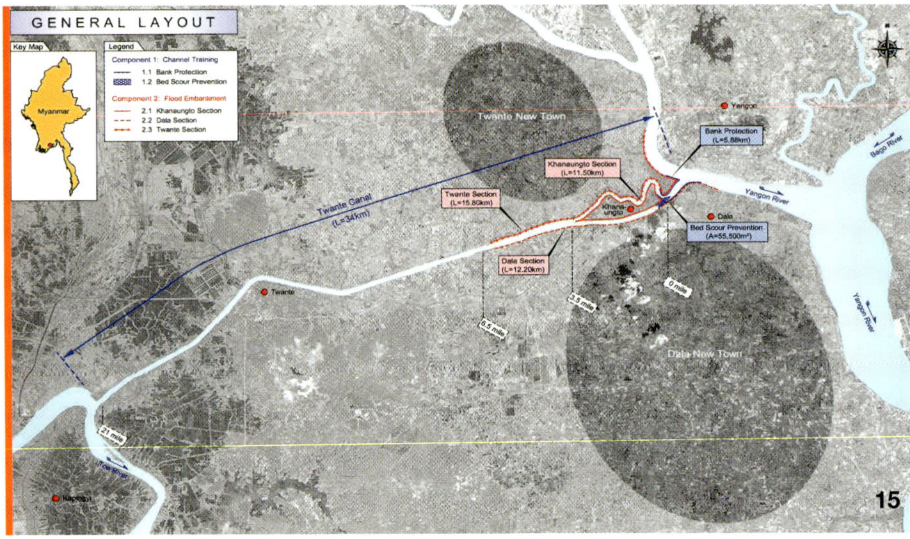

15. 위치도 및 사업범위.

16. 17.
타당성조사 수행을 위한 이산-수자원국 사업수행합의(2014년).

만달레이 지구는 하천 선형이 매우 불균일하여 수리학적으로 불안정하고, 심각한 국부 하상변동이 발생하여 원활한 선박운행에 제약이 많은 문제점이 있다.

또한 과도한 이주민 유입으로 만달레이 도시 지역이 포화상태에 이르러 신도시개발을 위한 부지 확보가 시급한 현황이다. 이러한 현안을 해결하기 위해 제방설치(연장 34.2km), 하도준설(준설량 11억6200만m^3) 등의 사업을 계획했다.

현재는 2016년 완료된 타당성조사 결과를 바탕으로 재원확보 방안에 대한 미얀마 정부의 검토가 이루어지고 있는 상황으로, 추정사업비가 1억3300만달러에 달해 EDCF 지원을 통한 사업시행 여부가 불투명한 실정이다. 따라서 미얀마 정부는 이에 소요되는 막대한 자금지원의 지원을 요청했는데, 이 사업을 성사시키기 위해 여러 나라가 경합하고 있다.

우리나라의 기술력은 해외 어느 나라보다 뒤지지 않지만 사업 발굴과 추진을 위한 재원확보가 제한적인 탓에 어

렵게 발굴한 많은 사업들이 실제 국내 기업의 수주로 연결되지 않는 경우가 많다.

따라서 우리 정부의 지속적인 지원과 함께 사업 타당성에 부합하는 ODA자금 규모의 확대가 절실하다.

⑤ 미얀마 농업생산성 증대를 위한 시범단지 조성사업(韓농공, 2016~2019년)

미얀마는 농업중심 국가임에도 건조·저장·도정 및 가공기술이 부족하여 자립생산에 제약을 받고 있는 상황이다. 이에 2014년 미얀마에서 개최된 ASEAN+3 농림장관회의 시 미얀마 정부에서 현안개선사업에 대한 지원을 한국에 요청했다.

이산은 미얀마에서의 사업진출 방향을 하천 및 수자원 분야에만 국한하지 않고, 사업의 다각화를 도모하기 위해 노력한 결과, '농업생산성 증대를 위한 시범단지 조성사업 PMC'를 수주하게 됐으며, 사업대상지이자 미얀마의 수도인 네피도에 기술인력을 파견하여 현지에서 과업을 수행하고 있다.

본 사업은 시설구축, 기자재 구입 같은 하드웨어적인 사항과 현지 교육훈련, 초청연수, 사업관리 같은 소프트웨어적 사항이 복합된 사업으로, 이를 수행함으로써 농업관개부 등 관계기관과의 네트워크 구축으로도 연계되는 결과를 가지게 됐다.

이산과 사람들

이산은 2004년 '캄보디아 크랑폰리강 유역 다목적 수자원개발공사 사업 타당성조사 자문 용역'을 시작으로 현재까지 수자원 분야 22건, 도로 및 교통 18건, 교량 6건, 상하수도 5건, 농촌개발 2건, 도시환경 1건 등 총 54건의 해외사업을 성공적으로 수행해오고 있다.

지역별로는 라오스·미얀마·인도네시아 등 동남아시아 26건, 중앙아시아 15건, 남부아시아 6건, 중동지역 3건, 북부아프리카 2건, 기타 2건 등으로 구분할 수 있다. 2000년대 후반부터 회사의 강점인 치수 및 이수 등 수자원 분야를 중심으로 적극적인 해외사업 진출을 추진하여 동남아시아 일대, 특히 자체적으로 해외사업 중점진출 국가로 설정한 라오스와 미얀마 등 인도차이나 국가에서 많은 성과를 창출하고 있다.

| 김국진기자

타당성조사 수행 시 현지 활동
18. 만달레이 주지사 사업안 보고.
19. 수자원국 직원 기술훈련.

◆국토교통부 지원사업은

• 해외건설 시장개척 지원사업

- 미얀마 트완테 운하 정비사업(수주교섭 및 인사초청)
- 미얀마 트완테 운하 정비사업(타당성조사)
- 미얀마 에야와디강 만달레이지구 하천정비사업(타당성조사)

• 개도국 인프라개발 마스터플랜 수립사업

- 미얀마 에야와디강 수자원 마스터플랜 수립사업
- 라오스 메콩강유역 치수종합 마스터플랜 수립사업

◆이산 조직도

인터뷰
interview

하수용 이산 대표

과학적 자료와 치밀한 데이터로 주변의 불만 잠재워

라오스 비엔티안 사업을 필두로 미얀마로 영역을 넓혀가고 있는 이산의 하수용 사장을 만나 해외 진출 과정의 숨은 얘기와 향후 계획을 들었다.

Q. 이산 소개부터 부탁드린다.

이산은 태생부터 수자원이 모태다. 1983년 ㈜남원건설엔지니어링으로 출발했는데, 창립자인 이원찬 회장께서 건설부 수자원국 출신이어서 하천사업에 대한 관심과 열정이 남달랐다. 당시에는 하천이 도로, 철도, 물류시설 등에 밀려 투자가 거의 없었지만 1990년대 경기 북부 폭우로 인한 범람 피해가 확산되면서 고(故) 김대중 대통령이 하천 투자를 본격화했다. 선진국인 미국, 유럽을 포함해 당시만 해도 수자원 관련 사업은 수력발전을 위한 댐을 빼면 해외에서도 드물었다. 그러나 1990년대 우리 정부가 하천에 과감히 투자하면서 이산이 이만큼 성장한 것 같다. 수자원 부문의 전문가 풀도 국내 5위권 내다. 800여 명의 전체 임직원 중에서 수자원, 상하수도, 환경 등 수자원 인력이 절반이 넘는다. 전체 인력 중 기술사나 석 · 박사 이상 전문인력이 250여명인데, 그 절반 이상이 수자원 부문에 포진했다. 해외 어느 나라에 가도 최고의 기술력을 발휘할 인적 재원과 오랜 기술 노하우, 경험까지 갖췄다. 이런 저력이 해외 물 시장 개척의 원동력이다.

Q. 해외에 진출하게 된 계기는.

1990년대 경제가 급성장한 우리나라는 2000년대 중반부터 해외로 눈을 돌리기 시작했다. 건설 엔지니어링 부문에서는 과거부터 차관공여 사업이 있던 도로 · 철도 등은 더 일찍 나갔지만, 하천 부문 차관사업은 당시만 해도 댐뿐이었다. 우리 같은 민간 엔지니어링사들도 해외 쪽에 관심은 있었지만 실제 진출하기는 쉽지 않았다. 정부가 2000년대 중반부터 용역사들의 해외 진출을 촉진하면서 상황이 달라졌다. 해외에 물건만 팔 게 아니라 건설기업, 나아가 엔지니어링사들도 해외로 나갈 것을 정부가 유도했고, 그 일환으로 재정지원책에 더해 국내 용역업체 입찰 때 해외진출 가점을 부여하는 방안을 내놓았다. 해외로 나갈 유인이 커졌고, 2004년 캄보디아를 시작으로 해외 수자원사업을 다각적으로 찾아나섰다.

Q. 비엔티안 사업의 출발은 어떠했나.

2005년 라오스 정부대표단이 방한해 우리 정부에 비엔티안 치수종합사업 지원을 요청했고, 2006년 한국국제협력단의 '라오스 메콩강변 제방 및 강변공원 건설 타당성조사'를 수주하면서 인연을 맺었다. 당시 현지를 찾았을 때 가장 놀란 점은 홍수나 범람을 자연스럽게 여기는 현지인들의 분위기였다. 비가 많이 와서 대통령궁 앞이 잠길 위기인데도, 인부들이 느긋하게 마대자루를 쌓고 있더라. 청와대가 물에 잠길 위기였다면 어땠을까란 생각을 해봤다.

당시 라오스의 공공사업교통부를 찾아 대통령궁 앞의 제방을 정비하고 하천공원을 조성할 것을 제안했다. 한강정비사업 프로젝트 관련 자료들을 함께 줬는데 교통부 공무원들은 고개만 끄덕일 뿐, '재원이 없다'고 말하더라. 우리 정부에 차관이 있으니 추진해보라고 조언했고, 이어 바로 장관과 수상까지 만나 제안했다. "한 나라의 대통령궁과 내각수반이 있는 수도의 하천이 이런 모습이면 되겠느냐"고 설득했고, 그게 먹힌 것 같다.

Q. 어려움도 많았을 것 같은데.

말도 마라. 차관사업이란 게 양쪽 정부를 모두 설득해야 성사되는 일종의 매칭이다. 사업을 보는 눈과 이를 전달하는 기획력과 경험이 뒷받침돼야 첫 관문인 차관사업화가 가능하다. 당시 내가 기술 쪽을 담당했고, 현재 미얀마에서 활약하고 있는 김호식 부사장이 사업개발과 현지 인적 네트워크를 맡았다. 정부뿐 아니라 시민단체, 환경단체까지 설득해야 하니, 오죽 힘들었겠느냐.
그다음 단계로 우리 정부, 그것도 국토교통부와 기획재정부를 움직여야 했다. 당시 건설부는 같은 기술자가 많아 쉽게 공감했지만 돈줄을 쥔 기재부는 이전까지 하천정비사업의 차관제공 사례가 없었던 탓에 쉽지 않았다. 현지 답사를 통해 확보한 자료로 프리젠테이션하면서 홍수와 침수로 인한 많은 사람들의 고통을 덜어내는 사업효과와 상징성에 대해 설득한 끝에 정부 간 협의가 시작됐다. 1년여가 지난 2008년 EDCF 라오스 차관 3호 사업으로 선정됐다.

다음 문제는 해외 경험을 갖춘 인력 확보였다. 우리 역시 해외사업 경험이 거의 없다보니, 해외 마인드를 가진 인력이 절대적으로 부족했다. 1960년대와 1970년대 차관사업으로 댐 등 해외사업을 한 60대 경험자들을 어렵게 섭외해 투입했다. 그분들의 오랜 경험과 젊은이들의 패기, 어학능력, 기술이 묶여서 용역 수행이 가능했다.

Q. 사업수행 과정은 순탄했나.

막상 조사하려고 보니 수문자료나 설계자료 같은 게 전혀 구축되지 않은 상태였다. 과거 프랑스 식민지 때 남은 일부 수문자료가 전부였다. 1년 중 절반가량을 차지하는 우기에는 홍수가 반복되면서 감리 때 흙공사는 물론 현지 조사도 사실상 불가능했다. 언어 문제도 만만치 않았다. 지금은 해외 현장에서 영어로 소통이 되지만 당시 라오스는 그마저 힘들었다. 60대 원로들 모시고 나가서 ADB사업 샘플 갖고 설명하고 설득하는 과정이 되풀이됐다.

메콩강은 인도차이나반도 6개 국가의 공유하천이다. 비엔티안의 우리 현장에서 강을 건너가면 태국이다. 태국의 하천은 당시에도 자체적으로 많이 정비해둔 상태였는데, 태국 쪽에서 이쪽 하천을 정비하면 수리적 악영향이 있을 수 있다는 컴플레인을 제기했다. 반면 태국과는 역사적으로도 침범당하기도 하는 등 악연이 깊은 라오스 정부는, 감정적으로만 대응할 뿐 수리학적으로 이에 대응할 데이터나 자료를 제시하지 못했다. 이에 필요한 과학적 자료들을 우리가 거의 만들어주면서 태국 측 반발을 무마할 수 있었다.

Q. 추가수주 기회는 어떻게 발굴했나.

비엔티안 프로젝트 이후 현지를 견학하면서 후속사업 발굴 노력을 지속했다. 라오스 정부도 1650km 메콩강변에 밀집된 주요 도시들의 홍수 · 침수 피해가 어느 정도인지 등에 대한 조사를 하고 싶어했다. 그때 마침, 우리 국토부의 '개도국 인프라개발 마스터플랜 수립사업'이 나왔다. 운이 좋았다. 라오스 메콩강 유역 치수종합 마스터플랜이 채택됐고, 자연스럽게 후속사업이 이어졌다. 참파삭주의 메콩강변 종합관리사업은 마스터플랜의 1순위 사업이었다. 당시 라오스 교통부 장관을 만났는데, 비엔티안 1단계에 대한 국민들의 반응이 워낙 좋다며 마스터플랜을 의뢰했다. 우리 이산의 기술력이 빼어나니까, 참파삭주 정부에 맡겨도 되겠다고 했고, 지금 주정부 아래에서 사업을 진행 중이다. 한신공영이 시공사로 선정돼 착공도 했다.

Q. 미얀마에서도 트완테 운하 등을 맡았는데.

우리 내부적으로는 라오스에 이어 어디로 진출할지 많이 고민했고, 미얀마를 주목했다. 2008년 사이클론인 '나르기스'가 미얀마의 에야와디 삼각주와 양곤 등 서남부 지방을 강타하면서 무려 13만3600명이 사망 또는 실종됐다. 그해 전 세계 자연재해로 인한 사망자가 24만2000명이었는데, 그 절반이 넘는 57%다. 마침 비엔티안의 우리 사업지 바로 옆에 메콩강변 국가들의 협력기구격인 메콩강유역위원회(MRC)가 있었고 각종 회의 때 미얀마 정부의 물 담당자들이 많이 왔다. 라오스 정부가 외빈들이 올 때마다 우리 사업을 소개해준 것도 많은 도움이 됐다.

2011년 미얀마의 신정부가 출범하기 직전에 현지 사업여건을 타진하기 위한 조사를 나갔는데, 미얀마 정부 관계자들이 '이산'이라고 하니까 잘 알더라. 조사를 마친 후 확신이 들었고, 라오스 정부를 통해 미얀마 주재 라오스 대사의 협조를 요청했더니 흔쾌히 도와줬다. 대사가 미얀마 정부와 직접 연결시켜 주면서 홍수 피해 등 관련사업에 많은 도움이 될 것이란 조언까지 해줬다고 해서 정말 고마웠다. 미얀마 프로젝트의 첫단추는 라오스 정부가 미얀마 정부에 직접 추천해준 케이스다.

Q. 국토교통부의 시장개척자금 지원사업이 많다.

그렇다. 미얀마로 가기까지는 라오스 정부의 도움이 컸고, 현지 프로젝트 수주과정은 우리 정부가 전폭적으로 지원해줬다. 트완테 운하를 맡기 위해 미얀마 공무원들을 한국으로 초청해 4대강 사업 등을 보여줄 때 재원으로 국토부의 시장개척자금을 활용했다. 우리 같은 엔지니어링사는 대형 건설사와 달리 아무리 확실한 수주기회라도 수억원이 드는 공무원 초청은 꿈도 꾸기 어렵다.

미얀마 공무원들도 민간기업 차원이 아니라 국토부가 재원을 분담한 공식 초청이란 사실에 더 만족해했다. 일종의 외자 유치 성과로 인식되기 때문이다. 민간 초청과 정부 초청은 격도, 차원도 다르다. 개별기업 대 미얀마 정부가 아니라 양국 국토부 간 공적 관계가 형성되고, 더 적극적으로 사업을 도와준다. 아웅산 수치 여사가 집권하면서 기존 사업을 전면 재검토하는 바람에 1년가량 늦어졌지만 모든 국민이 공감할 수해방지란 사업 취지 덕분에 순조롭게 진행돼 2018년 5월 본사업이 착공될 예정이다.

이어진 에야와디강 수자원 마스터플랜 수립도 국토부의 마스터플랜 수립사업에 들어가면서 많은 도움을 받았다. 에야와디강은 한국수자원공사와 공동으로 진행했고, 마스터플랜상 1순위 프로젝트인 만달레이지구의 하천정비사업까지 잡게 됐다. 이 사업도 시장개척 지원사업으로 타당성조사 중이다. 공적 차관사업 수행 과정에서 현지 농업관개부의 농업생산성 증대를 위한 시범단지 조성 용역 같은 추가 수주기회도 확보했다.

Q. 정부 지원사업에 대한 아쉬움도 있을 것 같은데.

정부가 그동안 ODA자금 규모를 많이 늘렸지만 일본은 물론 동남아의 큰손으로 꼽히는 중국과 비교하기 힘든 수준이다. 일본의 지원 규모는 우리의 수십 배이고, 중국은 미국 견제 필요성 탓에 일본을 능가하는 통 큰 원조를 제공한다. 이로 인해 우리 기업들은 대부분 중국과 일본이 관심을 갖지 않는 사업에서 수주 기회를 노려야 하는 신세다. 하천정비사업만 해도 도로, 철도, 댐, 단지개발과 달리 투자금 회수가 어렵기 때문에 중국이나 일본 업체들의 관심 밖인 일종의 틈새시장이다.

미얀마의 공항만 해도 당초 우리나라의 인천공항공사가 1순위 후보로 계약 직전 단계까지 갔는데, 막판에 일본의 자이카(JICA)가 더 유리한 조건을 제시하면서 뒤집힌 것으로 알고 있다. 총

사업비가 1억달러가 넘는 에야와디강 마스터플랜의 최우선 사업지인 만달레이지구도 우리가 타당성조사를 했지만 본사업은 아마 중국에 뺏길 가능성이 높다. 우리나라의 대외 원조사업은 중국이나 일본과 달리 유상과 무상이 나뉘어 있고, 인프라별로 잘게 쪼개져 지원되기 때문에 1억달러의 사업은 불가능하기 때문이다.

Q. 앞으로의 계획은.

사실 이원찬 회장님께서 얘기하실 부분이다. 옆에서 본 지향점은 역시 해외로 나가야 한다는 쪽이다. 국내 SOC 예산이 축소되는 추세다. 우리 엔지니어링사들로선 손 놓고 있을 수만은 없다. 해외 진출 비중을 넓혀야 우리 회사도 유지되고, 젊은 후배들의 일자리도 창출할 수 있지 않겠느냐. 우리나라는 외국어 교육비가 세계 최고 수준이다. 어학에 정통하고 국제 감각을 갖춘 젊은이들이 많다. 해외사업을 오래하다 보니, 외국어를 잘 하는 인재의 중요성을 뼈저리게 느낀다.

한국의 엔지니어링기술도 세계 최고라고 자부한다. 정부가 끌어주고, 민간기업이 치밀하게 준비하면 해외에서 살길을 얼마든지 개척할 수 있다. 어학에 능통한 인재들이 해외건설에서 정말 중요한 국제계약 관계나 발주처와의 협의과정에서 핵심인 계약서나 국제표준에 대한 교육까지 제대로 받을 수 있다면 금상첨화다.

한 가지 강조하고 싶은 부분은 우리 기술에 대한 자신감을 가졌으면 하는 바람이다. 국내 공무원들이 선진기술을 배우기 위해 해외견학을 많이 가고, 한국의 엔지니어링 역량이 떨어진다고 말하는 경우가 있는데, 결코 그렇지 않다. 우리나라의 건설기업과 정부가 합심하면 제2, 제3의 비엔티안 프로젝트 영광을 얼마든지 재연할 수 있다.

여담이지만 2017년 초 미얀마에서 열린 '물의 날 행사'에 초청받아 극진한 예우를 받았다. 전 세계 각국에서 그 나라 제품과 기술을 홍보하는 자리였는데, 미얀마 정부의 수자원국 전시부스에서 우리가 국토부 지원을 받아 수행하면서 제공한 트완테 운하 프로젝트의 동영상을 하루종일 방영하더라. 이게 바로 우리 대한민국 건설엔지니어링의 저력이자, 보람이고, 앞으로 민관이 긴밀히 협력해 실현해야 할 방향이 아니겠는가.

도급에서 투자개발형으로… 해외건설의 새로운 길을 제시하다

터키 말카라~차나칼레 고속도로 BOT 프로젝트

최근 10여 년간 우리 대형 건설사들의 해외 진출은 그 어느때보다 활발했다. 사우디와 쿠웨이트 등 중동국 내 석유·화공·화력발전 등 '플랜트 EPC(설계·조달·시공)' 도급사업 위주로 수주해왔다.

그러나 중국 건설사들은 물론 유럽 경제위기에 허덕이던 스페인 등 유럽 업체의 공격적 시장참여와 우리 기업간 과열경쟁으로 인한 수익성 악화는 도를 넘어온 게 사실이다. 일부 우리 대형 건설사는 조원 단위로 손실을 기록하기도 했고, 리스크 관리 강화로 인해 추가적인 사업참여가 어려워지는 이중고를 겪기도 했다.

이 같은 상황에서 대림산업은 단순 도급사업보다는 해외 인프라 투자사업에 눈을 돌렸고, 때마침 등장한 것이 말카라~차나칼레 고속도로 BOT(건설·운영·양도) 프로젝트다. 최소수입 보장을 기본으로 하는 초대형급 BOT가 인연처럼 다가온 것이다.

'함께하자'는 터키 현지 업체에 답하다

대림산업의 교량시공 기술력은 터키 현지 시공업체의 '컨소시엄 제안'을 불러오기에 부족함이 없었다.

터키 고속도로관리청(KGM)이 발주하는 말카라~차나칼레 고속도로 BOT에는 '세계 최장 주경간(2,023km)' 현수교인 차나칼레 교량을 포함하고 있었기 때문이다.

01

-
01. 2018년 3월 본공사 착공에 앞서 사전작업을 진행 중인 말카라~차나칼레 고속도로 BOT 현장 모습

이 때문에 터키 현지 시공업체들은 대림과 컨소시엄 구성을 통한 사업수주를 위해 적극적으로 컨소시엄 제안을 하기에 이른다. 실제로 대림은 2000년 초반 대형 사장교인 서해대교를 통해 국내 최초로 대형특수교량 시공에 성공했다. 이후 인천대교(사장교), 새천년대교(현수교), 이순신대교(현수교)에 이르기까지 세계 교량역사를 새로 쓴 바 있다.

대림은 해당사업이 최소통행량보증(MTG) 등 최소한의 통행료를 보장받는다는 점 등을 감안해 현지 A사와 절반씩 지분으로 사업참여에 나섰고, 일사천리로 수주전에 돌입하게 된다.

해당 사업의 입찰은 일본 정부를 등에 업은 일본 건설사인 IHI를 중심으로 하는 일본 컨소시엄과 대림을 중심으로 한 한국 컨소시엄 등 한·일 국가 대항전 양상으로 전개됐다. 이 같은 대형사업이 사실상 2강 구도로 형성된 점은 대림에는 행운과 같았다. 당초 해당 사업은 2016년 7월 군부 쿠데타 등 여러 정치적인 이유 등으로 인해 2017년 하반기에 발주될 것으로 보았다. 이에 따라 해당 사업에 높은 관심을 갖고 중국, 유럽 등 여러 건설사들은 이 기간 별다른 준비를 하지 않고, 터키 건설사들과 이따금씩 면담 등을 통해 파트너링 가능성을 타진하는 데 그쳤다.

이 같은 상황에서 터키 정부는 갑작스레 사업발주를 2016년 10월로 약 1년을 앞당기게 된다. 일본 정부의 영향으로 알려졌는데, 아무런 준비를 하지 않고 있던 중국·유럽 업체는 결국 참여를 포기할 수밖에 없는 상황으로 흘렀다.

다만, 대림의 경우 2016년 4월 우리 정부의 해외 예비타당성 지원사업을 통해 4억원의 조사자금을 지원받고, 관련 타당성·개략설계를 진행하면서 수주의 발판을 마련할 수 있었다.

중국과 유럽 경쟁자들을 따돌리기 위한 일본의 얕은 포석은 결국 대림에 최고의 밥상을 차려주는 아이러니한 결과로 이어진 것이다.

세계 최장 주경간 차나칼레교 '꽤 매력적'

말카라~차나칼레 고속도로 BOT 사업은 2023년도 완공 예정인 총 연장 324km의 차나칼레 등 고속도로 한 구간이다. 다르다넬스 해협을 가로지르는 세계 최장 주경간(2.023km) 현수교인 차나칼레 교량 및 88km의 연결도로로 구성돼 있다.

터키 고속도로관리청(KGM)이 발주한 해당 사업의 특징은 MTG제도를 통해 터키 정부로부터 1일 승용차 4만5000대분에 해당하는 통행료 수입을 보장받는다는 점이다. 이를 통해 고정적인 수익구조가 담보되고, 안정적인 투자수익 확보가 가능하다.

2018년 3월 본공사 착공 후 45개월간 공사를 거쳐 2021년 12월 준공을 목표로 하고 있다. 이 공사를 통해 이스탄불이 위치한 보스포러스해협에 집중돼 있던 유럽~아시아 간 교통량이 다르다넬스해협으로 분산, 이스탄불 교통정체 해소에 도움이 될 것으로 본다.

지금까지 보스포러스해협은 교량 3곳과 해저터널 1곳을 통해 차량통행이 가능한 반면 다르다넬스해협은 직접적인 차량통행이 불가능해 페리를 통해서만 건널 수 있었다. 터키 내 경제효과분석 보고서에 따르면 해당 사업을 통한 터키 경제 파급효과는 총부가가치 기준 160억유로를 넘는 것으로 평가받기도 했다. 특히 차나칼레 교량의

02. 대림 컨소시엄 관계자들이 말카라~차나칼레 고속도로 BOT 설계에 여념이 없다.

주경간 2,023km는 터키공화국 탄생 100주년을 뜻한다. 교량 이름 '1915 차나칼레' 교량과 주탑 높이 318m는 제1차 세계대전 당시 터키가 크게 승리한 갈리폴리 전투 기념일인 1915년 3월18일을 기념하는 의미를 담고 있다.

'입찰 준비' 촌각을 다투다

터키 정부의 관련 사업 발주가 1년여 앞당겨지면서 대림이 실질적으로 입찰을 준비한 기간은 3개월에 불과했다.

비록 국토부의 자금지원으로 관련 지질조사를 진행하고 있었지만, 해당 조사가 완료된 상황이 아니었기 때문에 입찰준비는 쉽지 않았다. 경쟁력 있는 '사전 설계안'을 마련하는 등 입찰을 준비하기 위해서는 지질조사 결과가 필수적인 만큼, 대림은 결국 지질조사와 설계를 동시에 진행하기에 이른다.

기본적인 설계를 진행하되 지질조사가 끝나면 이를 바

탕으로 설계를 업데이트 방향으로 모든 것을 한꺼번에 진행했다. 그나마 다행인 점은 대림 내에 관련 경험이 풍부한 전문가들이 충분해 어려운 의사결정을 빠르게 할 수 있었다.

다만 함께 컨소시엄을 이룬 현지 파트너사와의 관계 설정에는 다소 어려움이 있었다. 터키 현지 업체를 대면하고 협력과 관련한 기본적인 조건들을 조율해가는 것이 쉽지 않았던 것이다.

대림은 세계 최장대 교량이 포함된 사업인 만큼 주도권을 쥐려고 했지만, 현지 업체는 터키 사업에 대해 해외 업체에 주도권을 뺏기고 싶어 하지 않았다. 결국 대림(한국 측)과 터키 업체는 정확히 50대 50의 비율로 컨소시엄을 구성하는 데 합의하게 된다.

컨소시엄 확성 뒤 일은 일사천리로 진행됐다. 각 업체가 할 수 있는 부분이 명확했다. 대림은 교량의 설계와 견적을 리드하는 한편, 현지 업체들은 연결도로 쪽에 관한 설계 견적에 집중했다. 발주처와 관련된 업무는 주로 현지 업체를 통해 이뤄졌고, 입찰서류·질의응답도 현지 업체를 통해 번역됐다.

공사 등 견적은 현지 단가·시장조사를 위해 일찍부터 현지에 파견돼 있던 현지 파트너사와 함께 업무를 진행하기도 했다. 기본적인 입찰서류가 준비된 뒤에는 수주를 위한 다양한 시나리오를 검토하기에 이른다.

해당 사업은 단지 최저 공사비를 제출한 업체가 수주하는 유형의 사업이 아니었다. 가장 재빨리 정부에 시설물을 양도하는 업체, 즉 최소사업기간 제출업체가 수주하는 방식이었다. 이에 따라 해당 사업의 공사비 경쟁력은 기본이고, 공사기간을 최소화하는 등 운영기간을 최대화하는 전략이 필요했다. 특히 금융경쟁력과 적정수익률에 관한 의사결정도 중요했다. 공사비의 경우 대림의 설계, 시공 경험으로 인해 일본 업체보다 경쟁력이 있을 것이라는 자신감이 있었다.

또 공동 컨소시엄에 포함된 현지 파트너들이 터키 내 투자사업에 관한 경험을 이미 보유하고 있었고, 자금조달·금융 분야의 경쟁력 확보에 관한 다양한 아이디어를 제시한 만큼 믿을 만했다.

다만, 일본 측 경쟁업체가 일본정부의 지원을 받아 저리의 자금을 조달하는 경우 결과를 장담하기는 힘들다는 우려도 있었다.

03. 2017년 1월 발주처인 터키 고속도로관리청(KGM) 강당에서 진행된 개찰 현장 모습.

04. 발주처인 터키 고속도로관리청(KGM)과 대림 컨소시엄 관계자들이 현장을 답사하고 있다.

'개찰'의 행복한 기억

해당 사업은 터키 에르도안 대통령의 숙원사업으로 기존 사업과 다른 방식으로 개찰을 진행했다.

한국의 설연휴 전날인 2017년 1월26일 발주처 강당에서 개찰을 진행했는데, 개찰장에는 참여업체는 물론 다수의 현지 언론사들이 모여 모든 과정을 공개적으로 보도하기에 이른다.

해당 사업에는 대림 컨소시엄을 비롯해 일본 컨소시엄, 현지 컨소시엄, 중국 컨소시엄 등 모두 4곳이 입찰에 참여했다. 대림은 일반 승용차로는 실어 나를 수 없는 크기의 상자에 입찰참가자격사전심사(PQ) 서류와 가격서류를 함께 밀봉해 제출했다.

오전에는 PQ서류만 개찰했는데, 대림 컨소시엄, 일본 컨소시엄, 현지 컨소시엄, 중국 컨소시엄 순으로 진행했다. 4개 컨소시엄이 모두 PQ서류 심사과정을 통과했다.

오후에는 전체투자비와 사업기간에 관한 개찰을 진행했다. 오전과 마찬가지로 대림 컨소시엄을 시작으로 가격서류 개찰이 진행됐다.

대림 컨소시엄 개찰 뒤 다음이 일본 컨소시엄 차례였는데, 일본계 수출신용기구(ECA)의 저리자금 지원에 관한 조건을 가늠할 수 없었던 상황이라 대림 측은 매우 마음을 졸였다고 회고한다. 다행히 일본 컨소시엄은 대림 측보다 좋은 조건을 제시하지 못했다.

중국 컨소시엄의 경우 사전에 준비가 되지 않은 상태에서 급박하게 팀을 이룬 상황이었기 때문에 경쟁력 있는 조건을 제시하기 어려울 것으로 예상됐지만, 비교적 선전한 것으로 평가받았다. 아울러 현지 컨소시엄의 경우 일단 수주 뒤 정부와 협상 또는 하도업체와의 추가 가격협상을 통해 사업성을 확보하는 기존 사례를 활용할 가능성이 있어 대림 측은 꽤 긴장했지만, 그 같은 상황은 벌어지지 않았다. 기존 일반적인 도로와 달리 특수교량이 포함됐기 때문에 이 같은 꼼수는 불가능했던 것이다. 현지 컨소시엄은 일본 컨소시엄보다 더 긴 사업기간을 제시하면서 결국은 최소 사업기간을 제출한 대림 컨소시엄이 우선협상자로 선정됐다.

국토부·수출입은행, 배후를 자처하다

대림은 국토부로부터 관련 예비타당성(조사 및 타당성분석) 진행비용을 지원받은 점이 결과적으로 사업의 방향성을 바꾼 좋은 계기로 보고 있다.

약 4억원을 지원받았는데, 이전 사례의 약 1억~2억원 수준에 비해 상당히 큰 금액을 지원받은 편이다. 물론 대림은 국토부의 지원과는 별도로 추가조사, 개략설계, 공사비 산정 등에 약 10억원의 추가 비용을 투입해 기술 보고서를 작성했다.

정부의 조사비 지원은 단순히 그 금액 이상의 의미가 있다는 게 대림 측의 설명이다. 해당 사업이 본래 2017년 하반기 발주될 것이라는 예상을 깨고 1년여 앞당겨진 만큼, 정부의 지원 없이 아무런 준비를 하지 않고 있었다면 수주결실로 이어지기 어려웠기 때문이다.

대림은 수주 경쟁과정에서 실질적으로 일본과 단독으로 맞붙으면서 국토부를 중심으로 한 우리 정부의 지원이 상당한 힘이 됐다고 기억한다.

실제로 국토부는 관련 초기 타당성 조사비 지원이 1차적 목표였지만, 갑자기 입찰 모드로 변경된 당시 대림을 중심으로 한 한국 컨소시엄에 대한 수주지원을 다각적으로 진행했다.

일본처럼 총리급은 아니더라도 당시 국토부 국장이 직접 팀을 구성해 터키 발주처를 찾아가 한국 정부의 아낌없는 지원을 약속하기도 했다. 또 우리 수출입은행은 기획재정부와 함께 해당 사업의 전폭적인 금융 지원을 약속하면서 입찰 직전에 대출의향서를 제출해주기도 했다.

이에 터키 정부도 대림 컨소시엄에 관해 상당한 기대를 하게 됐고, 일본 컨소시엄 측이 당황하는 상황으로 이어지기도 했다.

일본 정부 입장에서는 자국 컨소시엄의 단독 질주를 예상하던 당초 상황과 달리, 오직 건설사로서만 구성된 대림 컨소시엄이 가격경쟁력, 초대형 특수교량설계·시공능력을 무기로 정부지원까지 받으며 진출했다는 데 대해 혼란스러워했다고 전해진다.

해외 PPP 원한다면 '깨끗해져라'

해외 민·관 협력사업(PPP) 모델은 사실상 개발도상국과 선진국 등 2개 모델로 분류할 수 있다.

개도국 모델의 경우 국가신용도가 낮은 국가의 정부가 다양한 인센티브(Incentive)를 내걸어 사업을 벌이는 고수익 사업이 대부분이다. 아시아개발은행(ADB) 등을 통해 자금을 조달하는 모델들이기도 하다.

또 다른 선진국 모델은 상업은행들의 참여가 가능한 시장으로, 자금조달 측면에서는 어려움이 없지만 기본적으로 세계적인 강자들과의 경쟁이 불가피하고 연간 발주물량 자체가 상당히 제한적인 편이다. 이 때문에 아직 해외 PPP 시장에서 초심자격인 한국의 건설사들은 선진국 모델보다는 개도국의 모델에 역점을 둘 필요가 있다고 대림은 보고 있다. 수주성공 가능성 등 여러 관점에서 접근이 용이한 편이기 때문이다.

그러나 개도국 모델은 금융을 끌어올 수 있는 조건이 맞아야 하는데다, 금융기관이 요구하는 조건이 매우 까다롭다는 점을 유념해야 한다고 대림은 강조한다.

사회 · 자연환경에 관한 영향예측·대책마련이라든지, 노동자들의 인권보호 등 한국

건설시장에서 최우선 가치로 볼 수 없는 부분까지 철저한 대책과 관리를 요구하기도 한다.

특히 이런 금융지원 기관은 기업의 윤리 역시 매우 중요하게 판단하고 있다는 점을 유념할 필요가 있다는 것이다. 투명하지 못한 지배구조, 뇌물 · 담합 등 사건에 관해 지나치리만큼 까다롭고 냉정하게 접근하고 있다. 우리 건설사들은 과거 건설시장의 관행이었다고 변명할 수도 있지만 앞으로는 이 같은 문제가 불거질 경우 사업참여에 큰 제약을 받을 가능성도 있다.

공기업·건설사 '패키지형' PPP 활성화 필요하다

우리의 해외 인프라 투자사업 관련 정책은 국토교통부가 주관해 기획·수립하고 있다. 이 과정에서 기획재정부, 산업통상자원부와 일부 협의를 진행하고 있지만, 1개 부처 중심의 정책으로는 재정적 지원이나 기업의 해외 진출 제도를 개선하는 데 어려움이 있다는 게 대림 측의 생각이다.

실제로 일본의 경우 인프라 수출이 곧 위축된 내수시장을 극복하는 동시에 지속 가능한 신성장동력이라고 판단하고, '아베노믹스'의 경제성장 전략의 4대 중점 분야 중 하나로 선정, 인프라 수출촉진정책을 전방위적으로 추진하고 있다.

일본의 뛰어난 기술력을 바탕으로 한 '고품질 인프라 수출확대 이니셔티브 전략'을 2016년 5월 마련하고 JOIN(Japan Overseas Infrastructure Investment Corporation) 같은 해외 인프라 투자 전담 기구를 설립하는 등 해외 PPP사업을 집중적으로 지원하고 있다는 점은 참고할 만하다는 것이다.

또 내각관방, 총무성, 외무성, 재무성, 경산성, 국토교통성 등 주요 관련 부처가 합동으로 국가 중점 해외 인프라 사업을 선별·지원하는 '경협인프라전략회의'를 실시하고 있다는 점도 우리가 참고할 만한 사항으로 강조하고 있다. 아울러 공공 기반시설 운영실적을 보유한 우리 공기업과 민간 건설업체의 패키지형 PPP 시장 진출도 필요하다는 입장이다.

우리 정책상 국가기반시설은 공기업이 운영하도록 돼 있는 만큼, 공기업은 풍부한 운영 실적·역량뿐만 아니라 높은 신용도를 갖추고 있다는 점을 활용해야 한다는 것이다. 즉, 공기업의 운영역량과 민간 건설사의 기술력·시장 영업망을 공유하는 등 해외 인프라 사업에 동반진출한다면 사업 수주 경쟁력 확보에 상당한 효과를 보일 것으로 기대하고 있다. 특히 신용도 상승과 금융에 좀 더 유리해질 것으로 본다.

또한 정부의 유연한 외교 정책도 필요하다고 대림은 강조한다. 해외 인프라 사업의 특성상 외교적 이슈가 사업에 크게 영향을 미치는 경우가 비일비재하기 때문이라는 것이다.

실제로 대림이 진출을 추진 중인 파키스탄 AJ&K주의 경우, 수력발전 잠재력이 크고 관련 프로젝트들의 사업성이 뛰어나 ADB 등의 집중적인 투자가 이뤄질 만큼 핵심적인 시장으로 평가된다. 그러나 최근 인도가 국경분쟁 등을 이슈로 해당 지역사업에 대해 이의를 제기하는 등 인도·파키스탄 간 외교 마찰이 발생했고, 대림이 해당지역에서 사업을 추진하고 있다는 이유로 한국 정부 측에 유감을 표시한 바 있다. 이 같은 상황에서 우리 정부는 공기업의 해당지역 참여에 관한 부정적인 압박을 가중시키는 결과를 초래하기도 했다.

반면 중국은 이 같은 틈바구니에서 다양한 해당지역 사업권을 독점하는 등 고수익 사업의 기회를 독식하고 있다. 이에 따라 우리 정부는 장기적인 한국 기업의 수익 창출과 이에 따른 경제적 파급효과를 종합적으로 고려하는 좀 더 적극적인 외교대응과 정책이 필요한 것으로 보인다.

해외 프로젝트 보험·펀드·PF 선진화를 바라다

해외 진출을 활성화하기 위해서는 정치적 위험 보험인 PRI(Political Risk Insurance) 연계 상품을 다양화해야 한다는 점을 대림은 거듭 강조한다.

해외 인프라사업 진출 시 민간 기업은 특정 정부의 정치적 위험에 취약할 수밖에 없다. 이 같은 리스크를 보완하기 위해 PRI 상품이 필요하지만 다자간개발은행(MDB)의 PRI 상품(MIGA)을 제외하면 국내에서는 수출신용기관인 K-SURE에서 제공하는 해외투자보험 상품밖에는 선택지가 없는 상황이다.

또 우리 국부 펀드의 파생상품으로 해외 인프라 투자를 활용하는 방안도 필요하다고 말한다.

최근 한국투자공사(KIC)의 3년간 수익률은 1.74%로, 해외 주요 국부 펀드인 노르웨이 국부펀드 5.7%, 중국투자공사 3.8%, 아일랜드 전략투자 펀드 3.0% 등과 비교할 때 수익률이 좋지 않다.

KIC는 주로 주식·채권중심으로 투자를 진행하기 때문이라는 것인데, 해외의 수많은 PPP사업 중에서 수요 리스크와 외환변동에 관한 리스크를 발주처가 보증하는 사업이 있다는 점을 고려할 필요가 있다고 강조한다. 특히 PPP사업 중에는 사업 전체에 관해 해당 정부가 보증을 제공하는 사업이 있고, 이는 사실상 무위험 자산과 동일한 신용도가 부여되는 만큼 해외 선진국 연기금이 적극적으로 투자하고 있다는 점을 감안할 필요가 있다는 것이다.

세계 5위 규모의 우리 국민연금 역시 채권·주식 등 금융상품에 치중한 포트폴리오에서 벗어날 필요가 있는데, 좀 더 안전한 인프라 PPP사업에 선별적으로 투자할 경우 해외사업 투자환경 개선은 물론 국부펀드 수익률 개선이라는 두 마리 토끼를 잡을 수 있을 것으로 기대된다. 이밖에 PF(프로젝트 파이낸싱) 금융의 선진화도 시급한 선결과제로 대림은 보고 있다.

현재 해외 PPP사업에 대한 국내 정책금융 지원과 관련, 공적수출신용기관(ECA) 내지 경제개발협력기구(OECD)의 가이드라인 등이 활용되고 있다. 그러나 실질적으로 선행 사례에 국한된 금융지원 위주로 진행하는 경우가 잦아 사업성이 뛰어난 프로젝트의 경우에도 금융지원을 받지 못하는 경우가 빈번하다는 것이다.

이에 따라 사업성에 근거한 융통성 있는 금융지원을 이끌어낼 수 있는 PF 선진화가 반드시 필요하며, 이를 통해 해외 진출 길이 더욱 넓고 다양하게 펼쳐지길 기대하고 있다.

| 박우병기자

02

2부_ 해외건설 50년 파노라마

'無에서 有' 위대한 신화… '덕수'가 있었다

해외건설 50년 이끌어온 '덕수'들

맨주먹으로 헤쳐온 반세기 황무지 위에 '신화' 세웠다

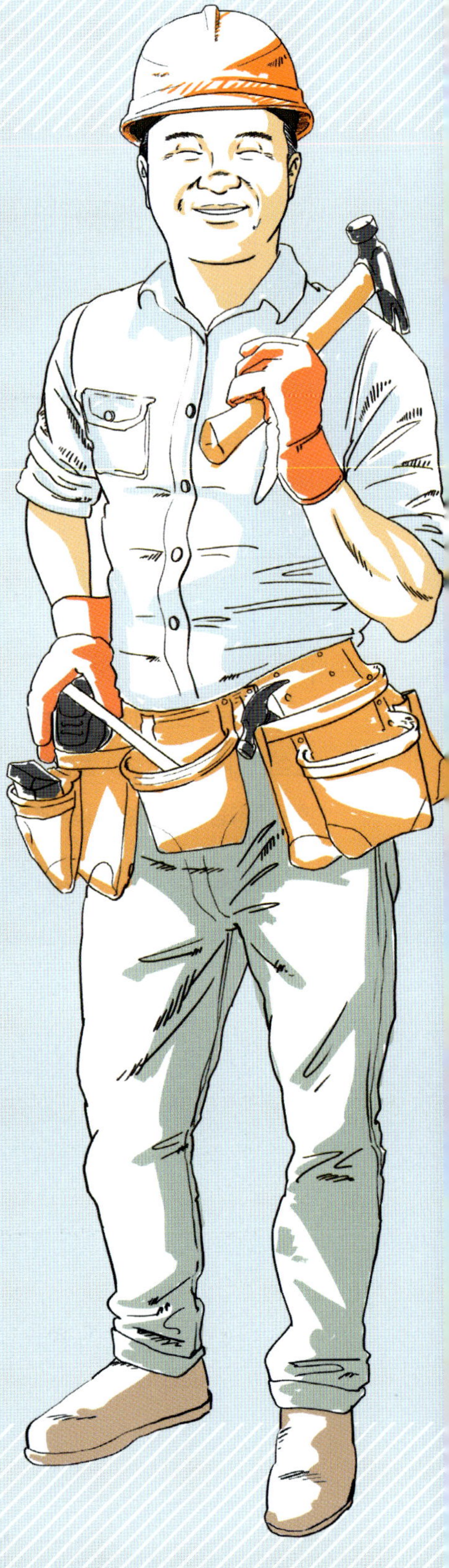

"시련은 있어도 실패는 없는 거야!"라고 외친 청년은
구두닦이 두 소년에게 촌스러운 미소를 날리고는
힘차게 걸어 커다란 GMC 트럭의 운전석 옆에 턱 앉았다.
두 소년은 그 모습을 멍하니 지켜보았다.
트럭은 쿠르르 먼지를 일으키며 사라졌다.
트럭 뒤에 페인트로 네 글자가 써 있었다.
'現代建設'

"저거 머라 읽는지 암?"
"내가 그걸 우찌 아노? 근데 한 가지는 확실히 알겠다."
"뭘?"
"저 아재 저거, 미칫다는 거."
"나도 글케 생각한다."
"왜? 아예 자동차도 국산으로 만든다 카지."
"참 세상이 흉흉하니까 별의별 사람이 다 있네."

-영화 '국제시장' 中

원전 첫수출 'UAE원전' 현장 모습

구두닦이 두 소년이 혀를 끌끌 차며 고개를 흔들던 그 '미친 아재'는 그로부터 딱 13년 후에 우리나라 해외건설 1호 사업인 98km 길이의 태국 고속도로 공사를 수주한다. 같은 시간 덕수는 그 망할 놈의 6·25를 우리 자식이 아닌 내가 겪고, 서독 그 지옥 같은 갱도를 우리 자식이 아닌 내가 겪고, 여기 월남, 이 전쟁통에 우리 아이들이 아닌 내가 돈 벌러 들어온 게 얼마나 다행이냐고 아내에게 편지를 쓰고 있었다.

덕수가 연봉 40만원을 벌려고 남의 나라 전쟁터에서 목숨을 걸었던 덕분에 촌스럽기 그지없던 '미친 아재'는 일본과 서독의 건설사들과 어깨를 나란히 하고, 공사 입찰에 참여할 수 있었다. 처량하면서도 비장하고, 격동적이면서도 서글펐다. 우리나라 건설의 해외 진출 역사 50년이 딱 그러했다. 한번 해보겠다는 의지는 충만했지만 아무도 믿어주는 이가 없었고, 뭐든 해보고 싶어 몸이 달았지만, 손에 쥔 것은 아무것도 없었다. 그래서 맨몸으로 부딪쳤고, 백인들 앞에서 자존심을 죽였으며, 은행의 보증을 받기 위해 죽는 시늉이라도 했다.

〈건설경제〉가 광복 70주년, 해외건설 50주년을 맞이해 한국 근현대사와 함께한 해외건설 진출의 역사를 되짚었다.

1960년대 월남 파병과 함께 시작한 해외건설은 1970년대 중동 현장에서 오일쇼크와 이라크 전쟁 한가운데서 외화벌이에 앞장섰고, 1980년대 서독 광부에 이어 중동으로 건설근로자를 보내 더운 사막 한가운데서 운하를 일궜다. 그렇게 어려운 시절 다 보내고, 1990년대에 '아시아의 용'이라고 불리며 좀 살 만해졌다 싶을 때 외환위기가 터졌다. 건설은 다시 외화벌이에 앞장섰고, 그때 벌어온 돈으로 한국경제의 숨통을 다시금 터줬다. 그렇게 50년이 마음 한번 편한 날 없이 지나갔다. 〈건설경제〉가 해외건설의 '덕수'들에게 지난날의 이야기를 물었다. 그들은 하나같이 이렇게 말했다. 그때는 다 그렇게 해야 하는 건 줄 알았다고. 그래도 우리에게는 사명감이 있었다고.

| 최지희기자 jh606@

< 2부는 해외건설 50년을 맞아 건설경제에 연재한 기사를 재편집한 것입니다. >

'해외수주 1호' 현대건설 태국 고속도로 사업

갯벌 흙, 습한 날씨, 낡은 장비…
악조건과 싸우며 새로운 '길' 뚫었지
"한국으로 들어와"
정주영 회장 부름에 경부고속도로 大役事 시작

태국 '파타니~나라티왓 고속도로' 공사 모습.

정부에서 제공한 수송기를 타고 태국 방콕에 내린 현대건설 본사 파견 직원들은 코를 킁킁거리며 손부채질을 해댔다. 이국의 묘한 냄새와 피부를 감싸는 후텁지근한 공기가 영 곤혹스러운 눈치였다. 태국은 이미 새까만 밤이었다. 흐릿하게 흔들리는 형광등 불빛 아래에서 드러난 공항 곳곳의 안내 표지판에는 아이들 낙서 같은 글자들이 써 있었다. 여기가 태국이구나. 정태수 공부장은 품에서 손수건을 꺼내 얼굴을 닦았다. 옆의 2년차 신입사원인 백동명 기사를 흘끗 바라보니 그 역시 얼굴 위로 연신 흘러내리는 땀을 닦고 있었다. 공기가 빠듯했다. 정태수 공부장의 마음 한쪽에서 불안감이 일었다. 공기를 맞출 수 있을까.

회사 창립 이래 최초 해외사업이었다. 정주영 사장의 기대는 컸지만, 그와 딱 비례할 만큼 경험치가 부족했다. 우리가 할 수 있을까. 정태수 공부장이 일말의 불안감을 느끼며 얼굴을 굳힐 무렵 일행들이 웅성거렸다. 한국에서 파견된 본사 직원들을 맞고자 현장 직원들이 테이블 위에 과일 바구니를 준비했는데, 그 안에 바나나가 송이째로 놓여 있었다. 모든 일행들이 바나나로 급하게 손을 뻗었다. 선 채로 급하게 바나나 3~4개를 입에 욱여넣었다. 누군가 중얼거렸다.

"이렇게 비싼 거를… 확실히 태국이 잘살기는 잘사나 봐."

정태수 공부장도 바나나를 한입 베어 물었다. 순간 임신 중인 아내가 떠올랐다. 곧 있으면 예정일인데. 갑자기 목구멍이 죄어드는 느낌이 들었다.

"바나나 더 드실래요?"

"아냐, 난 됐어."

"왜요. 더 드시지. 이럴 때 아니면 언제 먹겠어요."

허겁지겁 바나나를 입에 넣는 일행들을 보며 정태수 공부장은 안내직원에게 현장까지 가는 여정을 점검했다. 방콕에서 남쪽 나라티왓 현장까지의 거리는 800km였다. 바나나 때문에 저녁식사에 손도 대지 못한 일행들은 방콕발 야간기차에 몸을 실었다. 딱딱한 나무의자 위에 4명이 마주 보고 앉았다. 기차로 26시간의 여정이 시작됐다.

흙이 이상하다

"어디서 음식물 썩는 냄새 나지 않으세요?"

나라티왓 현장에 발을 디딘 백동명 기사가 코를 잡고 물었다. 정태수 공부장도 말없이 고개를 끄덕였다. 미리 나와 있던 현장직원이 불만을 토로하듯 입을 열었다.

"여기 흙냄새예요. 흙이 완전 갯벌 흙이에요."

백동명 기사가 주저앉아 흙을 한 움큼 쥐었다. 그러자 손가락 사이로 물이 빠져나왔다. 축축한 검은색의 흙은 점토같이 손바닥에 퍼졌다. 그걸 지켜본 정태수 공부장의 얼굴에서 표정이 사라졌다.

"보셨어요?"

"…." "우리 회사 견적팀은 이런 말 없었잖아요."

베트남 전쟁이 터진 후 베트남으로 물자를 수송하는 요충지인 태국 국경의 고속도로 건설사업에는 미국은 물론이고 독일과 영국, 프랑스, 이탈리아 등 건설과 엔지니어링 선진국들이 참여한 상태였다. 모두 베트남 참전 국가들이었다. 물론 한국 역시 1965년부터 베트남에 전투 병력을 파병한 상태여서 미군이 진두지휘하는 각종 토목사업에 참여할 자격을 갖추기는 했다. 그러나 실제 수주로 이어지지는 않았다. 현대건설은 태국 공사에 두 번 응찰했지만 모두 실패했다. 정주영 사장이 직접 견적을 내고 입찰에 참여했지만 국제 공사 경험이 전무한 회사에 기회를 주는 발주처는 없었다.

당연히 태국의 남부 말레이시아 국경 부근에 위치한 두 도시 파타니와 나라티왓을 잇는 98km의 2차선 고속도로 사업도 선진국의 몫이 될 것이 분명했다. 그런데 어찌된 일인지 현대건설이 이 사업을 수주했다.

1965년 9월30일 태국 정부가 국제부흥개발은행(IBRD) 차관사업으로 국제 경쟁입찰에 부친 '파타니~나라티왓' 공사에는 독일과 일본, 네덜란드, 프랑스, 이탈리아 등 16개국의 29개사가 응찰했다. 입찰에서 현대건설은 약 522만달러를 써냈다. 반면 외국 업체들은 모두 700만달러대에 입찰했다. 압도적인 가격 차이에 발주처가 현대건설에 기회를 준 것이다. 하지만 나머지 28개사가 써낸 '700만달러'의 입찰 가격에는 이유가 있을 것임이 분명했다. 정태수 공부장의 마음속에 불안감이 일렁였다. 감이 좋지 않았다.

"너 엔지니어가 뭔지나 알아?"

아니나 다를까. 흙이 다져지지 않았다. 밀도가 95% 이상은 나와야 하는데 한국에서 가져온 롤러를 아무리 흙 위로 굴려봐도 밀도 수치가 85% 이상으로는 올라오지 않았다. 롤러로 흙을 한번 누르고 지나갈 때마다 물이 듬뿍 배어 나왔다. 비는 하루

에 몇 번씩 양동이로 들이붓듯 내리는 가운데 잠깐씩 날이 갤 때마다 재빠르게 흙을 다져야 하는 상황에서 한국에서 가져온 장비는 제 몫을 하지 못했다. 한국에서 길을 낼 때는 불편함 없이 쓰던 장비들인데 해외 고속도로 현장에서는 무용지물이었다. 현대건설이 가져온 장비를 본 미국 드루카터(De Leuw Cather)의 감리감독은 혀를 끌끌 차며 들으란 듯이 중얼거렸다.

"어디서 제2차 세계대전 때나 쓰던 장비를 주워 와서는…. 쯧쯧."

미국 감리사 직원들은 현대건설 직원들을 노골적으로 무시했다. 첫날 현장에서 백동명 기사가 드루카터 관계자들에게 인사하며 내민 명함을 받아든 미국 감리원들은 정면에서 웃음을 터뜨렸다.

태국 파타니~나라티왓 고속도로 사업은

16개국 28개사 경쟁 현대건설 해외수주 도전 세 번째 만에 첫 낙찰

우리나라 최초의 해외건설 1호 사업은 현대건설이 1965년 9월 수주한 태국 남부의 파타니와 나라티왓을 연결하는 길이 98km 고속도로 공사다. 16개국 28개 경쟁 업체를 제치고 따낸 사업인데 현대건설의 입찰가격은 522만달러였다. 이사업은 현대건설이 해외 진출을 계획하고 수주활동에 뛰어든 지 세 번째 만에 이룬 쾌거였는데, 당시 공사 입찰과 견적에 정주영 회장이 직접 참여했다. 후에 정주영 회장은 태국 사업을 가리켜 "현대가 참여하고 건설한 수많은 업적 가운데 가장 빛나는 이정표"라고 밝혔다.

이 도로공사 덕분에 현대건설은 해외시장에 진출하는 결정적 초석을 마련했다. 태국 사업을 통해 본격적인 국제규격의 고속도로 시공 경험을 쌓았고, 국제 시방서 적용, 장비 운영 방법, 아스콘 생산, 외국의 기후 풍토와 생활습관 등에 대한 대응 방법, 인력 관리 방법 등 건설사업의 모든 것을 새로이 습득했기 때문이다. 실제 사업은 약속한 공기보다 3개월이 늦어지고, 공사비도 300만달러 이상 초과됐지만 정주영 회장은 "손실보다 더 많은 것을 얻었다"고 평가했다. 특히 엄청난 적자 시공 속에서도 현대건설은 묵묵히 사업을 끝까지 완성하며 한국이란 나라의 위상을 재정립했다. 당시 현대건설의 이 같은 근면과 끈기는 태국 정부를 감동시켰고, 이것이 태국 고속도로 사업의 연이은 수주로 이어졌다.

"야, 네가 무슨 기사(engineer)야. '기사'가 뭔지나 알아?"

백동명 기사는 입술을 꾹 깨물었다. 미국 감리원들의 노골적인 경멸과 무시를 피하지 못해 하루에도 수십 번씩 자존심을 죽였다.

미국 감리원들은 현대건설 직원들에게 수시로 윽박질렀고, 보는 앞에서 욕설을 내뱉었다. 그래도 직원들은 싫은 소리 한번 하지 못했다. 감리들 말대로 실제 현장이 제대로 돌아가지 않았기 때문이다.

하루는 나라티왓 쪽의 토공 담당이던 백동명 기사가 소(小)교량 작업 후에 토공으로 마무리할 때였다. 암거를 마친 후 뒤채움 준비를 서두르며 감리감독에게 작업 게시를 통보하자, 감리감독이 무슨 장비를 이용할 계획이냐고 물어왔다. 얼굴에는 불신이 가득했다. 이에 백동명 기사는 걱정 말라며 호언장담했다.

이튿날 약속시간에 감독이 나타났다. 현장을 휘휘 둘러본 감독은 어디에 전압기계가 있느냐고 물었다. 백동명 기사는 자신 있게 통나무로 만든 떡메 같은 소위 '망께'장비를 가리켰다. 공사를 위해 현장 인력을 총동원해 만든 장비였다.

순간 감독의 얼굴이 시뻘겋게 달아올랐다. 감독은 백동명 기사에게 고래고래 소릴 지르며 욕설을 내뱉었다. 그러고는 통나무를 뒤집어 엎어버리고는 씩씩거리며 현장을 떠났다. 백동명 기사가 당황해 정태수 공부장을 찾았다. 그날로 현대건설 현장 담당자들이 모두 모여 머리를 맞댔다. 결론은 하나였다. 한국에서 흙길 다지던 것과 태국의 고속도로 공사는 완전히 다르다는 것이었다.

독일 현장을 견학하다

결국, 정주영 사장이 몸이 달아 현장을 방문했다.

"착공한 지가 언젠데, 왜 공사에 진척이 없는 거야?"

"토질과 날씨, 기술이 완전히 다릅니다. 아무래도 태국의 다른 현장을 한번 봐야 할 것 같습니다."

정주영 사장은 침통한 표정으로 입을 다물었다. 정주영 사장은 바로 견학 현장을 섭외했다. 섭외 현장은 태국 북쪽 창마이 근처 독일 건설사의 현장이었다. 그곳 현장의 흙도 실크 같은 진흙이었다.

현장을 견학하던 정태수 공부장의 시선이 한 곳에 꽂혔다. 'Dyna Pak(다이나팩)'이라고 크게 적힌 독일제 전압장비였다. 전압장비가 지나가니 흙의 수분이 순식간에 날아가고 흙은 단단하게 굳었다. 다이나팩의 장비는 진동 롤러였다. 그 모습을 본 정태수 공부장은 현장으로 돌아오자마자 정주영 사장에게 달려가 진동롤러 8대 구입을 건의했다. 잠시 침묵한 정주영 사장은 고개를 끄덕이고는 현장을 떠났다. 그러고 나서 바로 며칠 후 다이나팩의 진동 롤러 석 대가 현장에 도착했다.

"석대로는 턱없이 부족한데…"

그때 현장에서 '기계 박사'로 통하던 정주영 사장의 매제인 김영주 주재상무가 나섰다.

"장비 한 대만 나한테 줘봐. 내가 똑같이 만들어 볼게."

김영주 상무는 다이나팩 장비 1대를 공장에 보내 분해했다. 이후 다시 독일제와 똑같이 만든 장비 1대를 태국 현장에 보냈다. 독일제보다 성능은 좀 못했지만, 대단히

그때 우리는 : 1965년 월남 파병과 해외 원조

국내서 美8군 사업만 하던 건설사들 베트남 발판으로 해외시장 본격 진출 나서

"월남 파병 결정을 내릴 때, 담배 네 갑을 하루 저녁에 피운 것 같다."

베트남 파병 당시 박정희 전 대통령의 고뇌를 지켜본 육영수 여사의 증언이다. 당시 우리 정부는 미국의 군사 원조와 장기 개발차관 1억 5000만달러를 얻는 대신 베트남에 우리 군을 보내기로 결정했다.

1964년 1차 파병 당시에는 의무병 130명과 태권도 교관 10명 등 비전투 요원이었다. 그러나 전쟁이 생각보다 장기화를 예고하자 이듬해 미국은 우리나라 정부에 전투병력 파견을 요청했다. 결국 박정희 대통령은 미국으로부터 '브라운 각서'를 받아낸 후 1965년 8월 전투병력 파견을 결정한다.

브라운 각서에는 미국이 우리 군에 장비를 지원하고 보급물자를 한국에서 구매한다는 약속이 담겨 있었다. 전쟁 비용을 줄이기 위한 미국과 더 많은 원조를 원했던 우리 정부의 이해관계가 맞아떨어진 결과였다. 실제로 미국의 군사 원조는 1964년까지 2억달러 미만이었지만, 베트남 파병 이후인 1968년에는 3억8000만달러까지 증가했고, 이듬해 4억8000만달러에 이르렀다. '월남 파병' 덕분에 우리나라 건설사들의 해외시장 진출이 가능했다.

1960년대까지 우리나라 정부는 해외건설에 대한 특별한 지원책이 전무했다. 이 와중에 1950년대 국내에서 미8군 발주 사업을 수행한 건설업체들은 1960년대 월남 파병과 함께 베트남을 중심으로 미군 공병대가 발주하는 사업에 참여하기 시작했다. 베트남 전쟁의 미군 발주 사업을 발판으로 국제시장의 감을 익힌 국내 건설사들은 태국과 말레이시아, 필리핀, 파키스탄 등 아시아 지역으로 진출했고, 1970년대 중동으로 눈길을 돌린다.

700만달러 vs 522만달러 선진국의 몫이 분명했던 2차선 고속도로 사업,
국제공사 경험이 전무한 한국 건설사가 낙찰받은 데는 '이유'가 있었다

현장에 첫발 내딛는 순간 썩은 내가 진동을 했다
물기 머금은 흙냄새였다
한국 도로와는 너무 달랐고 장비는 무용지물이 됐다

훌륭한 수준이었다.

그렇게 차례 차례 장비 7대가 현장에 도착했다. 총 10대의 진동 롤러가 투입되자 공사에 속도가 붙기 시작했다. 공사가 막바지에 접어들던 1967년 10월, 정태수 공부장에게 서울 본사에서 전화 한 통이 걸려왔다. 정주영 사장이었다.

"정 부장, 들어와."

그날로 정태수 공부장과 백동명 기사 등 태국 현장에 투입됐던 기술진들이 모두 한국으로 들어왔다. 한국에 돌아오자마자 그들에게 견적 업무가 하달됐다. 태국 사업의 경험을 살려 경부고속도로의 사업예산과 최적 구간을 도출해보라는 것이었다.

당시 박정희 대통령은 건설부와 철도청, 현대건설에 노선과 견적 지시를 내렸는데 건설부는 500억원, 철도청은 680억원을 써냈고, 현대건설은 420억원을 써냈다. 그러자 모두 현대건설을 욕했다. 박정희 대통령에게 잘 보여 사업을 수주하려는 속셈이라는 뒷담화가 돌았다. 그러나 결국 현대건설의 노선과 견적안으로 귀착돼 사업이 시작됐다. 태국 고속도로 기술진들은 1968년 2월부터 시작된 서울 압구정동에서 용인 기흥면까지(한남 나들목~수원 나들목, 22.4km) 잇는 경부고속도로 제1구간에 투입됐다. 태국에서 썼던 진동 롤러도 함께였다. 이렇게 경부고속도로 425km 중 105km 구간이 정태수 공부장의 손을 거쳐갔다. 1970년 경부고속도로가 준공됐다. 사업에 들어간 금액은 정확히 429억원이었다.

하루는 정태수 공부장이 맡은 서울~수원 간 현장에 타 건설사 현장소장과 기술자들이 견학을 왔다. 정태수 공부장과 백동명 기사가 그들에게 신식 고속도로 장비와 뒤채움 등의 공법을 소개했다. 그렇게 우리나라 고속도로 현장에서 '망께'가 사라졌다.

| 최지희기자 jh606@

인터뷰 interview

'태국 고속도로사업 주역' **정태수 · 백동명** 씨

정태수씨(가운데)가 정주영 당시 현대건설 사장이 태국 파타니~나라티왓 고속도로 현장을 방문해 업무 지시를 하고 있는 사진에 대해 설명하고 있다. 왼쪽은 백동명씨, 오른쪽은 이연흥씨. | 안윤수기자 ays77@

"애국심 없으면 못 하는 게 건설이지… 우린 사명감으로 일했어"

Q. 태국 고속도로 사업이 우리나라 해외 진출 1호 사업이다. 당시 현대건설의 기술 수준은 어느 정도였나.

백동명 태국 사업 전만 해도 현대건설에는 시방서를 본 적 있는 기술자가 없었다. 재래식 공법을 이용했다. 길은 만들어봤는데, 도로공사는 안 해본 거지. 그때만 해도 우리나라 건설사 모두 자갈 깔 때 삼태기로 뿌렸다고. 태국 가서도 그런 식으로 하려고 하니까 미국 감리원들이 기가 막혀 하지.

Q. 시행착오가 많았겠다.

정태수 많은 정도가 아니었지. 견적한 사람들이 태국엔 비가 많이 온다고 언급했지만. 그렇게 많이 오는지는 몰랐거든. 우기가 3개월인데 아침부터 비가 쏟아진다고. 여기에 스콜이 오후 3～4 사이에 오는데… 도로공사 하는 데 물은 상극이거든. 그런데 도로도 젖고, 토치장에서 나오는 흙도 젖고. 그러니까 공사를 못 하는 거야. 첫해에 공사하는 데 예산의 65%가 들었는데 성과는 없었어. 견적하는 사람들이 기후까지 신경 안 쓴 거야. 또 국내에서 쓰던 장비를 다 갖고 나갔는데 미국 감리감독이 보니까 기가 막히지. 그런 장비 갖고 어떻게 공사하겠느냐는 거야. 공기 내에 공사를 마치면 손에 장을 지지겠다는 식으로 말하더라고.

Q. 공기가 늦어지니 현장 기술자들은 마음 졸였을 텐데.

정태수 우리 식으로 하려고 하니까 밤낮 감리 쪽에서 중지명령이 내려왔다. 숨이 콱콱 막혔지. 당시 사장이던 고(故) 정주영 회장이 우리 공사 중에 세 번인가 왔었는데 정 회장 스타일이 왕창 밀고 나가는 거거든. 장비가 어디서 놀고 있으면 그걸 못 본다. 그런데 태국 현장은 일할 조건이 안 되니까 장비들이 여기 저기서 놀고 있었다고. 하필이면 처음 현장 방문한 날에 장비가 놀고 있으니 기분이 어땠겠나. 그래서 다음부터 우리도 대책을 세웠지. 이철민씨라고 영어 잘하는 사람이 있었는데 그 사람을 감리감독한테 보내서 "우리 대장이 오는데 대장이 오면 일 안 하고 서 있으면 혼난다. 아마 전부들 뭔가 하려고 움직일 거다. 움직이는데 당신들 마음에 안 드는 게 있어도 참아 달라. 대신에 정 회장이 돌아간 뒤에 다시 원상복귀해 놓겠다"고 감독관에게 약속했다. 그렇게 양해를 구해놓고 다음부터 정 회장이 오면 뭔가 하는 시늉을 한 거야. 그러고 간 다음에 다시 파서 원상복귀시키는 이중공사를 했지. 그럴 수밖에 없었다. 당시 도로공사는 길어봤자 5～6km 정도인데, 도로포장 공사는 해봤지만 완전히 새로 만들어 흙을 쌓는 공사는 국내에서도 없었거든.

Q. 아스팔트 골재 관련 에피소드가 유명하더라.

백동명 이 공사 전까지 현대건설에서 표층에 사용될 아스팔트 콘크리트(아스콘)를 생산해본 적이 없었다. 아스콘은 모래, 자갈 등을 적당한 비율로 섞어 구워 만드는 건데 비가 너무 많이 와 골재가 항상 지나치게 젖어 있었다. 그대로 섞으면 불량이 나오니까, 2～3개월 고심한 끝에 건조기에 자갈을 넣고 말리려고 했는데 이번엔 건조기 자체의 온도가 올라오지 않았다. 기름값도 너무 비싸고. 그래서 정 회장이 아이디어를 냈다. 날씨가 더우니까 비가 오지 않을 때 아스팔트 통을 쪼개 그걸 펴서 만든 철판 위에 골재를 놓고 구우라는 거지. 그렇게 아스콘을 만들었어. 굉장히 힘들었지.

Q. 노하우를 얻었나.

정태수 태국에서 많이 배웠지. '이게 건설이구나. 건설은 이렇게 하는구나'를 배웠다.

백동명 당시 사용된 장비에 감리감독 이름도 기억난다. 한이 맺힌 이야기라서 그래.

Q. 당시 현장 나갈 때 나이는?

정태수 그때 36살이었어. 내가 거기 간 것이 결혼하고 바로 이듬해였다. 1966년도에 큰놈이 생겼으니까. 보고 싶은 거야 말할 것도 없었지. 거기 가서 있고 싶은 사람이 어디 있겠어. 게다가 적자 나는 현장이니 고생만 하고 돈도 조금밖에 못 받았지.

Q. 그때 많은 새로운 기술을 접했는데.

백동명 태국에서 배운 기술이 그대로 경부고속도로 현장에 적용됐지. 그러니까 다른 건설사에서 현대건설 사람들을 스카우트해 갔다. 현대건설이 기술자 양성해놓으면 데려가서 공사를 시키고, 그러면서 기술이 퍼진 거지. 현대건설의 자랑이라면 자랑이다. 우리가 시공기술자들 양성소였다. 그 사람들이 삼성도 만들고 그런 거라고. 그룹사에 속한 건설사들 인력은 다 현대건설에서 공급했다.

Q. 최근 건설산업 보며 생각이 많겠다.

백동명 우리나라 건설은 이론에서 좀 벗어났을 때 성공했다. 이론으로는 안 되는 거, 세계에서 아무도 생각 못 하는 거 해내면서 성공했지. 서산간척사업? 이론적으로 계산해보면 그 수심에, 그 수압에 배가 날아가게 되어 있다. 그런데 했다고. 건설산업은 자연을 이길 수 있는 지혜와 힘과 용기가 필요한 산업이다.

정태수 건설은 애국심을 갖고 해야 한다. 우리는 사명감 갖고 했다고. 공공사업 같은 것… 지금은 이익을 위해서, 이익을 앞세우면서 하잖아. 우리도 입찰은 했지만 사명감 가지고 했다. 우리뿐 아니라 다른 회사들도 그랬다. 우선 일은 해놓고 보자, 이런 게 있었다.

백동명 애국심 없으면 못 하는 게 건설이지.

인터뷰= 박봉식 산업1부장 · 정리=최지희기자

해외건설 산증인 故 박규성씨의 삶

전쟁 같았던 압록강 건설 현장부터 진짜 전쟁터 월남까지… '가족 먹여살리려' 生死 넘나드는 전선에서 일생 바쳐

월남 한국군 십자성부대를 배경으로 포즈를 취한 故 박규성씨.

압록강 수풍댐 건설공사 현장.

올림픽 손님맞이 준비가 한창 진행 중이던 1986년 2월23일. 〈일간건설〉〈현 건설경제〉 회보를 읽던 박규성씨는 한 공고를 보고 눈살을 찌푸렸다. 공고의 내용은 일본 건설사 하자마구미가 창립 100주년을 맞이해 광복전 식민지 시대에 압록강 현장에서 일하던 조선인 기술자를 찾는다는 것이었다.

당시 현장에서 학대받고 고생했을 것이 분명하니, 반세기가 지난 후에서야 사죄 요량으로 자기네 회사 100주년을 맞이해 일본으로 초청한다는 것이었다. 이 무슨 뚱딴지 같은 맹랑한 사탕발림인가. 100주년 맞이 자료수집을 하고 싶으면 조용히 할 일이지 당시 조선인 기술자들을 초청해서 어쩔 것이며, 어떤 뜻으로 초청한다는 것인지 의아할 따름이었다.

박규성씨는

1923년 서울에서 출생해 실업학교 토목과를 졸업한 후 압록강 수풍댐 현장에 첫 발령.

광복 이후 한양대 공대 전문부 토목과를 졸업하며 1959년 토목시공 기술사면허 취득. 1965년 육군본부 공병감실 소령으로 전역한 뒤 집안 경제를 일으키기 위해 1966년 베트남 주재 미국 건설회사 RMK에 입사. 그 후 공영건업으로 옮겨 베트남, 캄보디아, 아프리카 사업에 참여.

1978년 동아건설산업에 입사해 사우디아라비아 통신공사 현장소장으로 부임한 후 1979년 풍림산업, 1984년 신우건설산업으로 옮긴 후 퇴사. 2012년 타계.

▲박규성씨가 1966년 베트남 주재 미국 건설회사 RMK에서 일할 당시 사원증.

"실로 가소롭군!"

박규성씨는 〈일간건설〉을 탁 덮고 책상에서 일어났다. 창 밖으로 내다보이는 빌딩 숲과 자동차가 가득 메운 도로가 갑자기 새삼스레 다가왔다. 그래, 불과 50년 전에 서울은 어땠던가. 박규성씨의 눈앞에 17살 압록강 건설현장의 겨울이 펼쳐지는 듯했다.

'조선인' 최초 기술자

1923년 서울의 가난한 7남매 형제 중 다섯째로 태어난 박규성씨가 국민학교(현 초등학교)를 졸업하던 해에 아버지가 오래 지병 끝에 세상을 떠났다. 큰형 일가족은 일본에 살고 있었고, 작은형이 서대문 밖 관동(현 현저동) 초가집에서 어머니와 가족들을 부양하는 처지였다. 밑에 동생이 둘인데, '나도 나가서 돈을 벌어야 하는 것 아닐까' 하며 규성씨가 방황하던 시점에 이를 눈치 챈 작은형이 동생을 불러 앉혔다.

"남자가 기술을 배워야 한다. 기술을 배워야 일본인들 밑에서 하도급이라도 해 먹고사는 거야."

가방끈이 짧았던 작은형은 투박한 손으로 어린 동생의 손을 꼭 잡고 경성의 실업학교 토목과에 입학원서를 냈다. 당시는 중학교 입학 합격자가 신문에 나던 시절인 만큼 학비가 만만치 않았다. 그렇게 작은형의 뒷바라지로 1940년 2월, 만 17살의 규성씨가 학교를 졸업했다. 일본인 선생 밑에서 일본어 책으로 기술을 공부했기에 취직은 빨랐다. 재학 중에 이미 일본 건설사인 하자마구미에 입사했다. 당시 댐과 철도 공사에서 두각을 나타내던 하자마구미는 규성씨를 압록강 수풍발전소 공사현장으로 발령했다. 수풍댐 현장 최초의 '조선인 기술자'였다.

당시는 '지나 사변(중·일전쟁)'이 일어난 시절이어서 남자는 모두 삭발했고 넥타이 착용이 금지됐다. 박규성씨 역시 까까중 머리에 둥근 테 안경을 쓰고 각반과 헌팅캡에 엉덩이 쪽 허리띠에 수건을 차고 현장에 첫발을 디뎠다. 병아리 기술자에게 압록강 수풍댐 현장은 압도적이었다. 댐은 직선식 콘크리트 댐으로 높이 106m, 길이 809m, 댐 체적 약 323만㎥에 달했다. 총 저수량이 116억t에 달했고, 최대 출력이 70km에 달하는 장대한 규모였다. 작업은 24시간 계속이었다. 비 오는 날도 일요일도 강행군이었다. 하루 2교대 12시간을 작업한 후 녹초가 될 때쯤이면 시멘트 가루를 뒤집어써 눈만 보일 정도였다. 너무 추워 야간근무 때는 시멘트 속에 몸을 파묻고 추위를 이겼다.

박규성씨(맨 오른쪽)가
베트남 고속도로 건설 현장에서
동료들과 함께 작업하고 있다.

당시 한국 북쪽은 인구밀도가 적어 노동자 수가 부족했다. 압록강 현장 태반의 노동자가 반 강제로 남쪽에서 송출된 사람들이었다. 현장에서는 추락사고가 빈번했다. 일본인들은 조선인 노동자에게 안전모를 지급하지 않았다. 기록상 사상자 수가 정확하지 않았지만, 하루가 멀다 하고 사람이 죽어나갔다. 현장은 지옥이었다. 공사가 막바지에 접어들던 무렵 태평양전쟁이 발발했다. 그리고 곧 1945년 8월15일이 다가왔다. 규성씨가 근무하던 일본인 회사는 해산됐다. 22세로 가족의 생계를 책임지던 규성씨는 졸지에 일자리를 잃었다. 그것을 사람들은 '해방(광복)'이라 불렀다.

광복 이후 일자리를 못 찾아 현장을 전전하던 중, 1950년 6·25전쟁이 터졌다. 영월 현장에서 태평하게 일하던 규성씨에게 지나가던 피란민들이 다그쳤다.

"지금 평창 50리 밖까지 괴뢰군이 왔는데, 이 양반이 제정신이야!"

규성씨는 허겁지겁 장비를 버리고 동료들과 무조건 남으로 향했다. 그렇게 유엔군의 반격, 서울 수복, 평양 입성, 중공군 개입이 일사천리로 진행됐다. 징집 대상이던 규성씨는 공병장교 후보생 모집에 합격해 육군종합학교 공병학과에 들어갔다. 1950년 흥남 철수가 시작됐다. 그러고 1951년 1월4일, 국군이 서울에서 퇴각했다. 규성씨는 동부 전선에서 교량 등 군시설 건설사업을 진두지휘했다.

그렇게 군에서 10년을 보내며 4·19와 5·16을 모두 겪고, 원주 야전군 사령부에서 고참 소령으로 근무 중일 때 일이 터졌다. 서울집에 도착해보니 집 밖으로 빚쟁이들이 줄을 서 있었다. 돈을 잘못 빌려준 것이 화근이 되어 간신히 모은 전 재산이 남의 수중에 떨어진 거다. 내년 국민학교에 들어가는 큰아들 용호의 학비 대기가 버거울 지경이었다.

한숨을 내쉬며 마냥 길거리를 걷던 규성씨의 눈에 미국 건설사 RMK의 인력모집 광고가 눈에 띄었다. 전쟁터로 갈 파월 기술자를 모집한다는 것이었다. 월급 400달러. 17세의 나이로 집안 형편 때문에 전쟁터 같던 압록강 건설현장에 파견된 지 27년 만에 규성씨는 이번엔 진짜 전쟁터로 향했다.

월급 400달러 위해 '월남공화국'으로

박규성씨가 입사한 건설사는 베트남 주재 미국 건설사 RMK였다. 미국의 MK라는 건설회사의 보증 아래 4개사 합작으로 베트남 전쟁 지역을 무대로 활동하는 건설사였다. 당시 미국 정부 해군시설처에서 발주하는 베트남 전쟁 군사시설계획 예산 12억달러 중 80%가 RMK에 할당됐다. RMK는 1965년 하반기부터 한국인 근로자를 채용하기 시작했다. 거기에 박규성씨가 1차 파견대로 지원한 거다.

1966년 1월, 1차 파견대 인원은 모두 40명이었다. 이 중 베트남에 대한 지식이 있는 사람은 아무도 없었다. 그저 한국 노동청과 해외개발공사가 하라는 대로 출국 수속을 하고 비행기를 태워주니 따라나선 것이 전부였다.

김포공항에서 도쿄로 간 뒤, 다시 마닐라에서 쉬다가 베트남 공항에 도착했다.

"여기 나눠 주는 용지의 빈 칸에 양식대로 따라 쓰세요."

받은 용지가 입국수속이라는 것도 알 길 없는 규성씨는 RMK 파견 직원이 시키는 대로 빈칸에 영어로 기입했다.

"내 것도 좀 써주면 안 돼요?"

두리번두리번 눈치만 보던 옆 사람이 규성씨에게 용지를 몰래 내밀었다.

"이리 주세요."

40명이 대합실에 앉아 어색하게 입국 수속을 마쳤다. 이마 위로 땀이 줄줄 흘러내렸다. 겨울 내의를 입고 베트남에 온 일행들은 대합실에서 와이셔츠를 벗어 던지고 내복을 벗었다. 공항 밖에 'RMK-BRJ'라고 쓰인 버스가 도착했다. 정글 같은 가로수와 프랑스식 건물들을 지나쳐 고풍스러운 3층짜리 본사 건물에 도착했다. 이후 본사 직원이 한국인 근로자들을 모아놓고 주의사항을 말했다.

"한데 모여 있으면 절대로 안 됩니다. 외국인이 모인 곳에 수류탄이 날아들어요."

본사 안내인은 일행들에게 묵을 곳의 위치가 적힌 사이공 시가지도를 나눠줬다. 규성씨가 묵을 장소는 전에 개인주택이던 건물을 여관으로 개조한 단층의 침침한 집이었다. 한 방에 몇 개의 일인용 철침대와 모기장이 있었다. 천장에서는 큰 선풍기가 털

털거리며 돌아갔다. 방에 피워놓은 모기향이 지독했다. 규성씨는 조용히 침대 위에 누웠다. 어둠 속 사이공의 상공은 조용했다. 예상 외로 공습은 없는 듯했다. 같은 방을 쓰던 사람 중 누군가 허세를 부리듯 소리쳤다.

"우리가 누구야. 우리는 6·25 전쟁도 겪었던 사람들 아니냐고."

규성씨는 그 말을 따라 조용히 읊조렸다. '그래, 그 말이 맞다. 우리는 6·25 전쟁도 겪었다. 그뿐이냐. 36년간 일본 놈들 밑에서 노예같이 일도 했는데, 이게 뭐 대수겠어.'

"나는 가장 안전한 현장에 있어요"

월요일 업무가 시작되자 RMK 본사 인사부에 있던 한국인이 파월 기술자들에게 송금 절차를 알려줬다. 봉급은 달러로 지불하지만 베트남 내에선 규약상 외환 지급이 안 되므로 베트남 밖으로 송금할 곳을 지정해야 한다는 것이었다. 사람들은 한국은행 홍콩지점으로 은행을 지정했다. 송금 수취인의 주소와 이름을 쓰는 대목에서 난리가 났다. 40명의 사정이 제각각이었다. 자기 부인이 아닌 부모 앞으로 송금하려는 사람, 전부 예금하겠다는 사람, 여러 사람 앞으로 나눠 보내려는 사람 등. 고용계약이 끝날 때 즈음, 한국대사관으로 인사를 갔다.

그때 우리는 베트남에서 일본 건설사와 경쟁

"1960년대 초까지만 해도 건설업이 해외로 진출할 수있다는 것은 감히 생각도 하지 못하던 때였다."

이재준 대림산업 회장은 베트남에서 처음 시공한 락지아 항만항타공사(사진)에 대해 이렇게 회고했다.

1964년 베트남 퀴논항을 비롯한 5개 항구의 항만항타공사를 수급한 대림산업은 제1차 공사 착수금으로 4만5000달러의 공사비를 받아 한국은행에 송금함으로써 건설공사 관련 우리나라 외화 획득 제1호의 기록을 남겼다.

당시 미국 건설사 RMK-BRJ가 발주한 총 200만달러 규모의 락지아 항만항타공사 사업 입찰에는 일본의 동아항만 등 대형 건설사가 참여했다.

대림산업으로서는 일본의 대형 건설사와 입찰에서 맞붙은 것이 처음이었지만, 앞으로 해외 수주의 기틀을 마련한다는 생각에 적극적으로 입찰에 참여했다. 거만한 일본 건설사를 견제하고, 미국 건설사 앞에서는 몸을 한껏 낮추며 수주전에 임했다. 이런 밀어붙이기식 돌격정신은 이후 해외 시장에서 혹은 올림픽 유치 경쟁에서 일본과 맞붙을 때마다 빛을 발했다.

대사가 말했다.

"근로자 여러분은 각기 민간 외교관입니다. 여기는 외국이니까 돈 쓰는 일에 너무 노랭이짓하지 마세요."

돈 벌러 전쟁터까지 왔는데 졸지에 국제 신사 노릇을 하라는 요구였다. 박규성씨의 발령지가 결정됐다. 사이공 북쪽 섬에 위치한 캄란이었다. 그곳은 한국 해병대가 상륙한 곳이었고, 현대건설이 RMK의 하도급으로 일하고 있었다. 규성씨의 직책은 '오피스 엔지니어'. 월급을 400달러나 받는 사람은 이후 파월 기술자 300여 명 중 3명에 불과했다. 근무는 하루 10시간, 일요일은 쉬었다.

"미국이라서 전쟁 중인데도 일요일은 챙겨 먹는구먼" 누군가 비아냥거렸다. 규성씨도 옳은 말이라고 생각했다.

집 떠난 지 한 달 후 첫 송금 600달러를 잘 받았다는 편지가 한국에서 도착했다. 아내의 편지는 이렇게 시작했다.

"국내 수입에 비하면 큰 액수의 돈임에는 틀림없지만 위험하고 그 더운 나라에서 고생하는 당신 생각을 하면…."

규성씨의 눈시울이 붉어졌다. 그러나 울지는 않았다. 이국 땅에서 마땅한 유흥거리가 없던 규성씨는 한 달에 한 번 이상씩 아내와 편지를 주고받았다. 당시 초등학교 2학년이던 아들에게도 편지를 자주 썼다. 그러던 중 4월27일, 파월 기술자들이 모여 살던 숙소 앞 오토바이에 베트콩이 미리 장치한 시한폭탄이 터지는 사고가 발생했다. 11명이 사망했다. 희생자들의 품속에 있던 가족사진으로 신원을 확인했다. 현장 분위기는 경색됐다. 경비가 삼엄해지고 베트남인의 현장 출입이 아예 금지됐다. 사고가 있은 후 아내의 걱정이 가득 담긴 편지가 도착했다. 마음이 놓이지 않으니 당장 돌아오라는 것이었다. 규성씨는 담담히 답장을 썼다.

"나는 여기서 가장 안전한 현장에 있으니 걱정 말아요. 편안하게 잘 지내며 일하고 있습니다."

규성씨는 베트남과 크메르(현 캄보디아) 현장에서 총 4년9개월을 일했다. 파월 기술자 1차 파견, 2차 파견에 모두 참여하며 RMK가 철수한 후 RMK의 하도급사였던 공영건업이 원도급사로 탈바꿈하자 다시 공영건업에 취업해 베트남 전쟁의 막바지까지 현장에 있었다. 1973년, 김포공항에 발을 디디던 순간 한 남자아이가 인파를 뚫고 달려왔다.

"남자가 기술을 배워야 해! 일본인 밑에서 하도급을 해서라도 먹고사는거야."
형은 동생을 경성실업학교 '토목과'에 입학시켰다

日 건설사 하자마구미에 입사하게 된 17세 소년은 수풍발전소 현장으로 갔다
작업은 24시간 계속됐고 연일 계속되는 '강행군'에 사고는 끊이지 않았다
시멘트 속에 몸을 파묻고 혹한을 이겨내야만 했다
그곳이 바로 '지옥'이었다

"엄마! 저기 아버지 오세요. 아버지!"

아버지를 사진으로만 보고 자란 막내아들이 누구보다 먼저 아버지를 찾아낸 거다. 규성씨가 출국할 무렵 유치원에도 가기 전이었던 아들이 지금은 국민학교 4학년이었다. 아내는 번듯한 집으로 규성씨를 안내했다. 규성씨가 없는 사이 아내는 두 번이나 혼자 집을 사고 이사를 했다. 어느 날 아내가 웃으며 규성씨에게 말했다.

"용호가 당신과 겸상이 싫대요."

"오랜 기간 집을 비웠으니, 아버지도 아저씨가 되는 것 아니겠어."

규성씨는 씁쓸하게 웃었다. 2년 후 규성씨는 아프리카의 말라위 현장으로 파견됐다. 그것이 끝이 아니었다. 1978년에는 동아건설 소속으로 사우디아라비아 현장에 나갔다. 17세 압록강 현장에서 일하던 까까머리, 둥근 안경의 소년은 6·25 공병부대, 파월 기술자, 중동 기술자를 거쳐 1979년에야 한국에 완전히 뿌리를 내렸다.

큰아들이 대학을 졸업하고 한시름을 놓았다 하는 시점에 반백의 턱수염과 구레나룻을 길게 기른 일본인이 박규성씨를 찾아 서울로 왔다. 일본 하자마구미의 직원이라고 자신을 소개한 남자는 압록강 수풍댐의 현장 이야기를 들려달라며 규성씨 앞에서 정중히 고개를 숙였다. 결국 규성씨는 그때 처음으로 압록강 현장의 이야기를 털어놓았다. 아무도 묻지 않고, 아무도 들어주지 않던 지난 시절의 이야기였다.

| 최지희기자 jh606@

인터뷰
interview

故 박규성씨 아내 **김기수**씨 · 아들 **박용호** 간삼건축 부사장

"남편이 베트남서 보낸 첫 월급 600달러… 당시 상상 못할 큰돈, 그 덕에 우리가 살았죠"

박규성씨가 2012년 타계함에 따라 아내 김기수(83)씨와 아들 박용호씨(간삼건축 부사장)가 박규성씨의 생전 기록 및 자료를 정리해 제공했다. 김기수씨는 여전히 남편의 생전 자료와 RMK 사원증, 건설기술사자격증 등을 정성스럽게 보관 중이었다. 김기수씨는 남편의 이야기를 회고하다가 불현듯 자리에서 일어나기를 반복했다. 박용호씨가 그런 어머니의 뒷모습을 물끄러미 바라보다 멋쩍게 웃었다. "아버지 얘기만 나오면 저렇게 우세요."

Q. 남편 박규성씨는 어떤 사람이었나.

김기수　아주 곧이 곧대로의 사람이었다. 그래서 내가 잔소리를 자주 했지. 당신도 남들처럼 융통성 좀 발휘하라고 그렇게 다그쳤어. 당시 군인은 월급이 없었다. 군에서 안남미 한 가마를 지급하는 게 다였다. 그러니 매일 친정에 쌀이며 돈을 꾸러 가는 수밖에 없었다. 부모님이 아주 속상해하셨어. 그러던 중 남편 부하인 상사 집에 갔는데 아주 번듯한 집에서 떵떵거리며 살더라고. 소령은 셋방살이하는데 말이지. 그게 그렇게 속상해서 남편한테 잔소리했지….

Q. 처음 월급 송금일을 기억하나.

김기수 그럼 당연하지. 처음 송금한 돈이 600달러였는데, 그때는 상상도 못 할 큰돈이었다. 용산우체국으로 부모님과 함께 가서 돈을 찾아왔다. 배에 전대를 차고 그 안에 부모님과 나 셋이서 돈을 나눠 담고 그렇게 조마조마하며 집까지 온 기억이 난다.

남편이 그렇게 돈을 벌어오니까 순식간에 집안 형편이 탁 트이더라. 먹는 것 걱정 안 하고, 막내아들 유치원도 보냈다. 남편 덕분에 우리는 아주 호강했다.

박용호 어머니가 고생 많이 하셨다. 남편이 벌어 오는 돈 허투루 쓰면 안 된다고 아주 근검절약하며 아버지가 돈을 보내면 그걸로 저축해서 집을 사고 그랬다. 어머니는 결혼 전에 초등학교 선생님이셨는데, 아버지 고생하시는데 호의호식할 수 없다고 미용 기술을 배우기도 하셨다. 30원 받고 동네 아주머니들 머리를 해주시고 그랬다. 그렇게 돈 모아서 아버지가 1차 파견 가셨을 때, 어머니가 구로동에 집을 두 채나 구입하셨다.

아버지 파견이 끝날 때마다 집이 조금씩 커졌다. 나중에는 2층 단독주택을 샀다. 아버지와 어머니가그 집을 무척 아끼셨다.

Q. 편지를 자주 주고받으셨다고.

김기수 남편이 편지를 자주 보내, 나중에 보니까 한 자루나 됐다. 아들한테도 보내고. 편지 내용? 아휴. 기억 전혀 안 난다(웃음).

박용호 기억이 안 나시기는. 항상 편지가 '사랑하는 당신에게'로 시작했다.

Q. 아버지를 떠올리면 무엇이 가장 먼저 생각나나.

박용호 덕분에 지금의 우리가 있는 거라는 생각을 항상 한다. 그걸 말로 표현하면 좋았을 텐데, 원체 말이 없는 분이고 나도 아버지가 어려워서 그런 얘기를 잘 못했다. 나중에 아버지가 남겨놓으신 기술자 수첩이나 글을 보고서야 알게 된 내용이 많다.

아버지 해외에 계실 때 내가 대학을 아버지 따라서 토목공학과 간다니까 그때 처음으로 화를 내셨다. 결국 타협해서 건축학과 갔는데, 나중에 아들이 나 따라서 건축학과 간다기에 이번에는 내가 아버지처럼 화를 냈다.

결국 타협해서 아들이 토목공학과에 갔지(웃음). 우리는 건설기술자 3대 집안이다. 아들은 대우건설 대리다. 이게 다 아버지 영향이라고 생각한다. 아버지가 살아계실 때 더 많은 얘기를 나눠볼걸, 하는 후회가 든다.

| 최지희기자

'1호' 중동사업 역사 쓴 故 최종환 삼환기업 회장

'노다지' 꿈 찾아 사우디로… 수주길은 쉽게 열리지 않았다 인샬라! 세 번의 실패 끝에 성공 熱沙의 땅에 '건설코리아' 새겼지!

1973년 사우디아라비아 카이바~알울라 도로공사 현장을 시찰하는 최종환 회장(맨 오른쪽).

실패 또 실패… 중동에서 '새 길'열겠다고
1년간을 머물렀지만
돌아오는 건 좌절뿐이었다

그래도 또 도전했다
카이바 고속도로 사업이었다
"1순위 삼환코퍼레이션"
250만달러 이윤 예상 사업은
결국 250만달러 손실을 남겼다

"미스터 최, 중동에 관심 있어요?"

1966년 4월 베트남 진출로 첫 해외 공사의 기틀을 다진 삼환기업은 1971년 인도네시아로까지 진출하며 북한의 반대공작을 무릅쓰고 수마트라 고속도로를 비롯한 10여 개의 공사를 수행했다.

그러나 베트남 전쟁은 끝나가고 있었다. 전후 복구사업 역시 줄어들었다. 설상가상으로 간신히 다진 인도네시아 사업의 매력은 나날이 감소했다. 이루고자 하는 꿈은 큰데, 그 꿈을 실현하기에 동남아 지역의 그릇이 작았다. '아깝지만, 떠날 때'라고 최종환 회장은 생각했다.

그즈음이었다.

1972년 수마트라 고속도로 사업이 한창인 와중에 이 공사의 컨설턴트인 이탈리아의 사우티엔지니어링(Sauti

"앗살라 알라이쿰"

故 최종환_
삼환기업 회장

홍콩에서 1박한 후 장장 13시간 만에 도착한 사우디아라비아 제다에는 이미 밤이 내린 후였다.

공항 입국수속대에서 가무잡잡한 피부의 중년 남성이 최종환 회장에게 인사했다. 한국에서 짧게 나마 배운 아랍어로 최 회장 역시 살짝 미소 지으며 응답했다.

"앗살라 알라이쿰"

'신의 평화가 당신에게 있다'는 뜻이다. 인사말로 이보다 멋진 말이 있을까 싶다. 그러나 신의 평화를 기원한다는 이들은 동시에 최 회장에게 '인샬라'라고 말해왔다. 만약 신이 원하신다면. 코란은 어떤 일이 있어도 '반드시 이것을 한다'라고 말하는 것을 금한다. 그저 '신의 뜻이라면'이라 답하는 걸로 족하다. 한 사우디아라비아의 지인은 미래에 예정된 행위나 약속은, 그것이 아무리 하찮은 것이라도 자기 한몸으로 되는 것이 아니라 신의 허락이 있어야 비로소 가능한 것이라고 최 회장에게 말했다.

최종환 회장은 홀로 고개를 저었다. 그렇다면 그 '인샬라'는 나를 위한 것이어야 한다. 만약 신이 존재한다면, 이 사우디아라비아 땅에서 공사를 수주하는 것이 신의 뜻일 거라고, 마음을 다시 한 번 다잡았다. 삼고초려가 아니라, 십고초려라도 하리라.

Engineering)사 관계자가 지나가는 말투로 최 회장에게 넌지시 정보를 흘렸다.

"우리 회사 엔지니어팀이 지금 사우디아라비아에서 활동 중인데, 지금 중동 시장이 뜨고 있어요. 미스터 최, 중동 시장에 관심 있어요?"

귀가 번쩍 뜨였다. 최종환 회장은 즉시 사우디 시장 정보수집에 나섰다. 최 회장은 직접 벨기에에 있는 대한무역진흥공사(KOTRA) 브뤼셀 지사와 접촉했다. 그리고 중동과 아프리카 지역의 여러 나라를 순방하며 각국의 정보와 재정, 개발계획 등 각종 관련 정보를 빠짐없이 모으기 시작했다. 평소 신조가 '돌다리도 두드려보고 건너라'인 최 회장다운 행보였다.

알면 알수록 중동 시장은 노다지였다. 기껏 해야 몇십만달러, 몇백만달러 사업에 그치는 동남아와 달리 중동의 발주 규모는 몇천만달러에 달했다. 최 회장의 심장이 두근 거리기 시작했다. 최 회장은 입수한 정보를 바탕으로 집중공략 대상을 선정했다. 타깃은 사우디아라비아였다.

삼고초려의 시작

대한무역진흥공사 브뤼셀 지사를 수차례 방문하며 정보를 수집하던 최 회장에게 어느 날 브뤼셀 지사장이 조심스럽게 접근했다.

"사우디의 교통체신성에서 발주한 '얀부~움리지 간 도로공사' 사업이 조만간 입찰에 부쳐지는데, 혹시 관심 있으신가요?"

"당연하죠."

"사실은, 서울 본사 통해서 다른 대형건설사에 입찰정보를 줬는데 그쪽에서는 중동 진출이 부담스럽다며 거절했다더라고요…. 그런데 혹시 최 회장님은 관심 있으실까 해서 여쭤봤습니다."

"저희가 입찰에 참여하겠습니다. 수집한 정보는 모두 저한테 주세요."

브뤼셀 지사는 즉석에서 '얀부~움리지 간 도로공사' 자료를 넘겼다. 총 291km에 이르는 구간 중 1차로 공구 141km와 너비 7m의 2차선 도로공사 사업이었다.

최종환 회장은 바로 행동에 착수했다. 1972년 8월 제다시(市) 칸다라 호텔에 삼환기업의 임시 사무소가 마련됐다. 삼환의 수주팀은 현지답사, 도면검토, 견적산출 등으로 철야작업을 펼치는 한편, 입찰참가자격 사전심사(PQ) 서류를 작성하기 위한 제반 절차를 밟아 나갔다. 최종환 회장이 직접 291km 전 구간을 답사했다.

1972년 11월1일, 개찰결과가 발표됐다. 조마조마하게 지켜보던 수주팀의 입에서 탄성이 터져나왔다. 경쟁사 영국이 써낸 금액은 1456만8000달러, 사우디 현지 건설사가 써낸 것은 1652만5000달러, 삼환이 써낸 가격은 1368만7000달러였다.

"우리가 수주했어!"

"맙소사… 우리가 진짜 1400만달러짜리 사업을 수주한 거야?"

최 회장은 주먹을 불끈 쥐었다. 이제 시작이다. 그러나 시작은 없었다. 12월 20일 실제 계약은 사우디 현지 업체와 이뤄졌다. 사우디 정부는 난생처음 들어보는 한국 건설사의 기술능력과 신용도를 믿을 수 없다며 계약을 거부한 것이다.

수주팀의 얼굴이 흙빛으로 어두워졌다. 때마침 이 공사와 거의 동시에 입찰에 부쳐진 68km 길이의 '사우디 종단도로 61-1공구' 사업의 결과가 발표됐다. 이 사업에서도 삼환이 1순위를 차지했지만, 불운하게도 이번에는 발주처의 재원이 확보되지 않아 공사가 취소됐다.

50℃를 오르내리는 폭염 속에서 이리저리 뛰어다녔던 수주팀들은 모두 망연자실한 채 사우디 한복판에서 말을 잃었다. 허탈함은 사람을 탈진으로 몰고갔다.

그러나 최종환 회장만은 담담히 다음 입찰 준비에 착수했다. 그러나 세 번째도

그때 우리는 : 1980년대 수출 100억달러 달성 견인차

외화벌이 효자산업 육성 '해외건설 특별법' 만들어

5·16 군사정변이 있던 다음 해인 1962년, 미국은 주한 미군을 대폭 감축하게 된다. 쿠데타로 집권한 박정희 대통령은 미국이 제3공화국을 인정하지 않는다고 판단했고, 특히 미군 감축은 한국 안보에 큰 위협인 점을 감안해 자구책 마련에 총력을 기울였다.

이 과정에서 자주국방을 위해 무기를 비롯한 모든 군수품을 자력으로 생산하는 수밖에는 길이 없다고 판단한 박정희 대통령은 정책을 중화학공업 육성에 초점을 맞춘다. 그러나 재원이 문제였다. 중화학공업 육성에는 막대한 건설자금 등 재원 조달이 필요했기에 정부는 수출 드라이브 정책을 확정하고 수출산업을 위한 국가의 지원책을 양산한다.

특히 해외건설이 기술과 자재, 장비 등의 수출과 한국인 고용효과 등의 부가가치가 큰 점을 눈여겨봐 외화벌이의 효자산업이라고 판단했다. 당연히 해외건설에 대한 정부의 관심이 대단히 높았다.

1975년 7월, 20여 개 해외건설업체 대표를 불러 애로사항을 청취한 후 '1980년대 100억달러 수출목표' 달성의 견인차로 해외건설을 낙점한 정부는, 3개월 만에 '해외건설촉진법'을 만들어낸다. 이 법안은 그해 12월 정기국회 폐회 직전 본회의에서 간신히 통과됐고, 이듬해 해외건설협회가 만들어졌다.

실패였다. 이번에는 사우디의 수도 리야드 근교의 15km 길이 도로사업이었다. 삼환은 4순위였다. 1973년 5월, 최 회장 앞에 세 번의 실패 결과가 쌓였다.

"회장님, 이런 말씀드려 죄송하지만… 이제 중동 시장은 접는 게 어떻겠습니까."

이것이 '인샬라'인가

밤이 되어야만 간신히 시원해지는 리야드의 공기 속에서 최종환 회장이 멀리 지평선을 바라보며 담배를 입에 물었다. 한 건설업계 지인은 "왜 쓸데없이 중동에 나가 그 고생을 하느냐"고 타박했다. '단념도 능력'이라는 조언이 덧붙여졌다.

중동에서 새 길을 열겠다고, 1년 가까이 열사의 도시에 머물고 있는데 결과는 번번이 실패였다. 어쩌면 이것이 '인샬라'인가. 최 회장은 고개를 숙였다. 그러나 돌아갈 수는 없었다. 이미 시작한 일인데. 한번 돌다리를 두드렸으면 무조건 건너야 하는 법이다. 최 회장은 사막의 모래에 담배를 던졌다. 한 번만 더 해보자.

하루하루 만회의 기회를 엿보던 삼환 수주팀에 어느 날 삼고초려의 보답에 걸맞은 입찰 정보가 들어왔다. 얀부~바다 간 고속도로 중 7공구인 길이 164km의 '카 이바 · 알 울라간 고속도로' 사업이었다.

최종환 회장은 즉시 서울 본사와 인도네시아 지사, 사우디 현지사무소에 비상을 걸었다. 이창호 부사장이 직접 기술진을 이끌고 현장답사에 나갔다. 삼환의 총력전이 펼쳐졌다. 그러나 현장답사팀이 보낸 정보는 절망적이었다. 공사구간은 해발 700m의 사막고원 지대로 암석 천지였다. 낙타를 키우는 유목민의 발자국이 간신히 남아 있는 오솔길이 고작인데다 터키가 부설했다는 철도는 뜨거운 열기를 못 이겨 이리저리 휘어져 나뒹굴고 있었다. 완전한 황무지였다.

"그래서, 우리 실력으로 못 할 정도야?"

"… 그건 아닙니다."

"그럼 해."

1973년 6월6일, 사우디 발주처 담당자가 어눌한 말투로 개찰결과를 발표했다.

"1순위, 삼환코퍼레이션(Samwhan Corporation), 2427만달러."

최종환 회장의 가슴 깊은 곳에서 무언가 치고 올라오는 것이 느껴졌다. 바로 옆 수주팀의 환호소리가 어쩐지 벽 너머에서 들리는 듯했다. 최 회장은 말없이 쓰고 있던 안경을 벗어 닦았다. 그래, 이것이 '인샬라'다.

100km 너머 오아시스로부터의 물 운송 비용을 줄이기 위해 삼환이 현장에 직접 만든 오아시스.

'물의 신화'를 쓰다

"내가 장담하는데 최소 공기 3년은 초과할 겁니다."

천신만고로 수주한 사업인데 공사는 지지부진하게 진행됐다. 착공 8개월간 공정률이 3%에 불과했다. 이를 본 한 감독관이 최 회장 앞에서 이죽거리며 말했다. 속이 끓었다. 삼환 직원을 비롯해 사우디 현장에 처음 나간 기능공들까지 선진국 감독관들에게 이를 갈았다.

공사가 시작되는 1973년 10월 제4차 중동전이 발발하며 유가와 각종 원자재값이 폭등하기 시작했다. 배럴당 1.89달러씩 하던 원유가 1974년 1월에는 11.65달러로 급증했고, 한 포대에 20리얄하던 시멘트는 40리얄로, t당 350리얄이던 아스팔트는 1100리얄로 올랐다. 암울한 분위기 속에서 삼환 공사팀은 1974년 2월 카이바로부터 약 140km 떨어진 사막 한가운데에 제1캠프를 설치했다. 마치 달나라같이 황량한 곳이었다.

인도네시아의 고온다습한 환경에서 매일 쏟아지는 '스콜' 속에서도 고속도로의 성토공사나 흙다짐 작업을 해낸 삼환 기술팀에 사막의 기후는 참으로 좋은 조건이었다. 그러나 생각지 못한 문제가 발생했다. 이번에도 물이 문제였다. 흙다짐을 위한 전압작업을 할 때 다지기 할 흙의 적정함수비를 유지하기 위해 필요한 물이 없었다.

동남아에서는 물이 너무 많아 문제더니, 이번에는 물이 너무 없어 문제였다. 현지인들에게 오아시스가 있는 곳을 물었다. 그들은 손가락으로 지평선 너머를 가리켰다. 오아시스, 현지어로 '와하'의 거리는 현장에서 100km나 떨어져 있었다. 견적에서 산정한 물값은 7만달러. 그러나 공사기간 4년 동안 '와하'에서 물을 나르는 데 들어간 비용은 85만달러였다.

몇백만달러에 그치는 동남아 시장과 달리
몇천만달러 사업 나오는 중동은 그야말로 노다지였다

바로 행동에 착수했다
돌다리도 두드려보고 건너는 신조대로 철저한 준비끝에 첫 수주에 성공했다
"이제 시작이다"

이 와중에 현장에서 2년간 지낸 조남창 현장소장이 아이디어를 냈다. 3~4월 환절기만 되면 한두 차례씩 비가 오는데 한번 오면 줄기차게 퍼부어 1년 내내 메말라 있던 사막의 골짜기에서 순식간에 홍수가 발생하는 것을 이용하자는 것이었다.

삼환은 즉시 현장 인근에 홍수가 지나간 자리를 더듬어 불도저를 동원해 5개의 구덩이를 팠다. 며칠 후 예상대로 소나기가 쏟아졌다. 5개의 구덩이는 순식간에 빗물로 가득 찼다. 한 구덩이의 용량이 약 1만5000t에 달했다. 총 7만t의 물이면 3개월간 공사를 하는 데 충분했다. 이렇게 현장 아이디어를 통해 28만달러를 절약했다. 적자가 뻔한 현장이었지만, 최 회장은 즉시 1만달러의 특별 상여금을 지급했다. 아이디어를 낸 현장소장은 부장 승진 1년 만에 이사로 승진했다. 최 회장은 이를 삼환이 만든 '물의 신화'라고 불렀다.

공사는 결국 1년2개월의 공기 연장 끝에 1977년 12월 준공됐다. 250만달러의 이윤이 예상된 사업은, 결국 250만달러의 결손을 남겼다. 중동 전쟁 발발로 오일쇼크가 발생한 시점에 해외 선진 건설사들은 적자 예상을 이유로 모두 손을 들고 현장을 떠났다. 그러나 삼환은 남았다. 이 사업을 통해 사우디 정부는 한국 기업들을 새로운 시각으로 바라보기 시작했다. 덕분에 '유일한 한국의 중동 진출 사업'이란 수식어는 '한국의 제1호 중동사업'으로 바뀌었다.

최종환 회장은 후에 이렇게 말했다. "힘들고 적자가 예상되는 사업이었지만 여기에 굴복할 수 없었다. 나 한 사람의 신용은 삼환기업의, 나아가 대한민국의 신용이라 생각했기 때문이다. 한 개인이 미개척지에 뛰어든다면, 그는 이제 일개 개인이 아니다. 국위선양을 책임지는 한국의 기업전사다."

| 최지희기자 jh606@

인터뷰 interview

이재진 前 삼환까뮤 대표이사

"工期 맞추려 한밤중까지 공사… 사우디 국왕 감명받아 수의계약 몰아줬죠"

Q. 故 최종환 회장에 대한 기억이 있다면.

최종환 회장이 광복되고 1946년, 20대 초반에 세운 회사가 삼환기업이다. 젊은 나이에 회사 규모는 작은데, 기업을 국제화 한번해보겠다고 1970년대부터 중동을 헤매고 다닌 거다.
그렇게 해서 1975년 중동진출에 성공한 거지.
우리나라 해외건설이 월남도 가고, 필리핀이나 인도네시아도 갔지만 정식 국제입찰은 중동이 처음이고, 삼환기업이 첫 타자다.

Q. 카이바 사업을 할 때 공사 보증이 이슈였더라.

우리는 뭣도 모르고 공사만 따면 된다고 생각했는데 나중에 보니 공사이행과 선수금 보증이 있어야 하는 거였다. 최종환 회장을 담보로 보증받았다는 것은 항간에 조금 과장된 얘기고, 최 회장이 현지 합작회사를 통해서 사우디 은행 보증을 받는 식으로 문제를 하나씩 직접 해결해나갔다. 나중에는 보증 때문에 수주를 못 하니까 박정희 대통령이 은행 컨소시엄을 만들어 보증을 받도록 해줬다.

한번은 제다시 미화공사 현장에 김종필 총리가 와서 최종환 회장에게 '당신 뭐가 필요하냐'고 물었거든.

우리 회장이 '당장 300만달러 정도 현금 융통이 필요하다'고 했더니 김 총리가 그냥 고개만 끄덕이더니, 한국 돌아가서 바로 300만달러를 송금해줬다. 그 당시에는 정부에서 즉각적 조치를 많이 해줬다. 안 그러면 한국 건설을 누가 알아줬겠나.

Q. 카이바 고속도로 사업 덕분에 다른 사업들도 연달아 수주했는데.

그렇지. 바로 이후에 카이바 사업의 3배 규모인 제다시 도시미화 공사를 수주했다. 전부 8000만달러 사업인데 왕명으로 수의계약한 사업이다. 처음 수주한 구간은 1.2km 구간이었는데 제다와 메카를 잇는 성지순례 구간이다. 그래서 성지순례 일정에 맞춰 40일 내에 완공해야 하니까 삼환이 공기를 준수하려고 한밤중까지 공사한 거다.

그걸 보고 사우디의 파이살 왕이 감동을 받아서 제다 시장한테 남은 제다시 미화 공사를 삼환에 수의계약으로 주라고 어명을 내린 거다. 사실상 이 사업이 우리나라 건설업체의 사우디 진출을 위한 길을 닦아준 거다. 역사적인 프로젝트였지.

Q. 중동 붐 막바지에는 부실해진 건설사도 많았다.

그게 주택사업과 관련이 많다. 1977~1978년에 사우디 장관이 한국에 와서 유목민들에게 주택을 공급한다고 20~30층 아파트를 짓는 데 한국 업체들도 참여하라고 했다. 물량이 어마어마했다. 한국 업체가 모두 참여했다. 그런데 건설사들이 판단을 잘못한 거다. 중동은 메마르고 비가 안 오니까, 설계에서 방수를 소홀히 한 거지.

사우디가 실제로 비는 안 오지만 가끔 큰 비가 오거든. 결국 아파트에 물이 새는 거다. 집은 지어놨는데 살 사람이 없고, 정부에서는 인수를 안 하고. 그러니 큰 손실을 본 거지. 보수공사가 10년씩 걸렸거든. 한국 업체들이 평당 2200리얄 이하로 하기 어렵다는 입장이었고, 사우디 정부에 사우디 카이바~알울라 고속도로.

서 1900리얄로 낮추라고 압박했다.

결국 일부 업체가 1900리얄에 계약했고, 그것이 기준이 돼 건설사들의 발목을 잡았지. 삼환의 최 회장은 "주택 공사는 그렇게 하는 게 아니다. 제대로 해야 한다"면서 안 하면 안 했지 낮춰서는 안 한다 했지. 그때 그게 하나당 5억달러 물량이었는데 우리는 안 들어갔다. 그래서 협박도 받았다. 토목공사는 하면서 주택공사는 왜 안 하느냐며 에이전트 놈들이 압박을 넣더라. 우리 실무진도 했으면 좋겠다고 했다. 그런데 최 회장은 안 된다고 했다. 결국 그 판단이 회사를 살렸지. 그때 주택사업에 참여한 회사 3분의 1이 치명적인 손실을 입었다.

Q. 삼환에 대한 애착이 많겠다.

삼환기업은 진짜 건설업자다. 많은 회사들은 대부분 집장사다. 주택으로 돈 번 게 무슨 건설사야. 집장사는 건설업자랑 다르다. 진짜 건설업자는 중국에 가서 집 지어 중국에서 팔고 와야 하는 거다. 아무튼 우리는 외국 나가서 밑지면 매국노란 생각으로 일했다. 땀 흘리고 하는 건데 밑지면 매국노지. 그런데… 회사가 이렇게 되니… 결국 우리가 죄인이다.

인터뷰=박봉식 산업1부장 · 정리=최지희기자

현대건설 사우디 주베일 산업항 항만공사

대한민국과 현대건설, 운명을 걸고 던진 '9억3114만달러'… '한강의 기적'과 중동 신화, 그 시작을 알리는 순간이었다

필리핀 해상에서 파손된 자켓을 주베일 현장으로 가져온 황재천 전무가 파손 부위를 꼼꼼히 살펴보며 수리하고 있다.

국운이 걸린 사업, "모든 걸 올인하라"

사우디아라비아에서 10억달러 규모의 초대형 항만공사가 발주된다는 정보를 현대조선 런던지점을 통해 현대건설이 입수한 것은 입찰이 있기 불과 7개월 전이었다.

현대건설 담당자들은 정주영 사장의 진두지휘 아래 외교부까지 동원해 미친 듯이 뛰어다녔다. 10억달러면 당시 우리나라 예산의 25%에 달하는 규모였다. 그러나 입찰 참가업체의 선정을 맡은 영국 엔지니어링 업체 윌리엄 할크로우에서는 이미 미국과 영국, 네덜란드, 독일 등의 9개 업체에만 입찰참가자격을 부여한 상태였다.

정주영 사장은 직접 영국으로 날아가 할크로우사를 설득했고, 외교부는 사우디 정부 담당자들과 전방위로 접촉했다.

박정희 전 대통령이 직접 수주 과정을 챙길 정도로 '사우디아라비아 주베일 산업항 항만공사' 입찰은 대한민국과 현대건설의 '운'을 올인한 최대 도박이었다.

입찰자격을 얻는 것부터 응찰까지 모든 과정이 고비였다. 어렵지 않은 순간이 없었다. 도와주는 이는 아무도 없었다.

1976년 2월16일, '사우디아라비아 주베일 산업항 항만공사' 개찰 현장.
아람코(ARAMCO) 관계자가 개찰 결과를 발표하는 순간, 초조하게 손바닥을 비비고 있던 전갑원 현대건설 상무의 얼굴이 순식간에 사색이 됐다. 숨이 탁 막혔다. 전 상무는 입찰장 밖으로 뛰어나왔다.
저 멀리 바다가 보였다. 이대로 물에 뛰어들어 죽어야겠다. 바다를 향해 내처달리던 그의 다리에서 순간 힘이 풀렸다. 그대로 주저 앉았다.
"내가 매국노구나…. 내가 매국노야."
국운과 사운을 모두 걸고 입찰한 사업이었는데, 나 하나 때문에 수주에 실패했다는 생각에 눈앞이 아찔했다.
전갑원 상무가 막판에 상부에 보고도 없이 독단적으로 수정한 입찰가격은 '9억3114만달러'였다. 정주영 사장이 알고 있는 입찰가격보다 1억달러나 높은 금액이었다.

300t급 크레인 · 1000t급 바지선 · 예인선 등이 동원되어 공사가 한창 진행 중인 주베일 산업항.

'10억달러' 항만공사가 발주된다는 소식이 들렸다
당시 우리나라 예산의 25% 달하는 대규모였다
박정희 전 대통령까지 나서 수주 과정을 직접 챙겼다

'8억4000만달러' 최종 입찰금액을 결정했다
입찰서유를 내려 간 전갑원 상무는 고민에 빠졌다
'회사가 망할 수도 있는데…'
떨리는 가슴 부여잡고 거의 1억달러를 올려 '9억3114만달러'를 적어 냈다
"미스터 전! 결국 해냈네요" 1976년 마침내 계약이 체결됐다

힘이 되는 것은 '반드시 해내겠다'는 각자의 의지뿐이었다. 1976년 리야드의 여행자 숙소에 묵고 있던 견적 실무진들은 1주일 동안 방에서 한 발자국도 나오지 않고 최종 응찰가격을 협의했다.

전갑원 상무는 10억달러를 불렀다. 하지만 8억6000만달러가 적정선이라는 의견이 우세했다. 누군가는 8억달러를 주장했다. 결국 정주영 사장이 최종 입찰금액을 결정했다. 8억4000만달러였다. 비슷한 규모의 육상공사에 수중공사 가격만 단순 덧셈한 가격이었다. 여기에 44개월의 공사 기간을 아무런 조건 없이 8개월 단축시키겠다는 제안도 덧붙여졌다.

입찰서류는 완벽했다. 그러나 직접 입찰서류를 제출하러 가는 길에 전 상무는 생각했다. 세계 최대 공사고 난공사인데 8억4000만달러는 너무 적었다.

'잘못하면 회사가 망할 수도 있는데, 아무리 그래도 그렇지.'

전 상무는 입찰가격란에 떨리는 가슴을 부여잡고 '9억3114만달러'를 써냈다. 월남전 현장을 진두지휘했던 베테랑의 감은 말하고 있었다. 경쟁사 중 10억달러 미만으로 입찰할 회사는 없을 거라고. 그는 상부 보고 금액보다 거의 1억달러나 올린 입찰금액을 써냈다.

그런데 2월16일 뚜껑을 열고 보니, 경쟁사 브라운앤드루트가 9억달러를 써낸 거다. 전갑원 상무는 사우디의 모래 바닥에 주저앉아 고개를 떨궜다. 입찰장 밖에서 목이 빠져라 결과를 기다리는 정주영 사장의 모습이 뇌리를 스치고 지나갔다. 그때였다. 누군가 전갑원 상무의 어깨를 두드렸다. 할크로우사 관계자였다. 그는 활짝 웃고 있었다.

"미스터 전, 축하해요. 그렇게 바라더니 결국 뜻을 이뤘네요."

전 상무의 머리가 멍해졌다. 우리가 수주했다고? 설마. 그는 허겁지겁 개찰장으로 달려갔다. 현대건설 진영은 축제 분위기였다.

"이게 어떻게 된 거야? 브라운앤드루트가 9억달러 쓴 거 아니었어?"

"상무님 어디 갔다 이제 오시는 거예요? 거기는 무효 입찰이에요. 탱커 터미널 부분만 입찰하면서 9억달러를 쓴 거였다고요."

"2등은? 2등은 얼마를 썼는데?"

"2등은 네덜란드의 스티븐사인데, 15억2070만달러를 썼어요."

그때였다. 정주영 사장이 전 상무의 어깨를 툭 치며 빙긋이 웃었다.

"전 상무, 간도 크네."

역사의 시작

1976년 6월16일 드디어 최종 공사계약이 체결됐다. 현대건설은 1차 기술진을 주베일로 파견했다. 40대의 김용재 상무가 현장 총책임자, 30대의 황재천 과장이 주베일 공사의 핵심인 탱커 터미널 파트 기술과장으로 낙점됐다.

발주처가 현대건설을 낙찰자로 선정하기 직전까지 불안요소로 지적했던 부분이 바로 탱커 터미널이었다. 현대건설은 주베일 사업 이전까지 OSTT(Open Sea Tanker Terminal · 해상유조선 정박 시설) 공사 경험이 없었다. 30m 바다 속 암반에 기초공사를 12m나 해야 하는, 어려우면서도 경험이 많이 필요한 공사였다. 현장에 파견된 기술자만 200명, 기능공까지 합치면 3600명이었다.

이 중공사가 수월히 진행될 거라 믿는 사람은 아무도 없었다. 하지만 공사가 실패로 끝날 거라 생각하는 이 역시 아무도 없었다.

원유를 수출하는 30만t의 탱커를 한꺼번에 4대를 접안시킬 수 있는 규모의 항구 건설에는 '자켓'이라는 철 구조물이 필요했다. 이 구조물 하나의 무게가 550t, 높이는 36m로 10층 빌딩과 같았다. 제작비는 당시 우리나라 돈으로 약 5억원이었는데, 이런 자켓이 모두 89개나 필요했다. 10층 빌딩 89개를 제작해, 수심 30m에서 연결해 나가는 것이 공사의 관건이었다.

그런데 89개의 자켓을 어디서 제작할 것인가. 정주영 사장이 결단을 내렸다. 1974년 아틀랜틱호를 시작으로 선박 제작이 한창인 울산 조선소에서 자켓을 만들어 주베일 현장으로 가져오자는 것이었다.

문제는 울산에서 주베일까지 자켓을 어떻게 옮기느냐였다. 이동거리가 1만 2000km에 달했다. 현대 기술진들은 바지선에 자켓을 5개씩 싣고 배로 끌어 이동시키자는 묘수를 냈다. 대만과 필리핀을 지나 말라카해협을 건너자는 것이었다. 그런데 여기서 태클이 걸렸다. 말레이반도 인근의 말라카해협은 유명한 태풍 지대였다. 공사가 쉼 없이 진행되는 가운데 배가 한 번이라도 좌초되면 건물이 올라가다 중간에 한 층이 빠지는 꼴이어서 공사를 전면 중단할 수밖에 없었다.

19번을 항차해야 하는데 왕복 90일이 걸렸다. 가는 데 40일, 오는 데 30일, 배에 싣는 데 10일, 배에서 내리는 데 10일. 한 번이라도 배가 뒤집히면 자켓 제작기간까지 포함해 공사를 1년간 중단해야 하는 최악의 사태가 빚어질 수 있었다.

누군가 보험에 들 것을 제안했다. 영국의 로이드사 외는 보험을 받아주는 곳도 없었다. 그러나 로이드 측의 요구사항이 지나치게 많았다. 보험료로 배 한 척당 2억원씩을 요구했다. 로이드 측의 요구사항이 회의장에 전달되자, 정주영 사장의 얼굴에 불편한 심기가 그대로 드러났다. 정주영 사장이 오랜 시간 침묵 끝에 결정을 내렸다.

“보험 들지 말고 그냥 옮기자구.”

회의장이 술렁였다.

“만에 하나라도 사고가 나면…”

“사고가 나면? 그러면 보험사에서 25억원은 주겠지. 그리고 그다음은? 다시 제작해서 옮기는 데 1년 넘으면 우리는 1조원짜리 사업을 그냥 말아먹는 거야. 그런데 25억원 받아서 어쩌자고.”

그때 주베일 현장 기술진들이 정주영 사장의 의견에 동의하고 나섰다.

“사장님 말씀이 옳습니다.”

19번에 걸친 자켓 운반이 시작됐다. 첫 번째 배가 울산을 떠났다. 울산에서 출항한 배가 위성을 통해 주베일 현장으로 출항을 알리는 무전을 보냈다. 현장의 기술진 모두가 무전기 앞에서 숨을 죽였다. 누군가 우스갯소리로 말했다.

“엄마 찾아 3만 리가 따로 없구먼.”

그때 우리는 : 해외건설, 부도 직전 나라 구하다

'중동 건설'로 외화 유입… 경제 성장의 발판 마련

1972년 제3공화국은 제3차 경제개발 5개년의 주력 사업으로 중화학공업화를 선정했다. 그러나 한국에는 계획을 실행할 돈, 즉 달러가 없었다. 국고는 텅텅 비었고, 국가산업은 지지부진했으며, 민간 경제는 황폐하기 이를 데 없었다.

눈을 씻고 찾아보아도 달러 구할 방도가 보이지 않았다. 정부 관계자들이 직접 외화벌이에 나섰지만, 어느 나라도 대한민국에 선뜻 달러를 내어주는 곳이 없었다.

그러던 중 1973년 10월, 1차 중동 오일쇼크가 터졌다. 1배럴에 2달러 하던 석유값이 하루아침에 10달러로 치솟았다. 이로 인해 1974년 국제수지 적자폭만 17억1390만달러에 달했다.

적자를 어떤 식으로든 메우지 못하면 나라가 부도날 판이었다. 위기감이 고조됐다. 그때 눈에 띈 것이 중동이었다. 원유값이 올라 중동 산유국에 달러가 흘러넘치고 있었다.

중동 진출의 가치를 간파한 박정희 전 대통령은 1974년 9월18일 중동 건설 진출 진흥책을 마련하라는 지시를 내린다. 이어 건설부와 중앙정보부에도 "중동 진출 업체들을 철저히 감독해서 부실공사가 나오지 않도록 하고 한국 업자끼리 부당한 덤핑 입찰을 하지 못하도록 하라"고 지시했다.

정부의 강력한 지원에 힘입어 중동 건설 수주액은 1975년 7억5000만달러에서 1980년 82억달러로 늘었다. 1975~1979년의 GNP 증가율 7.2%와 수출증가율 25.0%를 훨씬 뛰어넘는 연평균 76.1%의 성장률이었다.

중동 건설이 구원투수로 등판하자, 오일쇼크로 신음하던 한국 경제가 다시 일어서기 시작했다. 중동

1974년 중동 진출을 시작한 박정희 전 대통령이 사우디아라비아 건설 장관을 접견하는 모습.

진출 첫해인 1974년 해외 수주액은 2억6000만달러였지만, 이듬해 1975년에는 226.3% 늘어난 8억5000만달러나 됐다.

이윽고 1977년 대망의 수출 100억달러를 돌파하고 경상수지 흑자까지 기록하면서 온 나라가 축제 분위기에 휩싸였다. 중동 건설로 국내에 외화가 돌기 시작한 덕분이었다.

중동에서 달러가 들어오자, 그 돈은 바로 중화학산업 육성에 투입됐다. 현대만 해도 조선소를 지으며 영국의 제2금융권에서 빌린 돈을, 주베일 사업의 선수금으로 즉시 상환했다. 현대중공업의 기틀을 마련하는 순간이었다.

지난 10일 작고한 이선기 전 동력자원부 장관은 "주베일 공사로 중공업, 자동차 산업의 초석을 마련했다. 주베일이 없었다면 포니도 없었다"며 "해외건설의 직접적 효과야 계산할 수 있겠지만, 해외건설이 마련한 국가 산업의 기틀을 어떻게 모두 계산할 수 있겠나. 1970년대 부도 위기의 국가를 구해낸 해외건설의 가치는 대한민국에 영원히 남을 무형자산"이라고 회고했다. | 최지희기자

다들 맞는 소리라며 크게 웃었다. 그러나 웃음 뒤에는 긴장감이 잔뜩 배어 있었다. 단 한 번이라도 실패하면, 정말로 끝이었다.

잃어버린 '자켓'을 찾아라

아니나 다를까. 11번째 배의 소식이 끊겼다. 울산에서 출항한 배들은 인공위성을 통해 무선 교신을 하며 매일 낮 12시 정각에 위치와 파고, 풍속 등의 '눈 리포트(noon report · 정오보고)'를 받았는데 필리핀 앞바다에서 11번째 배가 태풍을 만나며 바지선을 잃어버린 것이다. 보험이고 뭐고 초비상이 걸렸다. 현대건설은 즉각 비행기를 띄워 바지선의 행방을 찾아나섰다. 다행히 가까운 해안가에서 조난한 바지선을 찾았고, 예인선으로 자켓을 끌고 싱가포르에 입항했다. 김용재 소장과 공사 시작 이듬해 승진한 황재천 차장이 주베일에서 싱가포르로 급파됐다. 상황은 심각했다.

자켓이 생각보다 많이 부서진 상태였다. 김용재 소장이 정주영 사장에게 위성전화로 보고했다.

"자켓 상태가 좋지 않습니다."

"울산으로 가져올 계획인가?"

"어차피 고쳐서 다시 만들어도 자재 발주에 이동까지 6개월은 걸리지 않겠습니까. 6개월이면 공기를 못 맞추는데 무슨 의미가 있겠습니까."

"그렇지. 그럼 바로 주베일 현장으로 가져가."

"네. 현장에서 일단 정밀검사를 한 후 고칠 수 있는지 여부부터 알아보겠습니다."

자켓을 끌고 현장에 도착하니, 공사 감독관들이 노골적으로 불만을 표했다. 고철 덩어리를 뭐하러 가져왔느냐는 것이었다. '설마 고쳐 쓸 심산이냐'고 따져 물었다.

황재천 차장은 일단 검사부터 하자며 발주처 감독관들을 진정시켰다. 토목기술자인 김용재 소장과 황재천 차장이 서로 머리를 맞대고 자켓 수리계획서를 작성했다. 부족한 영어 실력을 보완하고자 황 차장이 직접 그림을 그려가며 할크로우사 감독관들 앞에서 브리핑했다. 수리계획은 상당히 합리적이었다.

할크로우사의 수석 엔지니어가 본사 책임자에게 검토를 받아보겠다며 한 발 물러섰다. 황 차장은 순간적으로 여기서 결판을 내야 함을 직감했다. 그는 할크로우사 엔지니어들을 둘러보며 단호하게 물었다.

"이 중에 수리계획서 내용에 반대하는 사람이 있습니까?"

"현대건설의 계획서에 반대하지는 않지만, 워낙 중차대한 문제라 본사의 검토를 받아야 합니다."

"하루가 급합니다. 한국에서 제작하는 데 3개월이 걸리는데, 당신들이 본사에서 검토받는 데에만 한 달이 소요되지 않소. 만약 또 본사에서 안 된다고 하면 그때 가서는 또 어찌할 겁니까. 이 공사의 감리를 맡은 당신들 입장도 난처해지는 거 아닙니 까. 우리 서로 명예가 걸린 일이니, 서로를 위해 협력합시다. 당신네 엔지니어의 비행기 요금을 우리가 지불할 테니, 본사 책임자를 현장으로 부르세요."

할크로우사 관계자들은 고개를 끄덕였다. 며칠 후 영국 할크로우 본사에서 책임자가 나왔다. 현대건설의 기술진들이 모두 참가해 조목조목 자켓의 수리계획안을 설명했다. 책임자는 웃으며 엄지를 치켜들었다.

"승인 서류는 다음에 줄 테니 이 계획서대로 수리를 시작하세요. 단, 조건이 있습니다. 계획서를 작성한 기술자가 직접 지휘감독을 해야 합니다."

황재천 차장은 무조건 알겠다고 고개를 끄덕였다. 곧 수리작업이 시작됐다. 고철덩어리로 전락할 뻔한 자켓은 2주일 만에 완벽히 수리됐다. 공기 6개월 지연의 위험에 처했던 현장은 즉시 활기를 되찾았다. 위성전화로 현장을 일일체크하던 정주영 사장의 목소리도 나날이 밝아지더니, 자켓의 수리 완료 소식을 보고받은 날은 호탕하게 웃음지으며 말했다.

"수고했어."

공사는 1979년 12월 준공됐다. 모두의 예상을 뒤엎고 계약 기간보다 10개월이나 단축된 공기에 발주처를 비롯해 선진국 건설사들이 깜짝 놀랐다. 발주처인 아람코(ARAMCO)는 산업항 OSTT에서 현대건설의 능력을 인정했다.

국제입찰 시장에서 이제 '코리아(Korea)'는 견제 대상으로 떠올랐다. 한국 건설의 중동 특수 37년, '한강의 기적'의 시작을 알리는 순간이었다. 전갑원 상무가 호기롭게 썼던 '9억3114만달러'는 결국 대한민국 경제의 숨통을 텄다.

| 최지희기자 jh606@

인터뷰
interview

‘주베일 현장 기술책임’ **황재천** 前 현대건설 전무

“아람코 관계자 예고 없이 현장 방문…

〈사우디 국영석유기업〉

추가 수주로 이어졌죠”

주베일 수주 이후 중동 특수가 시작됐다.

이렇게 큰 공사를 듣도 보도 못한 회사가 수행하니, 세계 건설업계에서 화제였다. 유조선 정박시설은 항만시설 중에서도 제일 특수 분야였으니까. 이런 거 하는 회사가 몇 안 됐다. 일본도 단독으로 못 했다. 그런데 우리가 워낙 공사를 잘 하니까, 그게 소문이 났지.

어느 날 주말에 현장 숙소에서 쉬고 있는데 아람코 관계자들이 예고도 없이 헬기로 방문했더라. 사우디 서쪽에 LNG 액화가스 탱커 시설을 지으려고 업자를 물색하던 중에 현대를 눈여겨보고 헬기 불시착을 핑계삼아 현장을 급습한 거다.

현대가 주베일 공사를 자기들이 생각한 당초 예상 공사 단가보다 3분의 1 이하로 수행 중이었거든. 아람코에서 현장 돌아가는 상황 설명을 부탁했다. 내가 당시 기술 담당이었으니 마침 운이 좋았던 거지. 그래서 상황실로 데려가 조감도랑 현황판을 보여주며 설명했지.

그때 아람코 측에서 묻더라. 공사를 미국의 브라운앤드루트가 전부 해주고 있다는 소문이 돌던데 그게 사실이냐고. 그래서 내가 정색하고 화를 내며 답했지. 그게 무슨 말이냐. 우리가 그쪽 장비를 빌린 것뿐이다. 장비 운용도 우리가 한다. 그러며 직접 눈앞에서 보여줬다. 아람코 관계자들이 돌아가고 나서 한국 현대건설 본사로 입찰자격신청 초청서를 보냈다. 그렇게 얌부 LNG터미널 사업 수주가 이어졌다.

Q. 주베일 사업에 참여한 자부심이 클 것 같다.

주베일을 시작으로 중동에서 기술자 생활을 계속했다. 1년에 한 번, 보름 동안만 집에 돌아왔다. 아내는 불만이 많았다. 그러면 나는 '국가와 민족을 위해 좀 참아야 하는 거 아니냐'고 했다. 아내는 애국자 났다고 그랬지(웃음). 하지만 그때는 국가와 민족을 위해서라기보다도, 무조건 일을 해야 한다는 생각이 앞섰다. 개인적으로 정치적 배경 같은 것 없이 박정희 전 대통령을 정말 존경하는 이유가 오로지 일에만 매진한 분으로 기억에 남아 있기 때문이다. 정주영 전 회장도 재벌이지만 여하튼 일을 무지하게 열심히 한 분이다. 해외 가서 돈 벌어 가족들이 잘 사는 것은 부수적인 거다. 일하는 것 자체에 자부심이 있었다. 집사람이 불평하면, 이렇게 해야 나라가 잘 사는 거 아니냐고 말했다. 그런데 요즘 해외건설은 과거와 분위기가 많이 다르다. 역사가 지나면 공은 희석되고, 정치가 개입하고 그러는 거 아니겠나….

Q. 후배들에게 당부하고 싶은 얘기가 있다면.

기술자는 현장 돌아가는 것을 반드시 머리에 넣어야 한다. 그걸 당부하고 싶다. 후배들 얘기 들어보면 이제는 큰 회사가 네임브랜드로 수주해 하청을 주고, 발주기관 노릇을 하더라. 그러니 사고가 나도 대형사 현장 기술자가 사고원인을 모른다. 그게 말이 되나. 현장 기술자는 직접 현장을 챙기고 시방서나 설계도면은 꼼꼼하게 읽어 모조리 머리에 넣어야 한다. 대형사가 왜 대형사겠나. 현장 돌아가는 걸 모두 꿰고 적재적소에 해결책을 제시할 수 있는 게 대형사의 현장 소장이고 기술자다. 건설하는 사람들은 절대로 기본을 잊으면 안 된다. 그런데 요즘 이런 얘기하면 꼰대라고 그러지 (웃음).

인터뷰=박봉식 산업1부장 · 정리=최지희기자

중동 진출 이끈 '건설외교' 주역 홍순길 〈 前 해외건설협회 회장 · 당시 건설 주재관 〉

"韓 건설사 입찰자격 달라"
사우디 장관실 문턱이 닳도록 찾아가 설득 또 설득
"미스터 홍! 헛수고요"
모두들 비웃었지만 마침내 수주 문을 열었다

10억달러 규모의 '주베일 산업항 항만공사' 발주를 앞두고 한국에 입찰자격 부여 여부를 가늠하기 위해 방한한 타우픽 체신부 장관 일행. 방한 일정 동안 경부고속도로와 아파트 시공현장 외에 유적지와 박물관을 답사했다.

박정희 전 대통령 "반드시 입찰자격을 확보하라"

1974년, 홍순길 국장이 홀로 사우디아라비아 건설관 신분으로 먼 타국에 발을 디뎠다. 열사의 땅에 도착하고 나니 가장 시급한 것이 기거할 집과 자동차였다. 홍국장은 월남에서 하던 대로 외교공관을 방문해 신용대출 보증서를 받은 후 가벼운 마음으로 사우디 국립 상업은행을 찾았다. 그러나 웬걸, 은행은 대출을 거부했다.

"한국은 현재 차관조차 상환하지 못하는데 이런 나라의 대사관 서한을 어떻게 믿고 대출을 해준단 말입니까?"

홍 국장은 빈손으로 은행을 나섰다. 이런 것이 약소국의 설움이란 건가. 절망감에 앞서 분노가 끓어올랐다. 이 참담한 심정을 어떻게 설욕해야 할까.

사우디아라비아에서 우리나라의 인지도는 바닥이었다. 몇몇 회사들이 사우디에 들어와 수주활동을 하긴 했지만, 무엇보다 기초가 되는 시장 정보수집에 필요한 정부 관계 인사들과의 유대감이 전혀 없었다. 사우디 관계자들은 한국을 전쟁의 상흔에서 벗어나지 못한, 기아와 빈곤에 허덕이는 나라로만 인식했다. 수주외교가 가능할 리 없었다.

그러던 중, 1975년 홍 국장의 정보망에 사우디아라비아의 주베일 산업항 항만공사 입찰 정보가 걸려들었다. 공사 규모는 10억달러. 20세기 들어 이렇게 큰 사업은 없었다. 홍 국장은 이 정보를 바로 본국에 타전했다. 곧 본국에서 어떻게든 공사 수주의 방도를 알아내라는 임무가 떨어졌다.

이후 007첩보작전을 방불케 하는 외교전이 벌어졌다. 홍 국장은 그날 이후 매일 아침저녁으로 사우디 정부의 인사들을 찾아다녔다. 백번이고 머리를 숙이고, 천번이고 허리를 굽혔다. 원한다면 죽는 시늉이라도 할 자세였다. 그런 홍 국장을 눈여겨본 타우픽 사우디 체신부 장관이 조용히 홍 국장을 불렀다. 타우픽 장관은 이전 한국 방문 당시 홍 국장이 수행해 안면이 있는 관계였다.

"미스터 홍, 아무리 그래 봤자 헛수고예요."

"헛수고라니요?"

"주베일 산업항 공사에는 세계 10대 건설사에만 입찰자격을 주는데, 입찰을 주관한 영국의 할크로우사가 한국 회사에 입찰자격을 줄 리 있겠습니까. 아무리 한국이 월남에서 사업했다 해도, 그건 보잘것없는 소규모 공사 아닙니까. 주베일 같은 사업에 뭘 믿고 당신네 나라의 건설사에 입찰자격을 준단 말이오?"

"신기루인가…"

44세의 홍순길 국장은 자신의 눈을 비벼 보았다.

그는 홀로 홍해의 모래밭 위에 털썩 주저앉았다. 수평선 너머로 마지막 힘을 다해 타오르는 석양이 지고 있었다. 사막의 나라에서 바라보는 태양은 남달랐다.

유난히 크고 유난히 뜨겁고, 그래서일까 유난히 가깝게 느껴졌다.

태양이 저렇게 클 리 없는데. 어쩌면 이방인의 외로운 감성이 불러낸 환상일지도 모를 일이었다. 태양은 손을 뻗으면 만져질 것만 같았다.

기시감이 들었다

그 순간 홍 국장은 어떤 생각이 떠올라 허허롭게 웃었다. 그것은 어린 시절의 기억이었다.

태어나고 자란 강릉 앞바다에서 날마다 바닷가에서 지는 해를 하염없이 바라보곤 했다. 저 해가 내 손에 걸리지는 않을까. 언젠가는 저 붉은 해를 손에 쥐리라.

어린 홍순길에게 저 붉은 해는 서울이었고, 대학이었고, 성공이었다. 그리고 어른 홍순길에게 저 해는 대한민국이고, 대한민국의 건설이고, 대한민국의 중동 진출이었다. 내가 저 해를 잡을 수 있을 것인가.

홍 국장은 모래를 털고 자리에서 일어났다. 강릉 앞바다에서 해를 보며 팔짝거리던 어린 시절의 그날처럼. 그리고 등을 돌려 가던 길을 재촉했다.

"…."

할 말이 없었다. 사우디 정부 관계자들은 정보수집을 위해 이리 뛰고 저리 뛰는 홍 국장을 비웃었다. 계란으로 바위를 치는 격이라고 했다. 우울한 마음으로 집으로 돌아오는 길에 무심코 바라본 홍해 너머로 시선이 향했다. 붉은 태양이 수평선을 넘어가고 있었다. '고향 강릉 앞바다에서 지던 해는 저렇게 크고 붉지 않았던 것 같은데….' 홍 국장은 저도 모르게 홍해에 끌려 바닷가에 주저앉아 하염없이 지는 해를 바라보고 있었다. 마침 그날 아침에는 본국으로부터 전보가 날아든 참이었다. 어떤 일이 있어도 우리나라 건설업체가 입찰자격을 얻도록 건설관으로서 만전을 다하라는 내용이었다. 홍 국장은 바닷가 앞에서 좀처럼 일어나지 못했다.

정주영 사장, "꿈에 아버지가 나왔어!"

입찰자격을 얻기 위해 동분서주하던 어느 날, 정주영 현대건설 사장과 유양수 대사, 이상열 정보부공사가 홍 국장의 집에 모였다. 여느 때처럼 홍 국장의 아내는 몇 가지 찬과 따뜻한 밥을 대접했다. 정 사장은 물에 밥을 말고는 오이지를 손으로 집어 먹으며 허겁지겁 식사를 시작했다. 그릇을 모두 비운 정 사장이 홍 국장을 바라보며 말했다.

"박정희 대통령 각하께 한 가지 제안을 했소."

세 명은 눈이 휘둥그레져 동시에 정 사장에게 고개를 돌렸다.

"내가 이렇게 말했지. 대통령 각하! 이번에 사우디 정부가 주베일에 10억달러짜리 대형 항만을 건설하는데, 만약 현대가 참여해서 공사를 따게 되면 25%의 선수금 2억

'중동 건설' 뒷 이야기

'한국의 매' 수주외교관 되어 사우디까지 날아간 까닭은…

1978년 봄, 우리나라 건설사들의 중동 진출이 한창이던 시절, 주사우디 한국대사관에 마지드 도시 지방성 장관에게서 한 통의 전화가 걸려왔다. 도시 지방성은 당시 우리 업체가 눈독을 들이는 대규모 상하수도 공사 발주를 준비 중인 곳으로, 이에 마지드 장관은 비공식적으로 한국을 방문하고 돌아간 참이었다.

그가 본국에 돌아가 칼리드 국왕에게 보고를 하는데, 국왕이 갑자기 질문을 던진 것이다.

"한국에 가서 내가 좋아하는 매도 알아보았느냐."

칼리드 국왕은 세계 각 지역의 매를 수집하고 있었는데, 단 하나 없는 것이 한국의 매였다. 이에 마지드 장관이 한국대사관에 도움을 요청했 다. 한국대사관은 즉시 외무부에 보고했고, 청와대는 건설부에 특명을 내렸다. 곧 건설부의 박승백 해외협력관이 '매 담당국장'으로 지명됐다.

박 국장은 동물학자를 찾아가 예비지식을 구한 뒤 전국에 신문광고를 내고 여러 방면으로 수소문을 했다. 그러나 매 사냥이 중단된 지 오래된데다 쥐약을 사용하면서 매가 많이 죽었기에 구하기가 몹시 어려웠다. 특히 야생 매를 사냥매로 교육하는 것도 문제였다.

이때 건설부 원주국토관리청장이 강원도에서 매 한 마리를 간신히 구했다. 3년생 암놈이었는데 훈련까지 받은 놈이었다.

청와대는 이 매를 사우디로 보내기 위해 김포세관장에 압력을 넣어 매 반출을 묵인하도록 조치했다. 이후 건설부 공무원들이 직접 매를 데리고 1978년 6월10일 리야드로 날아갔다. 그런데 현지에 도착하니 장시간 여행에 시달린 매가 새장 바닥에 누워 헐떡이고 있었다. 건설부 관계자들은 급한 마음에 매를 시원한 곳에 누이고, 손수 물을 먹이며 매를 간호했다. 매가 겨우 기운을 차리자, 곧 국왕 접견을 신청했다.

칼리드 국왕은 매를 받고는 매우 기뻐했다. 한국에 매 조사단을 파견해도 되느냐고 묻는 등 큰 관심을 보였다. 그 후 한국 토종매가 국왕의 각별한 사랑을 받는다는 소식이 전해졌다. 후에 우리나라 건설부장관이 사우디 국왕을 접견하는 자리에서 칼리드 국왕은 이렇게 말했다.

"얼마 전 영국의 엘리자베스 여왕이 방문했는데 '사우디 곳곳에서 한국 사람들만 일하더라'고 은근히 비꼬더군요. 그래서 내가 이렇게 답했습니다. 한국 사람처럼 부지런히 일하는 사람과 업체에는 앞으로 더많은 공사를 주고 싶다고요."

| 최지희기자

5000만달러가 나옵니다. 나는 이 중 1억달러를 외환은행에 예치하고 1억5000만달러로 공사 착수 준비를 할 생각입니다'라고."

당시 부총리, 재무장관 등이 뉴욕 금융 시장에서 100만달러, 200만달러씩 구제금융을 교섭하던 때였다. 박정희 대통령으로서는 놀라운 제안이 아닐 수 없었다.

정 사장은 자리에 모인 사람들과 하나씩 눈을 맞추며 단호한 어조로 말했다.

"나는 오늘의 현대를 이끌면서 무수한 시련과 난관을 극복했소. 그 어려운 고비를 넘길 때마다 아버지가 꿈에 나옵디다. 그런데 이번에 사우디로 오는 비행기에서 아버지 꿈을 꿨소. 만약 우리 정부가 밀어줘서 입찰자격만 얻게 되면 공사는 따낼 자신이 있습니다. 밀어주시오."

며칠 뒤 사우디 주베일 공사 입찰 공고가 떴다. 비상이 떨어졌지만, 사우디 정부 관계자들의 반응은 냉담하기만 했다. 홍 국장은 타우픽 장관을 찾아갔다.

"타우픽 장관님, 한국에 오셔서 한국 건설의 기술력을 눈으로 직접 확인해보는 게 어떠신가요. 제가 장관님을 모시겠습니다."

장관은 거절했다. 그러나 홍 국장은 끈질기게 장관을 설득했다. 결국 홍 국장은 장관과 함께 본국에 돌아왔다. 타우픽 장관은 박정희 대통령과도 만났다. 한국의 경부고속도로와 아파트를 살펴본 타우픽 장관이 어느 날 갑자기 홍 국장의 한국 집을 방문했다. 신발을 신고 저벅저벅 걸어 거실까지 들어온 타우픽 장관은 홍 국장에게 물었다.

"미국 건설사는 평방미터당 2600리얄로 공사를 하겠다던데, 한국은 얼마에 할 수 있겠습니까?"

"아무리 못 해도 2000리얄 이하로 할 수 있습니다."

"…."

그러나 타우픽 장관과 함께 사우디로 돌아온 이후에도 달라진 것은 아무것도 없었다. 입찰에 참여하기에 현대건설의 실적이 턱없이 부족했기 때문이다. 홍 국장은 매일 타우픽 장관의 집무실을 드나들었다. 이를 지켜보던 쌀롬 차관은 홍 국장을 불러 화를 냈다.

"미스터 홍! 이제 우리 장관 좀 그만 괴롭혀요. 안 되는 건 안 되는 겁니다."

그러자 그 얘기를 전해 들은 유양수 대사가 홍 국장을 찾았다.

"포기하면 안 됩니다. 장관실에 드러누워서라도 입찰자격을 얻어야 해요."

다음날 홍 국장은 다시 타우픽 장관의 집무실을 찾았다. 그러자 이번에는 청사 입구의 수위가 홍 국장을 가로막아 섰다. 평소 홍 국장을 못마땅하게 여기던 쌀룸 차관이 홍 국장의 출입을 금지시킨 것이다. 수위와 실랑이가 벌어졌다. 그때 우연히 차를 타고 지나가던 타우픽 장관이 그 광경을 목격했다. 장관이 차에서 내려 직접 홍 국장을 장관실로 안내했다.

"입찰자격을 주는 건 별개입니다. 일단 당신 성의에는 감동했소. 입구에서부터 출입을 거절당할 만한 분이 아닙니다."

이후 매일같이 장관을 만나 인사하고 장관실에 앉아 있던 중에 홍 국장은 이상한 상황을 목격했다. 타우픽 장관이 쌀룸 차관을 불러 결재 서류를 받고 이야기를 나누던 중, 이내 정색을 하는 것이 아닌가. 타우픽 장관이 쌀룸 차관에게 무엇인가 지시를 하

그때 우리는 : '해외건설촉진법' 제정

KOCC 설립으로 중동 진출 '날개'… 경제 대도약

<해외건설주식회사>

1975년 정부의 해외건설촉진법 제정으로 국내 건설사의 중동 진출은 날개를 달았다. 해외건설촉진법 이전까지 국내 건설사는 중동 시장에 진출할 수 있는 실적이 없어 지급보증이 불가능했다. 당시 대부분 건설사가 월남과 동아시아 등지에서 미국의 하청공사를 하는 수준이었기 때문이다. 법 제정 이후 건설수주 경쟁이 과열돼 후유증을 낳기도 했지만 일단 법이 마련되고, 정부의 해외건설 수주 지원이 활기를 띠며 부도 직전에 놓였던 한국 경제에 비로소 외화가 돌기 시작했다.

해외건설촉진법과 함께 1975년 대형공사를 수주하기 위한 '해외건설주식회사(KOCC)'도 설립됐다. 동아건설, 대림산업 등 국내 주요 25개 건설사가 5000만원씩 출자해 수권자본금 20억원, 불입자본금 12억원의 KOCC를 출범한 것이다. KOCC는 정부의 신용보증을 받아 중동 지역에서 1건당 5000만달러 이상의 대형공사를 수주하고 나서, 회원사에 하청을 주는 방식으로 수익을 나눴다. 당시 KOCC는 미국의 용역회사인 루이스버저 측과 연간 5억달러 이상의 공사에 대해 하청을 알선하거나 입찰보증했을 시 공사액의 2%를 수수료로 제시하는 등 다양한 방식으로 해외 수주를 늘려나갔다.

박정희 전 대통령이 만든 해외건설촉진법과 KOCC의 과실(果實)은 전두환 전 대통령이 고스란히 물려받았고, 1977년 국제수지는 흑자로 돌아섰다. 이를 바탕으로 1980년대 중반부터 시작된 저달러·저유가·저금리의 '3저 호황'까지 겹치면서 1986년부터 1988년까지 매년 10%가 넘는 경제성장률을 달성할 수 있었다. 이후 경제안정화 정책으로 한국 경제는 안정화에 접어들었다.

| 김현지기자

계란으로 바위치기였다
세계 10대 건설사 틈에 우리 업체가 설 자리는 없었다. 하지만 '포기'는 없었다

사우디 장관을 한국으로 초청해 건설현장까지 보여줬다
그리고 한참 후 낭보가 전해졌다 "미스터 홍! 축하합니다"

자, 쌀룸 차관의 눈초리가 매섭게 돌변했다. 홍 국장은 그들의 대화 속에서 '입찰'이라는 단어를 들었다.

며칠 지난 뒤, 홍 국장 집으로 전화 한 통이 걸려왔다. 평소 홍 국장 대하기가 쌀쌀맞기 그지없어 사우디 주재관들 사이에서 '냉혈동물'로 통하던 쌀룸 차관이었다.

"미스터 홍, 리야드 체신부로 좀 오시오."

홍 국장은 한달음에 쫓아갔다. 그러자 뜻밖에 쌀룸 차관이 따뜻하게 웃으며 공문서 한 장을 건넸다.

"이게 뭡니까?"

"미스터 홍, 그간 애쓴 보람이 있소. 진심으로 축하합니다."

"…?"

"답답한 양반 같으니라고. 어서 그 문서를 봐요."

얼떨떨한 기분으로 공문서를 읽어 내려간 홍 국장은 심장이 요동치고, 혈관이 뜨겁게 달아오르는 것을 느꼈다. 문서의 내용은 현대건설에 주베일 산업항 항만공사의 입찰자격을 부여한다고 써 있었다. 문서 끝에 입찰에 참여할 수 있는 10개 건설업체의 명단이 써 있었는데 10 번째에 '대한민국 현대건설'의 이름이 있었다. 그날처럼 '코리아(KOREA)'라는 단어가 크게 느껴진 적이 없었다.

1976년 2월16일, 현대건설의 주베일 산업항 공사 낙찰이 확정됐다. 홍순길 국장과 유양수 대사는 서로 끌어안고 "대한민국 만세!"만 수십 번 외쳤다. 유 대사는 즉시 박정희 대통령에게 이 사실을 보고했다. 위성전화를 끊은 유 대사가 홍 국장을 바라보며 눈물을 흘렸다.

"대통령께서… 정말 기뻐하셨네. 수고했다 하시더군."

홍 국장은 눈시울이 불거졌다. 홍해의 붉은 태양이 모두 그의 것만 같았다.

| 최지희기자 jh606@ | 김현지기자 hyun@

인터뷰
interview

홍순길 前 해외건설협회 회장(당시 건설 주재관) · 아내 최재원씨

"가난한 내 조국이 잘살게 된다면… 그 일념 하나로 뛰었지"

"낯선 땅에서 고생하는 건설인에게 밥 해주는게 일이었죠"

Q. 해외건설 수주의 포문을 여는 데는 외교의 '내조' 역할이 컸다.

홍순길 그때는 어떻게든 해외에서 건설사업을 수주해 나라를 일으켜 세우는 게 급선무였다. 나는 당시 건설부 공무원이었으니, 이제 와 해외건설이 이렇게 발전하는 데 내 역할이 컸느니 안 컸느니를 논하는 것은 맞지 않다고 생각한다.

공무원의 역할은 나라를 부자로 만들고 국민을 편안하게 하는 거였으니까. 그때 박정희 대통령께서 지도력을 발휘했고, 우리 공무원들은 대통령이 이끄는 방향과 목표에 맞춰 밤낮없이, 공사 구분 없이 일했다.

내가 비록 고생하더라도 우리나라에 외화가 들어온다면, 가난하고 보잘것없는 내 조국이 잘살게 된다면… 그 일념 하나로 뛰었다. 그때는 그것밖에 눈에 들어오는 게 없었다.

Q. '내조 외교'에는 아내의 내조도 한몫 했다는데.

최재원 사우디에 갈 때는, 아홉 살짜리 딸이 있었는데 친정에 맡기고 남편을 따라나서야 했다. 당시 해외건설 수주를 담당하는 주재관들의 역할이 '여관'이었으니까 남편 혼자 할 수가 없었다.

아무튼 가난한 나라에서 기업을 지원은 하고 싶은데 방도가 없으니, 공무원들이 공사 구분 없이 제 집과 제 밥을 내어주는 수밖에 없었다. 지금이야 웃으며 말하지만…, 식모살이가 따로 없었지. (웃음)

하지만 나는 공무원 아내니까 그때는 당연히 그렇게 해야 하는 거라고 생각했다.

Q. 낯선 땅에서 고생을 참 많이 했겠다.

홍순길 나야 당연한 건데, 아내가 참 고생을 많이 했다. 당시 해외 나갈 때 외화소지 한도가 1000달러였는데, 사우디의 하룻밤 투숙비가 100달러였거든.

건설사에서 수주영업을 왔는데 1000달러로 먹고, 자고, 다니려면 턱없이 부족한 거다. 그러니 사우디에 온 건설사 사장들은 꼭 우리 집에 머물렀다.

20평 남짓한 집에 거실과 방 두 칸이었는데, 거실에 하얀 시트를 깔고 중년의 남자들 8~9명이 쪼그리고 잤다.

내가 아침에 출근하면 8명이 함께 따라 우르르 나갔다가 퇴근할 때는 또 우르르 들어오는 식이었다. 그 사람들 세 끼 식사와 도시락에 빨래까지 아내가 혼자서 다 챙겼다.

최재원 하루는 장을 보고 집에 들어가는 길인데저 멀리 한 남자가 서류가방을 들고 우리 집 앞에서 서성이고 있었다. 순간 겁이 났지만 자세히 보니 한국인이었다.

사정을 물으니 호텔 갈 여비가 부족한데 하룻밤만 재워주었으면 한다고 고개를 숙이더라. 어휴….

한국에 좋은 집 놔두고 여기 와서 고생 하는 게 안쓰러워서 얼른 들어오시라고 했다. 그 고생하는 분들에게 따뜻한 밥에 몇 가지 찬을 내어놓는 게 내 일이었다.

지금 젊은 사람들이 들으면 여자 혼자 있는 집에 위험하지 않으냐고 생각하겠지만, 당시 우리나라 사정이 그랬다. 그렇게 서로 돕고, 힘을 합치지 않았으면 우리가 어떻게 여기까지 올 수 있었을까 싶다.

Q. 해외건설 50주년, 감회가 남다르겠다.

홍순길 고 정주영 회장이 떠오른다. 정 회장은 하늘이 낸 도전가였다.

그런 기업인들의 도전정신에 정부의 정책적 지원이 맞물렸다. 선진국 회사들을 따라잡을 수 있도록 정부가 물심양면으로 지원했다.

한번해보겠다는 건설인들의 집념과 정부의 지원, 공무원들의 진심이 어우러져 지금의 해외건설을 만든 것이라고 생각한다.

뭐든지 일을 이루려면 서로 힘을 모아야 한다.

인터뷰= 박봉식 산업1부장 · 정리=김현지기자 · 사진=안윤수기자 ays77@

동아건설 리비아 대수로 1단계 공사

사막에 대형 물길 뚫기 위해 발로 뛴 10년 세월… 그들은 '神의 기적'이라 불렀고 우린 '집념'이라 말했다

카다피 대통령이 '세계 8대 불가사의'라고 불렀던 리비아 대수로 사업의 공사 모습.
동아컨소시엄 중 하나인 대한통운이 직경 4000mm의 송수관을 나르고 있다.

직경 4000mm의 송수관 내부에서 작업 중인 리비아 근로자들. 송수관이 워낙 커서 한국인 근로자들은 송수관 안에 노래방 장비를 설치하거나 숙소로 삼기도 했다.

1974년 사우디아라비아 수도 리야드의 외곽도로 공사를 수주하며 중동 진출의 길을 연 동아건설은 사우디아라비아 TEP통신공사(12억7249만달러)에서 5억달러의 순이익을 남긴 참이었다. 이를 기점으로 동아는 그룹 차원에서 사우디아라비아 리야드에 콘크리트 공장 건설을 추진했다. 이 사업은 보안사 대공수사처장으로 근무하다 1977년 장군으로 예편한 김교련 동아콘크리트 사장이 담당했다. 보안사 근무 경험 덕에 리비아 사정에 밝은 김 사장의 귀에 어느 날 리비아가 세계 최대 규모인 총 400억달러 공사를 곧 발주한다는 소문이 들어왔다.

김 사장은 즉시 본사에 이 사실을 보고했고, 최원석 회장 앞에서 브리핑을 했다.

그때에 저는 자는 사슴같이 뛸 것이며 벙어리의 혀는 노래하리니 이는 광야에서 물이 솟겠고 사막에서 시내가 흐를 것임이라. 뜨거운 사막이 변하여 못이 될 것이며 메마른 땅이 변하여 원천이 될 것이며 시랑이 눕던 곳에 풀과 갈대와 부들이 날 것이며 거기 대로가 있어 그 길을 거룩한 길이라 일컫는바 되리니 깨끗치 못한 자는 지나지 못하겠고 오직 구속함을 입은 자들을 위하여 있게 된 것이라. <'이사야서' 35장 中>

'사막에 꽃을 피우리'라는 서양의 예지자 예수의 예언은 먼 동방에 위치한 한국인의 손에 의해 실현됐다. 1000km 떨어진 취수장에서 물을 끌어와 사막을 옥토로 바꾸겠다는 야심찬 계획 아래 진행된 리비아 대수로 1단계 공사는 당초 계획보다 공기가 1년4 개월이나 앞당겨진 1991년 8월29일 오전 개통됐다.

공사가 시작된 지 7년7개월 만이었다. 너비 4000mm의 관을 통해 맑은 물이 콸콸 쏟아져 들어왔고, 말 그대로 사막에 시내가 흐르기 시작했다. 사막의 민족은 옷을 벗어 던지고 그대로 수로를 향해 뛰어들었다.

사람들은 물을 머리에 적시며 신을 향해 기도했다. 그들은 이것을 '기적'이라 불렀다. 그러나 최원석 회장은 이것을 '집념'이라 불렀다. 공사수주를 위해 뛰어다니기 시작한 것까지 합하면 10년이었다. 그 10년간 단 한순간도 마음놓고 잠을 이룬 적이 없다. 카다피 리비아 대통령이 수로에서 물 한잔을 떠 최 회장에게 건넸다. 그는 묵묵히 그 잔을 받아 단숨에 마셨다. 200㎖도 되지 않는 물 한 잔에 10년간의 고통이 씻겨 내려가는 듯했다. 다만, 그때는 몰랐다. 더 큰 시련이 기다리고 있을 것임을.

그러나 브리핑을 듣는 최원석 회장의 얼굴에는 표정이 없었다. 김 사장은 초조해졌다. 곧 영국 런던에서 국제입찰 설명회가 열릴 참이었다. 시간은 없었고, 누군가 결정을 내려야 했다. 일단 최준문 명예회장(최원석 회장의 부친)은 반대 의사를 밝힌 상태였다. '뭐 먹을 게 있다고 공산당 패거리들이 득실거리는 나라에 들어가느냐'는 것이었다. 그러나 최원석 회장의 생각은 달랐다. 리비아 같은 시장을 먹어야 살이 찔 것 같았다. 회사를 키우려면 해외에서 승부를 걸어야 하는데 현재 진출을 검토 중인 나이지 리아는 그릇이 작았다. 하지만 리비아 진출은 리스크가 컸다. 김 사장은 최신 정보라 말하지만, 그 정도 사업이라면 런던 설명회에 오는 업체들은 모두 사전 준비를 철저히 마친 후일 터였다. 한마디로 동아는 링에 오르기도 전부터 지는 게임을 시작하는 것이었다. 그렇지만 최 회장은 결정했다.

"한번 해보는 거지 뭐."

최원석 회장의 결정이 떨어지자 일사불란한 움직임이 시작됐다. 일단 최준문 명예회장에게는 일체의 사실을 숨기고 1979년 정월 설계 담당인 유성열 부장과 김승렬 이사, 영어를 잘 하는 이근식 부장 등 동아건설 직원들을 데리고 설명회가 열리는 런던으로 날아갔다. 이 사업은 미국에서 손꼽히는 대형사인 브라운앤드루트사가 발주를 지휘했다.

런던 입찰 설명회장 입구에 도착한 김교련 사장은 순간 뒷걸음질칠 뻔했다. 옆에 있던 유성열 부장이 중얼거렸다.

"이거… 장난이 아닌데요."

동아는 아무런 정보가 없는 상태인데 막상 보니 기가 팍 죽을 정도로 어마어마한 건설사들이 설명회장에 모두 모여 있었다. 국내 업체로는 대우와 현대건설이 와 있었다. 참가 업체들도 막강했지만, 공사 설명회 자리인데 외교전을 펼치는 업체까지 있었다.

설명회가 시작됐다. 이야기를 들어보니 공사의 핵심은 특수 콘크리트관을 제작하는 것이었다. 설명회가 진행될수록 동아 팀의 얼굴이 파랗게 질렸다. 시공 경험이 있고 없고를 떠나 동아는 리비아 수로에 사용될 관을 생산할 능력이 안 됐다. 당시 창동에 있던 동아콘크리트 공장이 만들 수 있는 콘크리트 파이프 직경이 최대 2400mm밖에 안되는데 발주처는 직경 4000mm를 요구했다. 김교련 사장은 무의식 중에 자신의 얼굴을 만졌다. 아무도 쳐다보는 이가 없는데 얼굴이 벌겋게 달아오르는 느낌이었다.

"물을 끌어와 사막을 옥토로 바꿀 것이다"
리비아가 당시 세계 최대 400억달러
토목공사를 발주한다는 소식이 전해졌다

"회사를 제대로 키우려면
해외서 승부를 걸어야 한다"
최원석 회장은 리스크를 무릅쓰고
'링' 위에 오르기로 결심한다

김 사장은 옆에 앉아 있던 김승렬 이사를 쳐다봤다. 그러자 김 이사가 말없이 유성열 부장에게 눈길을 넘겼다. 유 부장은 동아 내에서 가장 손꼽히는 기술자였다. 그런 유 부장이 시선을 아래로 떨궜다. 그 모습을 보니 김 사장의 애가 탔다. 환장할 지경이었다. 설명회가 끝나고 김교련 사장은 전화기 앞에서 한참을 망설였다. 첫날 결과를 보고는 해야 하는데 말문이 떨어지지 않았다. 잘못 덤빈 것 같았다. 그런데 회장에게 어떻게 말해야 하나. '내가 실수한 것 같다고?' 말도 안 되는 소리였다. 아무튼 전화를 걸었다.

"회장님, 오늘 설명회를 들어보니 사업이 어마어마했습니다. 대단한 사업이었습니다. 규모도 대단하고 공사금액도 대단하고. 게다가 입찰에 참여하는 업체들 면면을 보니, 아무튼 세계 역사에 길이 남을 사업임이 틀림없는 것 같습니다."

보고 내용을 조용히 듣고만 있던 최 회장이 김 사장의 말을 탁 끊으며 중얼거렸다.

"대수로 공사가 대단하면 무슨 소용 있습니까. 동아가 대단해야지."

"…"

그 말의 의미를 깨달은 김교련 사장은 '알았다'는 답만 하고 전화를 끊었다. 옆에 있던 김승렬 이사가 몸이 달아 김 사장에게 물었다.

"회장님이 뭐라 하세요? 그냥 돌아오라고 하시죠?"

"대수로 사업, 꼭 먹으라신다."

리비아 대수로보다, 동아가 더 대단해야 한다

설명회 둘째 날도 상황은 다르지 않았다. 동아 팀은 모두 설명회장 구석에 그저 앉아만 있었다. 그때 입찰을 주관하는 브라운앤드루트사의 중역이 김교련 사장에게 말을 걸었다. 당시 브라운앤드루트사는 입찰 시 기술협력사를 반드시 넣어야 한다는 조건을 내걸었다. 기술협력이란 특수 콘크리트관 제작이었는데, 브라운앤드루트의 중역은 '프라이스브라더스'라는 미국 3대 콘크리트 업체를 소개해줬다. 미국은 어차피 리비아 사업에 단독 입찰이 불가능하니, 기술지원 형식으로 콘크리트 업체를 알선해 어떻게든 리비아 사업의 이익을 챙기겠다는 계산이었다.

김교련 사장은 일단 런던에서 프라이스사와 1차 미팅을 가졌다. 그러나 미팅이 끝난 후 김 사장의 얼굴은 성난 야차같이 돌변했다. 군인 기질에 화가 난 김 사장은 묵고 있던 런던 숙소에 돌아오자마자 소리쳤다.

"이거, 미국 놈들이 우리 업체들 갖고 노는 거 아니야!"

프라이스사는 당시 입찰에 참여한 한국 업체에 모두 접촉해 저울질하는 중이었다. 공사를 직접 수행하지 못하는 대신 기술협력이라는 입찰조건을 통해 브라운앤드루트와 프라이스브라더스가 한국 업체로부터 커미션과 비싼 로열티를 받을 심산이었다. 당시 입찰 참여가 예견되는 현대와 대우에는 콘크리트 계열사가 없는 점을 간파한 결과였다. 그리고 막판에 입찰장에 모습을 드러낸 동아에 같은 미끼를 던진 것이다.

한국에 돌아온 김교련 사장은 최원석 회장에게 씩씩거리며 보고를 했다.

"결국 리비아 사업은 국내 업체끼리 싸움입니다."

보고를 들은 최 회장은 사태를 간파했다. 최 회장은 이 사업 수주 과정에서 기술력 외적인 문제가 더 많을 수 있음을 직감했다. 아니나 다를까였다.

프라이스사가 국내 업체들과 동아를 두고 장난을 쳤고, 여기에 정부 외압이 들어왔다. 기업별로 별도의 정부 연고가 있으니 예상을 못 한 바 아니었다. 아무튼 동아는 우여곡절 끝에 프라이스사와 계약을 했고, 1981년 11월 예비심사를 통과했다. 20개 업체가 경쟁을 벌이는 것이었는데 여기에 한국 업체 3군데가 모두 포함됐다.

즉시 국내에서 스파이전이 벌어졌다. 동아가 오전에 입찰가를 정하면 오후에 경쟁사로 결정사항이 넘어갔다. 물론 동아 역시 거꾸로 상대방의 정보를 입수했다. 동아는 외부에 입찰가를 60억달러로 알렸다. 그러나 최종 입찰가는 33억9000만달러였다. 혹시 몰라 입찰봉투도 3개를 마련했다. 그중 하나만이 진짜였다. 입찰서 류가 담긴 트렁크만 11개였다.

이듬해 10월 최종 입찰이 실시됐다. 최종 입찰은 절차도 복잡했다. 입찰 서류는 발주처가 있는 벵가지와 트리 폴리로 나눠 직접 제출하고, 여기서 살아남는 4개사가 다시 런던에서 가격 협상을 하는 식이었다.

예비심사 이후 한국을 방문한 리비아 5인 위원회는 동아를 낙점했다. 다른 회사들과 달리 통운과 콘크리트 제작을 모두 아우른 건설사가 동아뿐이었기 때문이다. 그래서 리비아 측은 동아에 "양복점과 같다"는 멘트를 남겼다. 재단부터 제작까지 가능하니, 이번 공사에 적임자라는 암시였다.

1982년 10월 최종 4개사의 명단이 발표됐다. 동아와 현대, 그 외 소련과 이탈리아 업체가 명단에 들어갔다.

동아는 이들 업체 중 최고점수를 받아 1위를 차지했다. 김교련 사장은 이 사실을 동아 본사에 알렸다. 본사에서는 환호성이 터졌다. 이후 9일간의 협상이 시작됐다. 이 협상에서 결과는 언제든 뒤집힐 수 있었다. 입찰팀 사이에서 긴장감이 흘렀다. 막판 리비아 측에서 승부수를 던졌다. 입찰가에서 3000만달러를 낮추라는 것이었다. 이 조건만 맞으면 사업을 동아에 주겠다고 했다. 김교련 사장은 최원석 회장에게 전화를 했다.

"여기 분위기를 보니 3000만달러만 내리면 우리가 낙찰할 것 같습니다. 회장님이 결정을 내려주십시오."

그때 우리는 : '중동 건설'로 2차 오일쇼크 극복

자기 집·자동차 갖춘 중산층 비율 증가

1979년 제2차 오일쇼크 이후 1980년대 초반까지 세계 경제가 침체되는 가운데 같은 해 10월26일 박정희 전 대통령이 서거한다. 한 시대의 종말이었다.

한국은 들썩였다. 1980년 5월 신군부 세력은 집권 시나리오에 따라 비상계엄 전국 확대 조치를 내렸다. 충격적인 광주 민주화운동 진압사건이 이때 벌어졌다. 그러나 동시에 아이러니하게도 우리나라에는 '우리도 할 수 있다'는 기류가 싹트기 시작했다.

해외건설이 중동에서 벌어온 외화 덕분에 오일쇼크의 후유증을 극복했고, 동시에 대기업들의 제조·중화학공업이 발달하며 한국에는 중산층의 비율이 급증했다.

자기 소유의 집과 4인 가족을 부양하는 대기업 과장 '고길동(만화 〈아기공룡 둘리〉의 캐릭터)'은 1980년대의 아이콘이었다. 대학만 졸업하면 대기업 취업은 보장됐고, 공무원 취업연령도 가장 어렸다. 1980년대 중반부터는 '마이카 시대'가 왔다. 통금이 해제되고 교복이 자율화됐다. 그리고 1986년 아시안게임, 1988년 서울올림픽을 개최했다. '정말 우리가 해낼 수 있을까'라는 의문은 '이 정도는 우리도 해낼 수 있다'는 자신감으로 바뀌었다. 정치적으로는 극히 암울했지만, 어쨌든 경제적으로는 새로운 시대의 탄생이었다.

김 사장은 당연히 회장이 동의할 것이라 생각했다. 약 34억달러 사업에서 3000만달러는 별거 아니었다. 그런데 회장은 대답이 없었다. 약 10초간 침묵이 흘렀다. 김 사장의 손바닥에 식은땀이 흘렀다. 10초가 10분같이 느껴졌다. 이윽고 수화기 건너편에서 최 회장의 음성이 들려왔다.

"3000만달러 때문에 수주를 못 하게 되면 대수로 공사가 3000만달러밖에 안 되는 사업이란 얘기 아닙니까. 리비아에 내 말을 그대로 전해요. 3000만달러짜리 공사는 동아가 아니어도 할 업체가 많다고."

김 사장은 기가 막혀 그 자리에서 얼어붙었다. 그러나 도리가 없었다. 리비아 측에 회장의 이야기를 그대로 전했다. 이야기를 듣던 리비아 대표단의 표정이 사라졌다.

그들은 말없이 협상장을 떠났다. 그리고 그날 저녁이었다. 리비아 대표단이 동아 팀이 묵는 호텔로 예고도 없이 찾아왔다. 동아의 유성용 런던지점장이 즉시 최 회장에게 이 사실을 보고했다. 유 지점장의 목소리에 당황한 기색이 역력했다. 그러나 사우디 왕족 등과 친밀한 교분을 쌓으며 현지 전통문화를 눈여겨 본 최 회장은 빙그레 웃었다.

사막 유목민들은 상대방에게 줄 선물을 준비하지 않으면 절대 예고 없이 방문하지 않았다. 선물을 준비했기에 예고 없이 방문하는 것이다. 그래서 받는 이의 기쁨이더 커지도록. 최 회장은 이왕 선물받을 거라면 고생한 김교련 사장의 체면을 세워줘야겠다고 결정했다.

"반갑게 맞이해요. 그리고 우리 동아에 합류한 프라이스팀과 브라운앤드루트사 및 나머지 경쟁업체들까지 몽땅 데리고 가서 한턱 내시오."

동아 입찰팀은 모두 어안이 벙벙했지만, 회장의 명이니 일단 시키는 대로 따랐다. 총 40여 명의 사람들이 런던의 사교계 큰손들이 드나드는 곳으로 유명한 '가스라 이터'라는 술집에 모였다. 술잔이 돌고 돌았다. 그리고 밤 9시30분쯤, 리비아 측의 대표단장이 김교련 사장에게 다가와 부드럽게 '일어나라'고 요청했다. 그리고 술잔을 들어 올리며 크게 외쳤다.

"이번 대수로 사업의 건설사는 동아컨소시엄입니다."

그날 40명의 술값으로 5만달러가 나왔다. 술값을 보고받은 최 회장은 크게 웃으며 농담처럼 말했다. "계약 가격에 5만달러를 더 얹으면 되겠네." 이후 실제 1차 사업의 최종 계약가는 당초 예상보다 4억달러 올라간 37억달러였다. | 최지희기자 jh606@

인터뷰
interview

최원석 前 동아그룹 회장

'동아'가 잊혀져가는 것보다 韓 경제 살린 해외건설 가치, 시대가 잊는 것 같아 아쉬워…

Q. 선친에 대한 기억은.

굉장히 검소하시고, 일밖에 모르는 분이었다. 충남토건을 설립하고 보령에서 조그마한 간척사업을 하다가 서울에 올라와 박정희 정부의 가장 큰 사업인 동진강 간척사업을 맡으며 회사가 컸다. 네덜란드 기술진들이 다 불가능하다고 했는데 아버지가 돌망태 공법을 제안해서 간신히 끝마쳤다. 아버지는 집념이 강한 분이었다.

Q. 해외로 어떻게 눈을 돌리게 됐나.

그때 홍콩에서 우리나라 돈을 사지도 않았다. 환전이 안 됐다. 한국돈이란 게 전혀 쓸모가 없었다. 그래서, 야… 이거, 달러를 벌어야겠다 싶었지. 그런 생각으로 괌에 처음 진출한 거다. 그게 사우디로 이어진 거고.

Q. 세계 최대 토목공사였다. 입찰 결정 전에 고민이 많지 않았나.

몰라서 한 거지.(웃음) 그런데 몰라서 하는 게 제일 무서운 거다.

Q. 동아 이야기가 나오면 마음이 좋지 않을텐데…

말로 해 뭐하나. 동아그룹 해체는 김대중 정부가 출범한 지 3개월째부터 시작됐다.

당시 정부에서 나만 물러나면 회사를 살려주겠다고 약속했다. 내가 있으면 정부 지원의 구실이 없다면서. 그래서 나 때문에 회사 죽이면 안 되지 싶어 1998년 5월 회장직에서 사임한 거다…. 그게 실수였다. 내가 물러나니까, 회사가 휴지 조각이 되더라.

정부가 6월부터 대한통운 매각에 착수하고 7월 동아증권 매각 등을 일방적으로 추진하며 그룹을 해체했다.

Q. 정부 고위층이 매각에 개입했다고 보나.

그건 재판 과정에서 전부 드러난 사실이다. 정부 고위층이 매각에 개입했다. 가장 아까운 건 김포매립지… 30조원짜리 김포매립지를 6000억원에 팔더니, 1000억원짜리 동아증권은 단돈 20억원에 사채업자에게 넘기더라.

서원레저골프장(시가 1000억원)도 현찰 7억원에 넘어갔다. 특히 동아생명보험은 단돈 1000원에 비밀매각하더라. 기가 막히지. 동아의 국내외 자산이 정부 고위 관계자들이 개입한 가운데 이리저리 남의 주머니에 들어간 거다. 대체 누가 이득을 봤느냐. 그건 따지고 싶지도 않다.

1998년 8월 당시 동아건설 워크아웃을 위해 회계법인이 정밀 실사한 것에 따르면 동아건설 자산이 부채를 5400억원 초과한 상태였다. 동아건설은 워크아웃 당시 '재무건전기업'이었다고. 그러니 정부 시나리오가 있었던 거다. 리비아 사업이고, 중국 양쯔강 사업이고 추진할 게 많았는데 다 물거품이 됐다.

김영삼 정권과 친분 있는 기업이라는 이유로 타깃이었던 거다. 지인 통해서 김대중 정부가 벼르고 있다는 이야기는 들었는데….

Q. 고 성완종 경남기업 회장 건을 계기로 다시 동아 이야기가 언론에 나오던데…

무슨 종편 프로그램에서 회장이 분식회계 및 계열사 불법매각을 했다는 얘기를 떠벌리더라. 사실과 전혀 다른 얘기지. 분식회계 및 불법매각… 다 무혐의 처리된 것들이다. 어이가 없더라.
그래서 생각했지. 나는 자취 감추고 10년 살았는데 그렇게 밝혀주지는 않을 거라고.
성완종 그 사람… 사업 그렇게(열심히) 해서 뭐해.
자기는 500원짜리 장갑 끼면서 그렇게 많은 돈 뿌리고 다니고.
그것참 아이러니한 거 아니냐고.(한숨)

Q. 잊혀진 것이 아쉽지 않나.

동아가 잊혀진 게 아쉬운 게 아니라, 해외건설이 한국 경제에 미친 영향을 이 시대가 잊는 게 아쉽다. 40대만 해도 잘 모르더라고. 우리 때는 무조건 달러 버는 사람이 애국자였고, 거기에 자부심을 가졌다.
그런데 지금은 달러 버는 사람이 애국자인가. 우리나라는 신기하게 그런 걸 빨리 잊더라. 자신있게 말하는데 건설이 제2차 중동 오일쇼크를 막았다.
중동 건설 없었으면 한국 경제는 그때 죽었을 거다. 정부가 그걸 잊으면 안 된다.

인터뷰= 박봉식 산업1부장 · 정리=최지희기자 · 사진=안윤수기자 ays77@

리비아 근로자 유영규씨를 통해 본 중동 근로자의 삶

"중동서 3년 일하면 집 살 돈 모인다"
희망의 오아시스 찾아 떠났던 청년, 사막의 모래바람 속에 버틴 10년은 그의 20代 전부였고, 가족의 전부였다

대우건설의 리비아 트리폴리 5000가구 공동주택 건설현장에서 근무하던 때 주말을 이용해 현장 동료들과 리비아 유적지를 관광하는 유영규씨.

골목길에 낡은 자전거가 비스듬히 놓여 있는 것이 보였다. 영규씨는 순간 웃음이 나왔다. 14세 어린 나이에 홀로 서울로 올라와 찾은 일자리는 주유소에서 기름 넣는 일이었다. 숙식을 제공받고 하루 20시간씩 일했다. 그렇게 두 달 일한 돈을 꼬박 모으니 자전거 두 대를 살 돈이 되었다. 14세의 영규씨는 부푼 마음으로 고향에 있는 두 남동생에게 자전거 두 대를 선물했다. 집이 남의 '산지기' 생활을 하고 있으니, 학교 가는 길이 평탄치 않을 두 남동생을 위해서였다.

"무슨 일이 있어도, 매일 학교에 가야 한다."

영규씨는 시간 날 때마다 두 남동생에게 입버릇처럼 말했다. 14세부터 일한 덕분일까, 남동생들은 모두 고등학교를 무사히 졸업해 직업 군인이 되었다. 영규씨는 용산에 셋방을 얻어 부모님을 모시고 서울로 올라왔다. 6·25 참전 당시 부상을 얻어 몸이 불편한 아버지와 월남전 참전 이후 시름시름 앓는 큰형을 위해서 하루빨리 내 집을 장만하고 싶지만…. 이래서야 언제나 집을 사려나. 영규씨는 다시 달을 쳐다봤다. 이놈의 서울살이는 늘 팍팍하기만 하다.

꿈을 안고 시작한 서울살이 10년 늘 팍팍하기만 했다

오늘 따라 가구공장의 패널 제작 공정작업이 유독 늦어졌다.

가로등도 켜져 있지 않은 골목길을 따라 단칸방 집으로 돌아오는 23세 유영규씨의 발걸음은 마냥 무거웠다. 유난히 밤귀가 밝은 집주인 아주머니는 싫은 내색을 할 것이 분명했다. 어디서 놀다 들어가는 것도 아닌데, 이렇게 야간작업을 하게 되는 날은 괜스레 죄스러웠다.

영규씨는 문득 밤길을 걷다 서울의 밝은 달을 바라봤다. 달이 영규씨 신세마냥 처량해 보였다. 고향 아산을 등지고 서울로 올라온 지 어느덧 10년이 넘어간다.

서울만 오면 뭔가 달라질 거라 생각했지만, 살림살이는 나아진 것이 없었다. 국민학교를 졸업한 이래 친구네 집 머슴살이부터 엿장사, 빵장사 등 일이 주어지면 닥치는 대로 했지만 먹고사는 것은 늘 빠듯했다. 한 달 집세와 아버지 약값, 두 동생 학비 뒷바라지를 하고 나면 영규씨 주머니에 남는 것은 출퇴근에 사용할 한 달 토큰값 정도였다.

"중동 가면 한 달에 30만원씩 번다더라"

가구공장의 하루는 아침 일찍 시작해 고되게 돌아갔다. 무거운 패널을 나르고, 트럭 뒤에서 잠시 땀을 닦고 있는데 공장 선배가 영규씨에게 다가왔다.

"야, 너 젊은 나이에 이런 데서 일하면 돈 빨리 못 모은다."

영규씨는 싱거운 웃음으로 답했다. 그걸 내가 모르나.

"국민학교밖에 졸업 못 한 놈이 별 수 있나요."

"너 중동이나 한번 나가봐라."

"중동요?"

"넌 신문도 안 보고 사냐. 요즘 매일 신문 1면마다 중동 갈 근로자 찾는다고 건설사들이 난리더라. 난 나이가 있어서 좀 걸리고, 네가 가면 딱일 것 같은 데 말이야."

"학력은 안 보나요?"

"노가다인데 학력이 무슨 소용이야. 아무튼 내 친구 형이 중동에 나갔는데 딱 3년 일하고 집 살 돈 모아서 한국 왔더라고."

"…"

귀가 솔깃해지는 이야기였다. 영규씨는 그날로 공장 사무실에서 지난 신문을 뒤졌다. 선배 말대로 국내 대형 건설사들이 중동 파견 근로자를 찾는다는 광고가 신문 여기저기에 실려 있었다. 그중에 '대우건설' 광고가 영규씨 눈에 띄었다. 14세 어린 나이에, 말 그대로 보자기를 메고 고향을 떠나 처음 서울역에 내린 그날 영규씨 눈에 제일 먼저 들어온 것이 '대우건설' 간판이었다. 저 높고 번듯한 건물에서 일하는 사람들은 얼마나 좋을까. 어린 영규씨는 마냥 감탄만 했다. 그 후 주유소에서 일하면서도, 차량 기사 일을 하면서도 항상 '대우건설'이라고 적힌 간판을 바라보곤 했다. 영규씨는 그날로 바로 대우건설 중동 파견 근로자직에 응시했다.

1983년 10월, 당산동에 위치한 대우건설 해외송출사무소에서 중동 파견 근로자직에 응시한 사람들을 대상으로 체력시험이 열렸다. 시험은 간단했다. 40㎏짜리 모래포대를 들고 50m를 뛰어갔다 15초 안에 들어오는 것이었다. 그런데 의외로 탈락자가 많았다. 뒤에서 초조하게 순서를 기다리던 영규씨는 탈락자들이 모두 구두나 운동화 같은 것을 신고 달린다는 것을 눈치챘다. 모래포대를 든 상태에서 뻣뻣한 신발을 신고 뛰려니 안 되는 거라 판단한 영규씨는 맨발로 뛰었다. 단번에 합격이었다.

그해 11월, 인력사무소 게시판에 합격 공고가 떴다. 합격자 명단의 맨 끝에서 영규

200명 파견 근로자들이 여객기에 몸을 실었다
'시급 1달러' 하루 10시간 이상 일한 지
4년이 지난 날 어머니 편지가 도착했다
중동서 보내온 돈 모아 '단독주택'을 하나 샀다고…

집 떠나온 지 10년 만에 다시 한국으로 돌아왔다
그렇게 20대 청춘이 흘러갔다

씨는 자신의 이름 석 자를 발견했다. 하늘을 날 것 같은 기분이었다. 스물세 해를 살면서 그렇게 기쁜 날이 없었다. 그대로 집까지 뛰어 돌아와 어머니께 중동 파견 근로자 합격 소식을 알렸다. 한 달에 30만원을 번다는 것은 꿈만 같은 일이었다.

"어머니, 내가 3년만 나가서 돈을 벌고 어머니께 집을 사드릴게요. 그럼 이제 집주인 눈치도 안 보고, 아버지랑 큰형도 편히 모실 수 있으니 얼마나 좋아요."

그러나 마냥 신나고 들뜬 아들을 바라보는 어머니의 표정은 썩 밝지 않았다. 어머니는 그저 영규씨 손을 붙잡고 한참을 가만히 앉아 있을 뿐이었다.

"보고 싶어질까봐 그래요? 어머니도 참, 제가 거기 가서 매일 편지 쓸게요."

영규씨는 어머니 손을 꼭 잡고 크게 웃었다. 어머니는 그제야 힘없이 마주 웃었다.

드디어, 출국

12월3일, 200여 명의 대우건설 소속 중동 파견 근로자들이 DC10 여객기에 몸을 실었다. 영규씨의 시급은 1달러였다. 하루 10시간씩 한 달을 꼬박 일해야 30만원을 버는 거였다. 리비아에 도착한 근로자들은 트리폴리 숙소에서 대기하며 현장 배치를 기다렸다. 영규씨에게는 대우건설이 1981년 착공한 5000가구 공동주택 건설현장이 배당됐다. 현장에 도착하니 근로자들을 쭉 훑어보던 대우건설 현장 담당자가 영규씨에게 현장 감독관들 사무실 보조 업무를 할당했다. 다들 부러움이 섞인 눈으로 영규씨를 바라봤다. 고된 현장 업무를 피하는 것은 대단한 행운이었다. 감독관 사무실에는 총 42명의 감독관이 상주했다. 영국과 파키스탄에서 온 엔지니어도 있었지만 대부분 리비아 주택성 출신의 감독관들이었다. 한 방에 12명씩 묵는 조립식 숙소로 돌아오면 근로자들은 어린 영규씨에게 외국인 감독관에 대해 이것저것 물어보곤 했다.

"양놈들이 니를 머슴 부리듯 안 하드나?"

"에이, 안 그래요. 게다가 저 예전에 진짜 머슴살이도 했는걸요."

활짝 웃는 영규씨를 물끄러미 바라보던 나이 많은 근로자들은 그의 어깨를 툭툭 두드리곤 했다. 영규씨는 매일 밤 대우건설 직원이 준 아랍어 노트장을 보며 공부 삼매경에 빠졌다. 출근할 때면 간밤에 새로 공부한 아랍어를 사용해볼 생각에 가슴이 두근거리곤 했다. 새벽같이 일어나 사무실 청소와 서류정리로 업무를 시작해 감독관이 출근하면 차량관리를 해준 후 무슬림 감독관에게는 특별 식사를 챙겼다. 감독관들은 온갖 잡일을 도맡아 해주는 영규씨를 예뻐했다.

"무슨 일 있으세요?"

"집의 바닥이 좀 무너졌는데, 수리를 하려니 터무니 없는 가격을 부르는 거야. 완전 도둑놈들이지."

"그런 일이라면 제가 도와드릴게요. 건설현장이니 우리 쪽에서 문제를 해결할 수 있을 거예요."

"그렇게 해주면 고맙지만 번거롭게 그럴 필요 없어."

"아닙니다. 서로 돕는 거죠."

이런 식으로 영규씨가 감독관의 개인적 일을 도와주면, 감독관은 시공 과정에서 트집을 잡지 않는 식으로 보이지 않는 '도움'이 오가기 시작했다. 영규씨의 업무는 현장일보다 쉬웠지만 시급으로 계산할 수 없는 과외업무가 많았다. 퇴근 후에도 감독관들 집안 일을 돕는 등의 잡무가 계속 이어졌다. 일을 모두 마친 후 숙소에서 몸을 뉘일 때면 고향에 계시는 어머니 생각이 났다. 건강하신지, 아버지 병환은 더깊어지지 않았는지 걱정이었다.

"집만 사면 돌아가야지."

중동 파견 4년이 지난 후 어머니에게서 편지가 도착했다. 영규씨가 보내준 돈을 모아 조그만 단독주택 하나를 구입했다는 내용이었다. 기쁜 마음에 영규씨는 그날로 양 한 마리를 사서 지인들과 축하파티를 열었다. 현지 근로자들이 건포도를 발효시켜 만든 술이 축하주로 등장했다. 기쁜 밤이었다. 영규씨 인생에서 가장 기쁜 일은 모두 중동 덕분에 가능했다. 세상이 모두 내 것만 같았다. 그러나 집을 구입한 후에도 한동안 영규씨는 한국으로 돌아가지 못했다. 트리폴리 5000가구 공동주택 현장의 일이 늦어지는 가운데 발주처 감독관들이 영규씨의 연장근무를 요구하며 근무기간이 조금씩 길어졌다.

영규씨가 근무한 지 5년이 지나자 현장에는 방글라데시 근로자들이 유입되기 시작했다. 이제는 한국인 근로자의 인건비가 올라 방글라데시 근로자들을 고용하지 않으면 현장 단가를 맞추지 못한다고 했다.

어느 날, 근무를 마친 영규씨가 숙소로 돌아가던 중 길바닥 위에 주저앉아 흐느껴 우는 방글라데시 청년과 마주쳤다. 청년의 얼굴은 앳되었다. 그의 얼굴에서 14세 나이에 홀로 상경한 자신의 얼굴이 겹쳐 보였다.

"왜 우는 겁니까?"

"…"

주저하던 청년은 손에 쥐고 있던 편지를 내어 보였다.

"집에서 편지가 왔는데… 어머니가 보낸 편지인데… 제가 글을 몰라서 읽을 수가 없어요."

영규씨는 바로 다음날 방글라데시 현장 근로자들의 문맹률을 조사해보았다. 감독관 사무실에 있으니 근로자 현황을 조사하는 것은 어렵지 않았다. 조사해보니 방글라데시 근로자의 문맹률은 65%에 달했다. 영규씨는 홀로 빈 컨테이너와 책상을 조달해 '방글라데시 야간학교'를 차렸다.

그때 우리는 : 경제 일으킨 중동 근로자의 땀

年 10만여 명 건설인력 파견… 당시 외화벌이의 50% 차지

'1960년대 서독에 진출한 광부 간호사들이 순수하게 노동력만 갖고 진출했다면 1970년대부터 시작된 중동 근로자 진출은 인력과 기업(건설업 용역업)이 동반된 노동력 수출이라는 점에서 차별화됐다. 중동 진출 첫해인 1974년 해외건설 수주액은 2억6000만달러였으나 이듬해 1975년에는 226.3%나 늘어난 8억5000만달러나 됐다. 당연히 중동 송출 근로자 수도 늘어났다. 1978년부터 국내 건설사들은 전국 일간지마다 매일 같이 중동요원 모집에 전력을 기울였다. 대형 건설사는 자체 직업훈련소를 만들어 기능공 양성에 열을 올렸다.

정부는 정부대로 해외 진출 기능사에게는 군복무 면제, 기능사자격증 부여, 최고 연봉 등의 특전을 제공했다. 정부 입장에서 중동 인력 송출은 오일쇼크를 타개하고자 국가 차원에서 벌인 정책이었다.

눈 깜짝할 사이에 중동 건설 송출인력 규모가 한 해 10명에 달했다. 이들은 뜨거운 사막 열기와 맞서 싸우며 건설현장을 지켰다. 이렇게 중동 근로자들이 벌어들인 외화 수입은 1970년대 총 외화 수입의 85%를 차지했다. 1980년대 초반에 이르러 이들 송금액이 62억달러에 달했다. 이는 당시 우리나라가 벌어들인 전체 외화의 50%를 차지하는 규모였다. 이들 중동 근로자가 송금한 외화는 오일쇼크를 견디게 했고, 조국 경제 성장의 밑거름이 됐다. 이들이 보여준 강인한 정신력과 근면함은 한국 건설의 상징이 됐다. 한국 경제가 휘청거리는 순간, 중동 근로자가 중심을 잡고 중동 진출 건설사가 한국 경제를 한 단계 도약시킨 셈이다.

방글라데시 근로자 중 고등교 육을 받은 사람을 교사로 선임했다. 영규씨는 자비를 털어 공책과 연필을 구매했다. 한 지인은 영규씨에게 오지랖도 넓다며 핀잔을 주었다. 자신도 넉넉지 않으면서 남의 나라 근로자들은 뭐 하러 돕느냐는 거였다. 그러나 영규씨는 형편이 어려워 충분히 배우지 못한 이의 설움에는 국적이 없다고 믿었다. 그 슬픔은 영규씨가 가장 잘 이해했다.

어느덧 영규씨가 일하는 현장이 모두 마무리됐다. 곧 귀국날짜가 잡혔다. 귀국날짜를 따져보니 중동에 온 지 꼭 10년15일째가 되는 날이었다. 돌아가는 날, 영규씨는 마지막으로 배급 나온 딱딱한 바게트 빵을 소중하게 보자기에 쌌다. 그리고 현장의 모래를 조그만 통에 담아 가방 깊은 곳에 넣었다. 이 고운 사막의 모래는, 영규씨의 20대였다. 영규씨는 자신의 20대를 호주머니에 넣고 한국 어머니가 계신 곳으로 돌아왔다.

| 최지희기자 jh606@

'중동 건설' 뒷 이야기

학비 결혼자금 벌러 무작정 중동으로…
고된 경험, 정치인생에 큰 밑거름 됐죠

김성태 새누리당 의원은 건설업계에서 중동 건설근로자 출신 정치인으로 통한다. 김 의원은 1982 년부터 한양 소속으로 사우디아라비아의 이맘대학교 건설현장에서 일했다. 짧다면 짧고 길다면긴 1년 6개월간의 중동 건설현장 경험은 그의 앞날을 바꿨다. 법관을 꿈꾸며 현장에서도 법전을 뒤적이던 20대 젊은이는 건설노동자들과 동고동락하며 노동운동에 눈을 떴다. '건설경제'가 김성태 의원을 만나 중동 건설노동의 경험과 중동 건설근로자가 한국 경제에 남긴 의미를 물었다.

Q. 중동 파견 근로자에 지원한 배경은.

그때 딱 25세가 되던 해였는데 이유는 단순했다. 돈을 많이 벌고 싶었다. 지금의 아내와 결혼을 하려는데 전세자금도 없는 여건이었다. 여기에 못다 한 학업을 계속할 돈도 없고…. 그래서 딱 1~2년 고생하자 싶어 중동에 가게 된 거지. 일하는 동안 내 건강을 위한 휴식 같은 것은 잠시도 생각하지 않았다. 오로지 일만 시켜주기를 바랐고, 일을 시켜준 자체가 고마웠으니까. 주말근무에 특근, 야근까지 모두 소화했다. 내가 한 달 동안 일한 대가가 월급 정산서로 바뀌는 순간이 가장 행복했고 그 순간 모든 고통이 잊혀졌다. 그렇게 번 돈 중 5% 정도만 현지에서 용돈으로 쓰고, 95%는 한국으로 송금했다.

Q. 임금은 어느 정도 수준이었나.

중동건설근로자 출신 정치인 **김성태** 의원

현장의 98%가 시급제 근로자였는데 각자 임금은 본인이 일하는 데 달렸다. 각 직종마다 시급이 달랐다. 중장비 기사들의 시급이 가장 높았고, 콘크리트 타설 공이라든지 철근공은 시급이 낮았다. 편차가 상당히 컸다. 처음에는 건축자재 쪽을 담당했는데, 어쩌다 운이 좋아서 중기부로 발탁됐다. 덤프트럭으로 건축현장에서 토사를 운반하는 일을 맡았다. 장비 운전은 별로 안 힘들 거라 생각하는데… 보기보다 위험한 일이다. 암반이 나올 때까지 땅을 파고 들어가기 때문에 거기에서 운전해 나오는 길이 위험하다. 하루 12시간을 꼬박 근무하는데 잠깐이라도 졸면 차가 전복되는 거다. 졸면 바로 죽는 거였다. 그래서 송곳 같은 것으로 허벅지를 찔러가면서 일했다. 나중에 숙소에 돌아와서 보면 작업복 바지에 피가 묻어 있을 정도였다.

Q. 그때를 생각하면 가장 먼저 떠오르는 것은.

덤프를 운전하면서 늘 음악을 들었다. 내 세대의 노래는 아닌데 한국 노래가 워낙 귀하니까 이미자의 '동백아가씨'를 테이프가 늘어질 때까지 들었다. 그걸 듣기만 해도 눈물이 나더라. 어디 가다가 태극기를 보면 눈시울이 붉어졌고, 고생스러울 때는 애국가도 불렀다. 지금은 대한민국이 국제적인 위상도 높아지고, 선진국 대열에 있기 때문에 해외에서 불편함이 없지만, 그때 우리나라 근로자들은 외국인들에게 무시를 많이 받았다. 약소국 국민의 설움 같은 것이 있었다. 그걸 알기 때문에 국내 노동법을 제정할 때 외국인 근로자 들에게 최대한 차별을 두지 않도록 신경 쓴다. 우리나라에서 내 또래 사람 중 외국인 근로자의 설움을 이해하지 못할 사람은 거의 없을 거다.

Q. 중동 근로자 경험이 남긴 것은.

그때 중동 건설현장 생활을 통해 개인적으로 강해졌다고 생각한다. 다른 국회의원들을 보면 대부분 좋은 부모 밑에서 좋은 교육 받은 사람들이다. 그래도 나랑 경쟁하면 못 이긴다고.(웃음)

Q. 중동 근로자가 한국 경제에서 갖는 의미는.

분명한 사실은 대한민국이 이 정도 위치에 서기까지 1970~1980년대 해외건설 근로자들의 헌신적인 희생이 큰 역할을 했다는 사실이다. '해외건설인의 날'을 제정해 당시 현장에서 불철주야 일한 기능인들에게 관심을 기울일 때다. 이를 통해 현장 근무한 근로자들의 자긍심을 살려주고, 그들의 경험을 다시 국가 경제로 환원시키는 기점을 마련해야 한다고 생각한다. 해외건설 50주년을 맞이해 해외건설인력들에 초점을 맞춰 '제2의 중동붐'을 일으키는 데 밑거름이될 제도적 장치를 마련하는 데 힘쓸 생각이다.

인터뷰= 박봉식 산업1부장 · 정리= 최지희기자

인터뷰
interview

대우건설 리비아 공동주택 현장 근무 **유영규** 씨

"글 못 읽는 방글라데시 근로자 위한 야간학교 세운 일 뿌듯"

Q. 3년을 약속하고 나간 건데 10년이나 있었다. 1993년에 돌아오니 어머니가 무척 반기셨겠다.

물론이다. 중동 있을 때 어머니께 항상 편지를 썼는데 한국에 돌아가니 어머니가 그동안 모아놓은 편지를 보여주시더라. 그게 무려 198통이었다. 중동에서 일한 덕분에 아주 작기는 하지만 우리 집을 장만해 부모님을 모실 수 있다는 게 참 행복했다. 하지만 원래 약속대로 어머니를 호강시켜 드리지는 못했다. 이듬해 어머니가 돌아가셨으니까.

Q. 영어도 못 하는데 감독관실 보직을 받아 당황했겠다.

'헬로'소리도 못 하는데 외국인 상대를 하라 해서 놀랐다.

나는 배움이 짧은 사람이지만 그래도 리비아 발주처 감독관을 상대하는 게 이 현장에서 얼마나 중요한 일인지는 이해할 수 있었다.

그래서 최대한 성심껏 그들을 대하자 마음먹었다. 진심이 통했던 것 같다.

Q. 현장에서 방글라데시 근로자를 위한 학교를 마련했다는 이야기는 좀 놀랍다.

고국에서 어머니가 보낸 편지를 읽지 못하는 슬픔을 나보다 더 잘 이해할 수 있는 사람이 있을까. (웃음) 그런데 그건 정말 아무것도 아니다.

나는 그저 공책과 연필만 장만한 거고, 컨테이너나 책상은 전부 대우건설 현장에 있던 것을 활용한 거다. 내가 한 게 아니라 대우건설이 한 거라 생각한다.

Q. 귀국할 때 장학금을 기탁한 걸로 알고 있다.

일용잡부로 간 사람 중 가장 오래 일한 근로자여서 대우건설과 발주처에서 격려금을 줬다. 그 돈을 리비아 현지에 장학금으로 기부했다.

나중에 얘기를 들어보니 33명의 리비아 아이들에게 학비로 제공됐다고 한다. 무척 행복했다.

Q. 10년을 중동에서 일했으니 감회가 남다를 것 같다.

사실 올해 신년 명절에 일가친척이 다 모여 이제야 우리가 가난에서 벗어났다는 이야기를 나눴다. 우리 조카들까지 모두 집을 장만했으니까. 따져보니 한 집안이 가난에서 벗어나는 데 50년이 걸린 셈이더라.

물론 지금도 형편이 넉넉한 것은 아니지만 그래도 집이 있다는 의미가 참 크다. 올해 해외건설은 50주년이고, 우리 집도 올해를 기점으로 가난에서 벗어나 참 기쁜 일이고, 서로 축하할 일이다.

다만 한 가지 당부하고 싶은 것은… 해외건설 50년 동안 건설근로자들이 항상 함께했다는 것을 건설사 분들이 잊지 않았으면 좋겠다.

| 최지희기자

삼성물산 말레이시아 '페트로나스 트윈타워'

당시 세계 최고층 '트윈타워' 건설 놓고 韓·日 자존심 대결… 1mm 오차 없는 완벽시공, 발주처도 감탄한 韓國의 승리였다

지상 175m 높이의 41층과 42층에 걸쳐 두 빌딩 사이를 잇는 스카이브리지는 하자마구미가 난공사를 이유로 시공을 포기하며 삼성물산의 몫으로 돌아왔다. 삼성은 500여 개 부품과 8000여 개의 볼트를 1mm의 오차도 없이 완벽시공했다.

출장 가방을 들고 다시 김포공항에 선 김경준 부장의 마음은 무거웠다. 1983년부터 쿠웨이트 건축현장에서 일했다. 당시 중동에서는 "한국인의 근면성을 믿는다"는 둥 하며 10개월 만에 왕립 콘퍼런스센터 공사를 끝내 달라는 무리한 주문을 하는 것이 일반화된 시점이었다. 김 부장은 그때 생각을 하면 쓴웃음밖에 나오지 않았다. 도면도 없는 사업을 수주해 쉬는 날 없이 24시간 작업했다. 누구 하나 휴가라도 내려면 회장의 승인을 받아야 했다. 그 현장을 가까스로 수습해 9개월 만에 준공하고 나니 진이 빠졌다. 1993년 삼성물산으로 이직하며 내건 조건은 하나였다.

"해외 현장은 보내지 말아달라."

삼성 측은 이를 가볍게 수용했다. 이직 후 그에게 염창동의 아파트 건설현장의 소장직이 맡겨졌다. 그러던 어느 날, 안면 있던 선배가 그를 찾아왔다. 세계 초고층 건축물이 될 말레이시아 페트로나스 트윈타워의 건설현장을 맡은 김종훈 현장소장이었다. 싱글거리며 웃는 선배를 보자마자 그는 손을 내저었다.

"다시는 해외 안 나갑니다."

"에이, 이 사람. 내가 사정 몰라서 그러나. 그냥 딱 1주일만 갔다 오자는 거야. 1주일 동안 현장만 좀 둘러보면 된다니까."

선배는 능글맞게 웃었다. 설마, 1주일일 리가. 그럴리 없다고 생각하면서도 막상 돌아서면 '1주일이면…'이라는 생각에 마음이 약해졌다. 게다가 건설기술자 입장에서 세계 초고층 건축물 현장을 한번쯤 보고 싶은 욕심이 마음 깊은 곳에서 불쑥 고개를 들곤 했다. 결국 마음이 약해져 고개를 끄덕이고 말았다. 혹시 그게 실수는 아니었을까. 공항 게이트에 선 순간 김 부장은 스멀스멀 피어오르는 불안감에 저도 모르게 몸서리를 치고 말았다.

"그래도, 설마…."

김경준 부장은 마음을 다잡고 말레이시아행 비행기에 올랐다. 그렇게 그의 20년짜리 장기 해외출장이 시작됐다. 말레이시아 다음에는 필리핀, 그다음에는 UAE. 1994년의 김경준 부장으로선 상상도 못 할 일이었다.

말레이시아에서 제2의 다윗과 골리앗의 싸움 재현

'페트로나스 트윈타워 사업'의 삼성 수주는 아무도 예상치 못한 일이었다. 이 건물은 지하 6층, 지상 92층으로 전체 높이가 452m에 달했다. 세계 최고층인 미국 시카고에 있는 시어스타워(지상 110층)보다 9m가량이 높았다. 당연히 세계 건설업계의 이목이 집중됐다. 발주처는 트윈타워의 공사를 분리해 일본의 하자마구미와 한국의 삼성이 한 개씩을 나눠 시공하도록 했다. 이 중 '쌍둥이 빌딩'의 지상 177m 위치에서 양 건물을 연결하는 길이 59m, 폭 4.3m, 무게 800t의 거대한 철골교량 스카이브리지는 삼성이 수주했다.

두 건설사의 자존심 싸움은 1994년 본격적으로 막이 올랐다. 겉으로 보기에는 다윗과 골리앗의 싸움이었다. 일본의 하자마구미는 일제 시대에 압록강 수풍댐을 건설한 100년 역사의 건설사로, 말레이시아 시장 진출 시기는 1973년이었다. 반면 삼성은 말레이시아 진출 경력 불과 3년에, 고층건물이라고는 27층짜리 시공 경험이 전부였다. '베테랑'과 '애송이'가 100m를 사이에 두고 바벨탑 쌓기 경쟁에 돌입하는 역사적인 순간이 재현된 셈이다.

김경준 부장이 그 역사적인 현장에 도착한 이후 시간은 쏜살같이 지나갔다. 1주일만 현장을 둘러보면 된다고 약속했던 김종훈 현장소장은 김경준 부장에게 트윈타워 건설현장의 공사부장직을 맡겼다. 1주일치 출장 가방을 싸들고 말레이시아에 도착한 김 부장은 한국으로 돌아오지도 못하고 그대로 현지에 머물러야 했다. 결국 한국의 아내가 국민학교 3학년, 1학년짜리 두 아이를 데리고 그를 따라 말레이시아로 건너와야 했다. 기왕 온 거 잘 해야 했다. 이미 시작된 전쟁이라면 이기는 것이 그의 성미에도 맞았다.

최훈 삼성물산 사장은 "회사 명운에, 한·일 자존심까지 걸린 공사"라며 현장직원들을 독려했다. 현장소장도 그렇겠지만, 공사부장직의 김 부장이 받는 압박도 만만치 않았다.

"어때 보여?"

공사 시작부터 공기 단축 압박을 받는 현장이어서 현장소장은 보기보다 초조한 상태였다. 설계사 시사펠리(Cesar Pelli)는 공기로 33개월을 제시했는데, 마하티르 총리가 정치적인 이유에서 공기(工期) 단축을 요구했다. 그래서 하는 수 없이 6개월 앞당겼는데, 지연 시 벌과금 조항이 붙어 있었다. 한 층 올라가는 데 평균 4.5일을 초과하면 공기를 맞추는 데 문제가 발생할 수 있는 현장이었다. 여기에 스카이브리지 시공까지.

"이거, 만만치 않겠는데요."

1996년 22년간 깨지지 않던
미국 시카고 시어스 타워(443m)의 아성을 깨고
세계 최고 타이틀을 아시아로 가져온
말레이시아 페트로나스 트윈타워의 전경.

관건은 고강도 콘크리트 제작과 타설이었다. 김 부장은 얼마만큼 자동화를 시켜 크레인 사용을 줄이느냐가 공기 단축의 핵심이라고 생각했다. 관련 핵심 장비가 있었다. 콘크리트를 고층 건물로 바로 쏴주는 독일제 펌프카였다. 이 장비는 콘크리트를 단숨에 지상 381m까지 쏘아 올릴 수 있었다. 하지만 이 장비는 홍콩 센트럴 플라자 빌딩을 지을 때 콘크리트를 논스톱으로 쏘아 올린 최고 기록이 308m에 불과했다. 세계 최고층 건물을 짓다보니 장비의 한계가 덤으로 따라왔다.

결국 300m 이상부터는 각종 설비를 지상에서 미리 만들어 꼭대기로 옮겨 조립하는 방법을 사용했다. 이를 위해 32t의 무게를 지탱할 수 있는 고속 대형 크레인이 동원됐다. 나중에는 독일제로 부족해 삼성이 직접 말레이시아에서 장비를 조립해 사용했다. 이 과정에서 삼성중공업은 콘크리트 펌프카 제작 방식을 습득했다.

또 다른 난제가 있었다. 초고층 건물은 하중을 견디기 위해 기둥이 두꺼워질 수밖에 없는데, 설계자가 의도한 건물의 날렵한 디자인을 실현하려면 기둥의 지름을 줄여야 했다. 삼성물산이 껴안은 최대 과제는 고강도 콘크리트 개발이었다.

초고강도 콘크리트는 초고층 빌딩에서 필수적이다. 건물 높이가 엄청난 만큼 위에서 아래로 짓누르는 무게가 상상을 초월하는 탓이다. 트윈타워는 설계대로 시공할 경우 총중량이 무려 27만t에 달했다. 빌딩 아랫부분의 기둥은 총 16개인데, 각 기둥 하나가 약 1만7000t의 무게를 지탱해야 한다는 계산이 나왔다. 고강도 콘크리트 없이 설계자의 의도를 구현하는 것은 불가능했다. 삼성물산은 초고층용 콘크리트 제작에 나섰다. 트윈타워에 사용된 콘크리트는 1㎠당 800kg을 견뎌야 했다. 주사위보다 작은 콘크리트 큐브 조각이 1t에 가까운 무게를 견뎌야 하는 셈이다.

난제는 많았지만 하나하나 해결됐다. 삼성중공업 등 삼성 계열사들이 시공 관련 장비와 자재를 제작하는 데 거의 총동원되다시피 했다.

배울 건 배우면서 하자

기본적인 시공 방식이 결정되자 김경준 부장은 일본 하자마구미 쪽과 업무협조를 하자는 제안을 했다.

"우리 모두 똑같은 건물을 짓는 상황인데 업무협조가 관건 아니겠습니까. 주간 코디네이션 미팅을 하며 서로 상대방의 시공 현장을 볼 수 있도록 개방하면 좋을 것 같습니다."

일본 쪽도 망설이다 결국 찬성했다. 이미 경쟁구도가 자리 잡은 마당에 내부적으로는 상호 원활한 관계를 맺는 것이 시공 완성도를 높이는 길이라 판단한 것이다. 게다가 삼성의 공사진행 속도를 매주 체크할 수 있다는 것은 매우 유혹적인 제안이었다. 이 때문에 반대로 삼성 쪽 현장에서는 일본에 우리 현장을 개방하는 것을 꺼리는 목소리도 있었다.

"아무리 선의의 경쟁도 좋지만, 엄연히 경쟁 관계인데 현장 공개는 좀…."

"무슨 소리를 하는 겁니까. 우리가 일본만큼 현장 관리 능력이 좋은 줄 알아요? 배울 건 배워서 우리 것으로 만들어야 이 승부에서 이기는 겁니다."

김 부장의 의견대로 매주 수요일 삼성과 하자마가 서로 상대방 건물의 현장을 들여다보기 시작했다. 현장 개방일마다 삼성 직원들은 만반의 준비를 갖춰 일본 현장을 견학했다.

"확실히 일본은 다르네요."

감탄의 목소리가 나왔다. 일본은 가시설물 공사나 계획 부분까지 세밀하게 조직적이었다. 안전관리와 각 층에서 일하는 모든 근로자의 동선, 물류 동선이 정확히 구분되어 있었다. 배울 점이 엄청났다. 현장 개방일마다 삼성 쪽은 하자마구미의 현장관리 능력을 그대로 복사하다시피 흡수했다. 마른 스펀지가 물을 빨아들이는 수준이었다.

얼마 지나자, 하자마구미 쪽에서 매주 수요일 진행하던 코디네이션 미팅의 중단을 요청했다. 아무리 생각해도 현장을 개방하면 할수록 본인들이 손해를 본다 싶어 진거다.

"저쪽에서 현장 개방 미팅을 이제 중단하자는데요."

"그럼 그만하자고 그래."

김경준 부장은 미소지었다. 배울 것은 이미 모두 배운 후였다. 공사가 진행될수록 당초 예상과는 달리 한국 쪽이 일본을 앞서나가기 시작했다. 인도네시아 발주처 쪽에서도 당황할 정도였다.

착공 8개월이 지난 후, 이전까지 강남구 일원동의 삼성의료원 건설 책임을 맡고 있던 송도헌 상무가 현장소장으로 부임했다. 김경준 부장이 이끄는 공사 기술진들은 송 소장에게 구조계산 검토를 보고했다.

"이대로 건물을 짓다보면 우리가 완공하는 시점에 건물 높이가 대략 50cm 줄어들 겁니다."

그때 우리는 : 단순시공 탈피, '기술건설'로 도약

건설사마다 기술연구소 확충… 초고층 빌딩 · 플랜트 공략

1980년대 해외건설 진출 조정기에 많은 건설사들이 산업합리화 대상에 포함돼 경쟁력이 취약한 업체들은 강제 정리됐다. 이후 시장은 비교적 경쟁력을 갖춘 건설사들이 국제사회에서 인지도 높은 업체들과 기술 및 사업관리로 승부하는 한 차원 높은 위치로 도약하는 단계를 맞이한다. 국제적으로 신뢰성과 인지도가 높은 대형 업체들이 자사의 브랜드 파워를 이용해 수익성 있는 공사를 선별 수주하는 여유까지 생겼다. 이 가운데 건설 프로젝트 전반을 관리하며 사업의 이익을 최대한 끌어 올리는 'PM(프로젝트 매니지먼트)'형의 사업 실적이 쌓이기 시작했다.

1992년 대우건설이 수주한 라오스의 '후웨이호 댐 건설사업'이 대표적이다. 건축계에서도 이변이 일어났다. 신원개발로 시작해 불과 20년이란 길지 않은 역사를 가진 건설업체인 삼성물산이 세계 최고 건축물이 될 말레이시아의 초고층 건축물 공사를 수주하는 기염을 토했다. 해외건설의 양극화가 이 시점부터 시작됐다. 대부분의 건설사가 기술연구소를 늘리며 특화된 건설기술 확보전에 뛰어들었다. 그 결과 고도의 기술을 요구하는 해외 플랜트 사업의 경우, 1985년만 해도 17.3%에 불과한 수주확률이 1993년에는 43%까지 상승했다. 이제 해외 시장에서 한국 건설을 우습게 보는 이는 사라졌다. 건설은 대한민국을 '아시아의 용'으로 만든 주역으로 자리매김했다.

"쉬링크 현상이 일어난다는 거지."

장기간 하중을 받은 콘크리트가 쪼그라드는데 이 미세한 수축이 층별로 누적되다 보면 건물이 400m를 넘어서는 시점에 총 높이가 계획보다 반 정도 미달하는 사태가 빚어진다는 계산이 나왔다. 높이에 민감한 초고층 건축물 시공에서 50cm에 달하는 쉬링크 현상은 용납 불가한 것이었다.

삼성은 처음부터 콘크리트 하중에 의한 탄성 변형 및 장기간에 걸친 수축 현상을 예상하며 이를 정확히 계산하고, 이에 대한 적절한 보정 방법을 추가하며 시공해나갔다. 문제는 약 20년간 초고층 건물 시공이 중단된 상태이다보니 콘크리트의 축소량에 대한 예측 기법이 정밀하지 못하다는 거였다.

송 소장과 김 부장은 이래저래 구조를 검토하다 결국 한 가지 결론에 도달했다.

"아무도 안 한 거면, 우리가 하는 수밖에 더 있어."

삼성은 골조공사 시공 시 기둥 및 코어 벽에 측정 장비를 매립했다. 1층 타설할 때부터 3년4개월 동안 계측을 수행했다. 측정은 다양하고 체계적으로 진행됐다. 반면 일본은 이를 계산하지 않았다. 삼성은 한 가지 더 일본과 차별화했다. 철저한 계산과 예측을 통해 삼성 기술진은 시공 과정에서 건물이 50층을 넘어가는 지점에서 약간 기울어진다는 예상 결과를 도출했다.

"발주처에 미리 건의해 이 문제를 어떻게 보강할 것인지, 방안을 우리가 먼저 제시해야 합니다."

"그렇지."

그러나 일본은 발주처 쪽에 이런 문제제시를 하지 않았다. 실제로 건물이 올라간 지 1주일 사이 일본 쪽 건물이 25mm정도 미세하게 기우는 현상이 빚어졌다. 발주처는 하자마구미 쪽을 의심하기 시작했다. 이 때문에 하자마구미는 발주처의 불안을 해소하고자 직접 마하티르 총리에게 시공 과정을 재설명하고 이해시키는 웃지 못할 촌극을 겪어야 했다.

그동안 삼성은 일정대로 공사를 차근차근 진행해나갔다. 건축계의 최대 난공사로 꼽혔던 스카이브리지 공사엔 첨단과학 기술이 총동원됐다. 이 교량은 50년 주기로 예상되는 강한 돌풍에 대비해 특수 설계됐다. 길이 58m에 폭 6m, 무게 1000t의 교량을 '∧'자로 받쳐 지탱해 전후와 좌우에서 부는 바람에도 견딜 수 있도록 디자인한 것인데, 500여 개 부품을 한국에서 모두 제작해 조달한 것이었다. 이후 33개의 컨테이너에 나눠 배달된 부품을 현지에서 조립해 크레인으로 올리는 형식으로 진행됐다. 1mm의 오차도 허용되지 않는 정밀 공정이 필요했다. 여기에 사용된 볼트만 해도 무려 8000개에 달했다.

여기서 삼성의 완벽함이 빛을 발했다. 삼성 기술진은 한국 창원에서 제작돼 도착하는 볼트가 이동 과정에서 팽창할 것을 계산했다. 1mm의 오차도 허용하지 않는데 볼트가 팽창이라도 하면 중간에 그라인딩해야 하는 상황이 빚어질 수 있었다. 인도네시아 총리가 지켜보고 방송 카메라가 생중계하는데 그런 모습을 연출할 수는 없었다. 삼성 기술진의 계산은 적중했다. 8000개의 볼트는 그라인딩 한 번 없이 현장에서 딱 맞아떨어졌다. 현장에서 환호가 터져 나왔다. 마하티르 총리가 일어나 손뼉을 쳤다. 10시간에 걸친 작업 끝에 설치를 마치고 내려오는 송도헌 소장과 김경준 부장은 이마에 맺힌 땀을 닦았다.

시간이 흘렀다. 일본보다 35일 늦게 시작한 공사였지만, 87층 콘크리트조 마무리 공사(88~92층은 철골)는 삼성이 하자마구미보다 2시간16분 앞서 끝냈다. 이대로라면 이번 승부에서 승리는 '다윗'의 것이었다. 그런데 발주처가 고용한 공사의 감독관 중 한국인 감독이 이제 현장소장직을 맡고 있던 김경준 소장을 불렀다.

"일본 쪽이 뭔가 심상치 않아요. 특수용접공을 공수해서 계속 올려 보내는데 보아하니, 아무래도 마지막에 만회하려는 속셈 같은데요."

김 소장이 비상을 걸었다. 축구도 한·일전에서 지면 밤에 잠이 안 오는 법인데, 역사적인 건물 시공에서 일본에 뒤지면 밤샘 기도를 하며 무사 시공을 기원한 말레이시아 한국 교민 및 고국에 면이 안 서는 일이었다.

1주일 동안 삼성 기술진과 근로자들은 첨탑 건설현장에서 못 내려왔다. 밥도 첨탑에서 먹고, 세수와 양치질할 물도 첨탑으로 올려 보냈다. 그렇게 마지막 날 발주처 감독이 보는 앞에서 마지막 30cm를 들어 올렸다. 볼트 조정 작업이 다 끝나니 아침 7시 30분이었다. 그 순간 아래를 바라보니, 건물 밑에서 빨간 모자를 쓴 근로자들이 썰물처럼 빠져나가는 모습이 목격됐다.

하자마구미 쪽 근로자들이었다. 출근길에 삼성 쪽 첨탑이 먼저 올라간 것을 보고는 근로자들이 화가 나 안전모를 벗어 던지며 바로 퇴근해버린 것이다. 삼성물산 직원들이 첨탑 위에서 웃었다. 말레이시아의 아침 해가 세상에서 가장 높은 건물 위에 우뚝 선 그들을 조명했다.

| 최지희기자 jh606@

인터뷰
interview

김경준 삼성물산 부사장

“페트로나스 트윈타워 값진 경험 덕에 ‘부르즈 칼리파’ 대기록 세울 수 있었죠”

Q. 현재 삼성의 초고층 실적 기반은 페트로나스 트윈타 워에 있다고 봐도 되나.

맞다. 페트로나스가 없었다면 부르즈 칼리파도 없었다. 사업이 끝나니 수천 페이지에 달하는 책이 수백 권 나왔다. 공정별로 시공 방법을 모두 내부 데이터베이스에 저장하고 코드별로 관리하며 다음 공사 때 뒤져보고 보강하는 거다. 건설은 절대적인 경험사업이다. 지금 러시아, 싱가포르에서 초고층 건물을 짓고 있는데 거기 나가 있는 사람들이 다 페트로 나스 1세대들이다. 이 인력들이 2세대와 3세대로 이어지는 거다.

Q. 페트로나스와 부르즈 칼리파의 현장소장을 역임했는데, 두 건물의 시공 과정에서 어느 게 더 어려웠나.

400m와 800m니까 어려운 건 비교할 수 없는 거다. 그런데 개인적으로는 페트로나스가 더 어

려웠다. 그때는 매뉴얼이 전혀 없었으니까. 우리는 페트로나스를 하면서 기술 특화의 중요성을 깨달았다. 사업 과정에서 모든 것을 우리 경험으로 축적하다 보니 부르즈 칼리파 때는 정말 한 치의 오차도 없이 시공했다. 나중에는 빌베이커라는 구조 책임자가 자신의 구조계산을 그대로 실현시켜줘 고맙다고 인사할 정도였다. 밑에서부터 꼭대기까지 수직도가 25mm 안으로 들어올 정도로 오차 없이 시공했으니까.

Q. 최초 초고층 시공인데 일본 건설사와 경쟁이 붙어 부담스러웠겠다.

직원들이 고생 많이 했다. 매일 야간작업하고, 정말 공부 많이 했다. '현장을 사랑하는 모임'이라는 '현사모'를 만들어 공사 끝나는 오후 10시쯤 모여 작업 과정 이야기를 나누고 고민하고 검토했다. 우리는 일요일도 나와서 작업했다. 해외 나가서 건설을 하면, 무슨 사명감을 갖고 나가는 것도 아닌데 일단 나가면 애국자가 된다. 우리나라 국민들은 유독 그런 자긍심이 강하다.

아무튼 일본 건설사를 이겨야 하니까 에피소드도 많았다. 콘크리트를 타설해야 하는데 감독관 승인이 없어 못 한다고 하면 일요일 밤 12시에 모든 술집을 뒤져 감독들 찾았다. 새벽 1시쯤 돼서 발견해 술 먹는 사람에게 도면을 보여주며 사인받은 경우도 있었다.(웃음) 감독관이 진짜 기가막혀 했지.

Q. 페트로나스 이후 비즈니스 모델이 바뀐 듯하다.

해외건설은 수익 면에서 항상 문제가 있다. 우리도 고민을 많이 했다. 국내 사업은 컴플라이언스 측면에서 문제가 많으니까, 그런 문제 되는 것은 안 하겠다는 것이 다. 그러고 나니 국내에서 적정 물량을 확보하기 어렵더라. 결국 해외에서 확보하는 수밖에 없었다. 그런데 몇십 년간 고생을 해보니 예전과 같은 방법으로는 (수익 남기기가) 어렵다는 결론이 나온 거다. 새로운 시장에서 우리가 어떻게 적정 이윤을 확보할 것인지 고민을 했다. 결국 비즈니스 모델을 바꿔야 했다. 단순 시공하는 것보다는 우리의 특화기술로 발주처에 매력적인 건설사로 거듭나는 거다. 우리는 그 파트를 초고층으로 삼은 거다. 이제 삼성은 발주처가 앞서 초청하는 건설사다. 해외 사업은 공개입찰보다는 수의계약을 선호한다.

Q. 초고층 부분에서 경쟁상대를 꼽자면.

각자 강점이 있지만, 글쎄(웃음) 이제 우리의 경쟁상대는 없다. 우리만큼 전천후로 초고층을 모두 꿰뚫는 회사는 없다.

인터뷰 = 박봉식 산업1부장 · 정리 = 최지희기자

대우건설 말레이시아 '텔레콤타워'

나라는 IMF, 회사는 파산… "절망 끝에서도 현장만은 지키자" 그 뚝심으로 재도약의 길 열었다

이사범 전 대우건설 상무는 쿠알라룸푸르 시내 전경을 뒤로하고 시공 막바지에 접어든 말레이시아 텔레콤 사옥에 올라 비장한 각오로 카메라를 응시하고 있다.

"여보, 빨리 와서 뉴스 좀 보세요."

1997년 12월24일 크리스마스를 하루 앞둔 아침. 이사범 소장의 아내가 다급히 그를 불렀다. 낮에는 현장감독, 밤에는 공기단축 연구로 수면시간이 3시간에 불과하던 이 소장이 겨우 잠자리를 털고 일어나 거실로 나온 참이었다. 그는 아내의 재촉에 졸린 눈을 비비며 TV 화면을 응시했다. 금발의 앵커가 심각하게 굳은 목소리로 '코리아'와 '크라이시스'란 단어를 반복하고 있었다. 내용인즉슨, 한국 정부가 IMF로부터 구제금융을 받는다는 얘기였다. 다시 말해 '국가부도'였다.

옆에서 함께 TV를 시청하던 아내가 이 소장의 손을 꼭 잡았다. 그녀의 얼굴에 잔뜩 수심이 어렸다.

"여보, 혹시 대우에도 문제가 생기는 거 아닐까요?"

"…"

이 소장은 선뜻 아니라고 답하지 못했다. 대우의 현금 유동성 문제는 이미 1996년 말부터 시작된 상황이었다.

김우중 대우그룹 회장이 쌍용자동차 인수전에 뛰어들며 건재를 과시하긴 했지만, 속으로는 골병이 든 상태인 것을 내부 관계자들은 대부분 알고 있었다. 그럼에도 대우맨들은 '대마불사'론을 믿고 있었다.

'그래도 재계 4위인데, 설마….' 이 소장은 놀란 아내를 진정시키고 여느 때처럼 아침을 먹은 후 현장으로 출근했다. 오늘은 한 달 전 타설한 콘크리트의 굳기를 확인하는 날이었다. 콘크리트 공정은 공기와 직결돼 사업 전체의 성패를 좌우했다. 콘크 리트 강도가 계산대로 나오지 않으면 한 달을 허송세월해야 하는데, 최악의 상황이 빚어졌다.

현장 사무실에 도착하자마자 콘크리트 담당 기사가 문을 두드렸다.

"들어와."

"저기 소장님…"

"표정이 왜 그래?"

담당 기사의 얼굴이 꼭 나라 잃은 표정이었다. 혹시 국가부도 소식에 현장 분위기가 침체된 걸까. 이 소장은 덜컥 걱정이 앞섰다. 그러나 웬걸.

"소장님, 콘크리트가 거푸집에 묻어납니다…. 다시 타설해야 할 것 같습니다."

뉴스로 전해 들은 한국의 국가부도 소식보다, 당장 현장의 타설 문제가 더 심각했다. 이 소장은 한달음에 현장으로 달려갔다. 상황은 보고 내용 그대로였다. 그는 즉시 현장직원들을 소집했다.

"지금 콘크리트에 문제가 생겼으니 일단 철근벽부터 먼저 올리도록 합시다."

나머지 기술진에는 싱가포르의 콘크리트 전문가를 섭외하도록 지시했다. 현장 점검을 마치고 다시 사무실로 돌아오니 본사에서 연락을 기다리고 있었다. 김우중 회장이 현장을 곧 방문하니 점검에 철저하라는 내용이었다. 며칠 후 회장이 손녀와 며느리를 대동해 시찰에 나섰다.

"소장님, 아무래도 분위기가 심상치 않은데요?"

현장직원 중 한 명이 이 소장에게 작은 목소리로 속삭였다. 이 소장은 그저 묵묵히 김 회장의 동선을 살폈다. 평소 같으면 이것저것 꼼꼼하게 묻고 지시를 내릴 김 회장이 그날 따라 유난히 말이 없었다. 조용히 시찰을 마친 회장은 직원들과 식사시간 동안에도 그저 침묵을 지킬 뿐이었다. 이사범 소장은 직감했다. 회사가 흔들리겠구나. 하지만 국가가 부도나고 회사가 망해도 현장 기술자는 현장을 지켜야 했다. 설령 하늘이 무너진들 그의 어깨 위에 놓인 책임의 무게가 달라지는 것은 아니었다. 무슨 일이 있어도 약속을 지키는 것, 그것은 맨주먹의 한국 건설을 여기까지 끌고 온 원동력이자 대우의 자존심이기도 했다. 이 소장은 홀로 조용히 한숨을 내쉬었다.

잇단 붕괴사고에 시작부터 고전

대우건설이 말레이시아 텔레콤타워 건설사업의 발주 정보를 접한 것은 1994년이었다. 대우는 유력한 현지 업체를 섭외해 컨소시엄을 구성하고 1994년 2월 사전 자격심사를 거쳐 입찰에 참여했다. 대우는 2위 업체보다 무려 900만달러나 적은 입찰금액을 써내 1위로 선정됐다. 그러나 계약은 속절없이 지연됐다. 말레이시아 시장에서 차관 제공 등의 자금력을 앞세우며 우위를 점한 일본 업체들의 텃세도 있었지만, 서울에서 마침 성수대교와 삼풍백화점 붕괴사고가 연이어 발생하며 한국 건설의 이미 지

그때 우리는 : **한국 경제 재도약 견인**

'붕괴 또 붕괴' 잇단 악재에도 공격적 해외수주로 돌파

1990년대 들어 동남아 지역 개발도상국들이 대규모 건설공사를 잇달아 발주하며 해외건설은 새로운 황금기를 맞았다. 하지만 행복은 오래가지 않았다. 1994년 10월21일 오전 7시30분 성수대교가 붕괴되는 사상 초유의 사고가 발생했다. 일본 NHK와 미국 CNN은 이번 사건이 건설강국인 한국의 명성에 먹칠을 했다고 앞다퉈 보도했다.

사고 후 한 달이 지나자 우려하던 사태가 피부에 와닿기 시작했다. 태국 석유공사가 발주한 유류저장기지 건설공사의 기술 심사에서 우리 기업 4개가 모두 탈락했고, 말레이시아 신국제공항 건설 입찰에서도 우리 기업이 최저가를 신청했는데 모두 낙방했다. 대신 한국의 붕괴 소식을 줄기차게 보도하던 일본이 우리 자리를 대신하기 시작했다. 엎친 데 덮친 격으로 1995년 4월 대구지하철 공사장 가스가 폭발하면서 219명의 사상자가 발생했고, 1995년 6월 삼풍백화점이 붕괴되면서 1445명의 사상자가 발생했다. 이는 연일 외신에 대서특필됐고 매시간 톱뉴스로 다뤄졌다. 한국 건설의 해외 신뢰도는 곤두박질쳤다.

이 가운데 국가 부도 위기가 현실화됐다. 1997년 12월24일 한국 정부는 IMF에 구제금융 신청 사실을 발표했다. 즉시 미국 무디스사 등 해외 평가기관들은 우리나라의 국가신용등급을 투자 부적격 등급으로 하향 조정했다. 차입금 비중이 다소 높았던 554개 국내 건설사를 포함해, 그룹사들이 줄줄이 파산하기 시작했다. 현대건설, 대우건설 등 대형업체 7개사는 자금난, 자재가격 급등, 동남아 시장 붕괴 등으로 인해 도산 위기에 직면했다. 아니나 다를까. 1998년 해외수주액은 전년 대비 70% 급감한 40억5531만달러를 기록하면서, 해외건설은 대단원의 막을 내리는 듯했다. 하지만 국가 존폐 위기가 무색하게도 1년이 지나자 해외건설은 불사조처럼 되살아났다. 한국 건설은 다시금 중동에서 돌파구를 찾았다. 결국 1999년 해외수주액이 91억8875만달러를 기록했다. 전년 대비 2배 이상의 실적을 낸 셈이었다. 한국건설은 30년 만에 다시 외화벌이에 나섰다. 그리고 건설은 그 기대를 저버리지 않았다. | 김현지기자 hyun@

가 추락한 탓이 컸다. 이 때문에 입찰심사를 담당한 컨설턴트 측은 일본의 니시마쓰 겐세쓰를 1위로 평가했다.

입찰에서 1위를 하고도 계약에서 탈락할 위기에 몰리자 대우는 강하게 발주처를 압박하는 전략을 구사했다. 정부 자금으로 추진되는 건설공사에서 최저가 입찰자가 계약에서 탈락할 경우 분란의 소지가 생길 것임을 주장하며 재무성에 재평가를 청원한 것이다. 그 결과, 재무성은 기술적으로 결정적인 문제가 없다면 대우 컨소시엄과 계약하는 것이 타당하다는 견해를 밝혔다. 대우는 발주처를 1개월 이상 설득해 간신히 계약에 성공했다.

1996년 4월 공사가 비로소 시작됐다. 입찰에서 착공까지 무려 2년이 걸린 셈이었다. 사업 곳곳에 지뢰밭이 도사리고 있었다. 말레이시아의 유명한 조각가 나텁 모히딘의 작품을 인용한 텔레콤타워는 말레이시아의 지속적인 성장을 기원하는 의미에서 죽순을 형상화해 설계된 점이 특징이었다. 이 때문에 외형은 3차원적 곡선 변화로 이뤄졌고, 층마다 평면이 달라져 공사 자체가 매우 까다로웠다. 해외 난공사로 잔뼈가 굵은 대우 기술진들조차 설계 도면을 받아들고는 혀를 내두를 정도였다.

아프리카 수단과 리비아 현장에 이어 말레이시아에 도착한 이사범 소장 역시 걱정이 앞섰다. 2년 전 서울역 앞의 24층짜리 연세빌딩을 세운 후, 처음 맡는 고층 건물이었다. 게다가 높이 310m의 초고층 건물을 30개월 안에 완공할 수 있을까.

현장에서 설계도면을 한 장씩 넘길 때마다 상황은 점입가경이었다. 건물은 흔히 해오던 철골 구조가 아닌 철근 콘크리트 구조로 고강도 콘크리트를 사용해야만 했다. 콘크리트가 굳는 데만 한달이 걸리는데, 2주에 3개층씩 올려야 공기를 맞출 수 있다는 계산이 나왔다.

이 소장은 설계도면을 뒤로하고 계약서를 찾았다. 계약서는 공기 지연 시 하루에 3000만원씩 배상해야 한다고 못박고 있었다. 눈앞이 깜깜해지는 순간이었다. 그날 이사범 소장은 현장의 전 직원들을 불러모았다.

"오늘부터 우리는 프로젝트팀을 꾸려 24시간 체제로 가동할 겁니다. 여기 계약서의 주요 내용을 요약한 사본이 있습니다. 늘 허리에 차고 다니며 계약사항을 주지하기 바랍니다. 이 공사는 준공 후 분명히 클레임이 발생합니다. 여러분의 작은 실수가 대우건설에 큰 상처를 남길수 있습니다. 우리 단합력이 어느 때보다 중요한 사업임을 잊지 마세요."

말레이시아 수도 쿠알라룸푸르에 위치한
'말레이시아 텔레콤 사옥'은
지하 4층~지상 77층, 높이 310m의 초고층 빌딩으로
1995년 7월 대우건설이 수주해 2001년 3월에 준공됐다.
말레이시아 유명 조각가인
나팁 모히딘의 작품을 인용해 죽순을 형상화했으며,
엄격한 품질관리가 필요한 철근 콘크리트로 시공돼
첨단기술까지 접목됐다.
이는 현재까지 말레이시아 건축물의 백미로 손꼽히고 있다.

파산, 그리고 공사대금

김우중 회장이 현장 시찰을 마친 지 몇 달 지나지 않아 청천벽력 같은 소식이 한국 본사로부터 날아들었다. 대우가 워크아웃을 신청한다는 내용이었다. 이후 12개 계열사 사장들이 모두 물러남과 동시에 계열사 간 대차관계를 모두 정리하고 대우그룹은 완전 해체의 길을 밟았다. 당연히 해외현장에 나가 있던 임직원과 그 가족들도 모두 한국으로 복귀했다. 그러나 현장소장은 한국으로 돌아갈 수 없었다.

직원들을 급히 한국으로 돌려보낸 뒤 홀로 사무실에 앉아 반쯤 진행된 현장상황을 조용히 응시하고 있는데, 갑자기 전화벨이 울렸다. 발주처였다.

"계약 내용에 따라 공사를 즉시 중단하십시오. 우리는 다른 시공사를 선정할 계획입니다. 대우 측은 계약내용 위반에 따른 손해배상금 지급 준비를 해야 할 겁니다."

이후 발주처로부터 공사대금 지급중지 통보가 날아들었다. 엎친 데 덮친 격으로 말레이시아 은행은 이행보증금 중단 사실을 알려왔다. 텅 빈 현장을 지키던 이 소장은 발주처의 협박과 자금압박을 홀로 견뎌야 했다. 밤에도 잠을 이룰 수 없었다. 파산한

대우그룹 본사에 기댈 수도 없는 상황인데, 하도급사들은 날마다 현장을 찾아와 대금 지급을 종용했다.

그날부터 이 소장은 아침에 눈만 뜨면 현장에 잠시 들른 뒤 말레이시아 텔레콤 회장실을 찾는 일과를 반복했다. 회장이라도 만나 매달릴 심산이었다. 학자 같은 성품 으로 남에게 아쉬운 소리 한번 해본 적 없는 그였지만, 상황이 그를 변하게 만들었다. 그러나 매일같이 방문해도 회장실 문은 열리지 않았다. 오히려 건물 현관에서부터 문전박대를 당했다.

그때 이를 딱하게 여긴 한 말레이시아 지인이 그에게 한 가지 팁을 알려줬다. 아내를 데리고 가라는 것이었다. 말레이시아 관행상 부부 동반 시에는 너그러워진다는 조언이었다. 그래도 그렇지. 어떻게 아내에게 험한 꼴을 보이나. 며칠 끙끙 앓던 이 소장은 결국 뜬 눈으로 밤을 새운 후 아내에게 정장을 차려입으라고 주문했다.

"네? 갑자기 무슨 소리예요?"

아내는 영문도 모르고 옷을 차려입었다. 이사범 소장은 입술을 질끈 깨물었다. '세상에 내가 이런 짓을 하게 될 줄은 꿈에도 생각지 못했는데.' 그러나 어떻게든 현장을 살려야 했다.

아내와 함께 회장실을 찾자, 드디어 그 철의 문이 열렸다. 그는 거의 엎드려 절하다시피 회장에게 매달렸다. 아내가 지켜보고 있다는 것은 중요하지 않았다.

"회장님, 우리는 선수금 없이 두 달 먼저 공사에 착수했습니다. 텔레콤은 두 달간 저희에게 지급하지 않은 기성이 있지 않습니까. 조금만 기다려주십시오. 아무 문제없이 공사를 꼭 마치겠습니다."

묵묵히 그의 말을 경청하던 회장은 이 소장의 아내와 그를 번갈아 바라본 후 고개를 끄덕였다. 계약 타절이란 급한 불이 꺼졌고, 공사가 재개됐다. 이 소장은 현장에 있던 장비를 하나씩 팔아가면서 공사 대금을 마련했다. 하루살이 건설현장이었다. 그속에서도 콘크리트와의 싸움은 지속됐고, 하도급 업체 들의 빚독촉도 여전했다. 현장의 컨설턴트들도 한몫 거들었다. 그들은 야속하리만큼 지나치게 대우를 감시했다. 다리가 무너지고, 백화점이 붕괴한 나라의 건설사는 믿을 수 없다는 거였다. 이 와중에 밤낮없는 시공으로 지역 주민들의 원성이 높아졌다. 이사범 소장은 직접 저녁 반상회마다 돌아다니며 주민들의 이해를 구했다. 대우건설 직원들의 사전에 '퇴근', '밤', '휴식'이란 단어는 없었다.

끝나도 끝난 것이 아니다

결국 30개월이던 공기는 사업중단을 반복하며 5년이 지나서야 그 끝을 드러냈다. 이 소장은 발주처의 지나친 설계변경과 변심으로 대우건설이 입은 손실을 클레임을 통해 만회해야 한다고 본사 측에 건의했다.

본사는 이를 받아들였다. ENR지에 변호사 선임 공고를 내걸었다. 이후 영국 출신의 클레임 전문 변호사를 고용했다. 이 소장은 공사 5년 동안 철두철미하게 수집하고 기록한 자료를 변호사에게 모두 넘겼다.

"이렇게 완벽하게 자료를 제공하는 건설사는 대우가 처음입니다."

변호사가 혀를 내둘렀다. 그가 제공하는 자료에는 발주처의 각종 구두 지시 사항과 그 가운데 오간 문서, 쪽지 등이 하나도 빠짐없이 들어 있었다. 이는 발주처도 예상치 못한 상황이었다. 발주처는 공기 지연에 대한 책임을 인정할 수밖에 없었다. 그리고 2001년 3월 준공일이 다가왔다. 준공식이 열리는 날 폭죽이 터졌다. 모두 박수를 치며 기뻐하는 가운데 누군가 이 소장을 다급히 불렀다. 텔레콤 회장의 비서였다.

"이 소장님, 저와 같이 가셔야겠습니다."

이 소장은 당황한 가운데 비서를 따라갔다. 준공 건물에 문제가 생긴 걸까. 불안감이 앞섰다. 그러나 도착한 곳은 텔레콤 회장실이었다. 아내를 앞세워서야 비로소 열린 회장실 문이 그날은 아무 조건 없이 활짝 열렸다. 회장은 이 소장을 보더니 조용히 미소지었다. 그리고는 수표 한 장이 들어 있는 봉투를 내밀었다.

"이 소장, 수고 많았소."

봉투 안에는 9000만링겔이 들어 있었다. 당시 한화로 300억원에 달하는 금액이었다. 극심한 자금난에 시달리던 대우건설에는 가뭄의 단비와 같은 금액이었다. 현장으로 돌아온 이사범 소장은 직원들에게 이 소식을 전했다. 직원들 눈시울이 순식간에 붉어졌다. 새까맣게 그을린 얼굴들 위로 눈물이 흘러내렸다.

이사범 소장 역시 목구멍으로 뭔가 뜨거운 것이 올라오는 것을 느꼈다. 그러나 이를 도저히 내뱉을 수가 없었다. 그저 떠오르는 것은 아내의 얼굴뿐이었다. 이사범 소장은 그 기쁜 날 홀로 미안함에 고개를 떨궜다. 아내에게 미안하고 미안할 뿐이었다. 그는 다시 홀로 조용히 한숨을 내쉬었다.

| 최지희기자 · 김현지기자 jh606@

인터뷰
interview

이사범 前 텔레콤타워 현장소장(前 국민대 건축과 교수)

"젊을 때 무조건 해외로 나가는 게 좋아… 건설 인생의 큰 자산 얻어 올 겁니다"

Q. 굉장히 어려운 사업이었다.

공사기간이 30개월이었는데 5년이 걸렸으니…. 사업의 시작과 끝을 지켰는데 발을 디디는 순간부터 압박이 심했다. 게다가 선수금은 없고, 월기성에 지체보상금은 하루에 10만링겔이었다. 우리 돈으로 3000만원 정도다.

불리한 조건도 많았지만, 사업금액 역시 당시 기준으로 낮은 편에 속했다. 우리나라 건설사들이 그때 해외에서 저가 입찰을 한 이유는 성수대교가 붕괴했기 때문이다. 1994년 성수대교, 1995년 삼풍백화점이 무너진 상황에서 한국 건설의 국제신뢰도가 추락했으니 최저가를 불러야 경쟁할 수 있는 상황이었다.

게다가 말레이시아는 전통적으로 일본 텃밭이니 우리로서는 어쩔 수 없었던 거다. 그럼에도 초고층 건축물 실적은 건설사가 한 단계 성장하는 데 꼭 필요했으니 대우건설로서는 절박한 심정으로 수주한 사업이었다.

Q. 공사 진행 중에 대우그룹이 무너졌다.

대우가 파산해버리니 외국 은행에서는 보증이행을 해줄 수가 없다고 하더라. 이 상황에서 한국이 IMF 금융관리체제 중이니 국내 은행으로부터도 금융지원이 불가능했다. 당시 IMF 때문에 우리나라 건설사 모두가 해외 수주에서 고전했다. 보증이 안 되니 입찰참여가 불가능한 거다. 이 상황에 대우가 부도나고, 발주처는 기성 공사대금 지불을 거부하고, 여기에 계약 중지까지 검토하니…. 그때 일은 다시 생각하고 싶지 않다.

본사에서 어떻게 할 수도 없는 상황인데 매일같이 하도급 업체들이 찾아와 난리를 쳤다. 결국 장비를 조금씩 팔기 시작했다. 눈물겨웠다. 그래도 현장을 돌려야 하니까. 여기에 공기 걱정까지 해야 했다. 밤에는 돌아와 콘크리트 강도 문제로 고민을 많이 했다.

밤 12시에 집에 오면 일찍 오는 거였는데 새벽 2~3시까지 잠을 못 잤다. 그래서 아내가 옆에서 책을 읽어줬다. 두 시간 정도 <삼국지> 등을 읽어줬지. 지금 돌이켜보면 직원들에게 고마울 뿐이다. 대우는 인력에 투자를 참 많이 하는 기업이었는데, 그때 젊은 현장 직원들이 24시간 헌신적으로 일했다. 텔레콤 타워 준공은 대우맨이 아니면 불가능했다.

Q. 젊은 건설인들에게 남기고 싶은 말이 있다면.

한국은 연공서열이 심해서 기술자들이 자기 역량을 발휘하기 어렵다. 젊을 때는 무조건 해외 나가서 자기 역량을 시험해봐야 성장할 수 있다. 해외 나가서 입찰부터 시공, 계약 내용 챙기는 것까지 일괄적으로 옆에서 보고 배워야 한다.

예로 유리는 일본과 인도네시아, 중국 제품의 사양을 머리에 넣어놓고 어떻게 조달할 것인가 이런 것들을 선배들 흉내내며 익히는 거거든. 영화 '국제시장' 보면서도 느낀 건데… '지금 우리 젊은 건설인들은 도전의식이 좀 떨어지는 것 아니냐'는 생각이 들었다. 건설은 안주하면 안 되는 산업이거든. 강조하고 싶은 것은 젊을 때 무조건 해외로 나가라는 거다.(웃음) 그래서 자신을 시험해야 한다. 덧붙이자면 대우건설은 최대 난공사로 꼽혔던 현장을 모두 경험한 우수한 인재와 기술력을 확보한 회사다. 대우건설에 26년간 몸담은 사람으로서 우리 후배들이 과거의 명성을 완전히 회복해주길 기대한다.

진행=박봉식 산업1부장 정리=김현지기자 · 사진=안윤수기자 ays77@

한화건설 이라크 비스마야 신도시 개발사업

"폐허가 된 사막의 땅, 재건하라"
다시 전쟁터에 선 韓國建設…
맨주먹으로 오지 누빈 50년
신화 이을 '새 역사' 시작하다

2012년 5월30일 오전 11시30분, 바그다드에 위치한 이라크 총리 공관에서 우리나라 해외건설 역사상 최대 규모의 프로젝트 수주가 성사됐다. 한화그룹 김승연 회장과 누리 카밀 알-말리키 이라크 총리가 참석한 가운데 한화건설 김현중 부회장과 이라크 국가투자위원회(NIC)의 사미 알-아라지 의장이 80억달러 규모의 이라크 비스마야 신도시 건설공사 본계약을 체결했다. 사업성 검토를 마친 지 2년, MOA(Memorandum of Agreement · 합의각서) 체결로부터 1년이 경과한 시점이었다.

해외건설협회는 이날 본계약 체결로 우리나라 해외건설 누적수주가 5000억달러를 돌파했다고 발표했다. 한화건설이 우리나라 해외건설 47년 역사에 방점을 찍는 순간이었다. 서명식 후 한화와 이라크 측 인사들은 바로 헬기를 타고 비스마야 신도시 건설현장으로 이동했다. 아무것도 없는 사막 한가운데에 착공식을 위한 임시 텐트가 설치돼 있었다. 선풍기가 커다란 소음을 내며 열심히 돌아갔지만, 한낮의 끓어오르는 열기를 식히기엔 역부족이었다. 모두 연신 흘러내리는 땀을 닦아내기 바빴다.

말리키 총리의 긴 축사에 이어 김승연 회장이 단상에 올랐다. 김 회장은 '의리'를 강조했다. 이라크인들이 한국에 동병상련 비슷한 감정을 느낀다는 점을 의식한 것이었다.

"나는 이 사업을 이라크와 한국의 공동 운명적 사업이라고 생각합니다. 최선을 다해 이 사업을 반드시 성공시키겠습니다."

김 회장의 축사가 끝나자 이라크 정부 측 관계자들이 깊은 미소를 지었다. 이라크의 지난 30년은 '파괴'의 역사였지만, 앞으로 30년은 건설의 역사가 될 것이다. 그리고 이 자리에 누구보다 파괴의 상처를 잘 아는 한국 건설이 치료자 역할을 맡았다.

50년 전 외화벌이를 위해 베트남 전쟁터에서 다리를 놓던 한국 건설은 다시 한 번 선진국 건설사들이 모두 꺼리는 전쟁터 한가운데에 섰다. 이 사업은 지난 50년간 해외에서 한국 건설의 역사를 써온 모든 '아버지'들이 넘긴 바통이다. 한국 건설의 새로운 반세기는 이렇게 시작됐다.

제2의 중동 붐, 다시 우리가 견인한다

2003년 3월20일 새벽 5시34분께 미군은 이라크 주변 페르시아만과 홍해, 지중해에 배치된 군함 6척을 동원해 모두 40여 기의 토마호크 크루즈 미사일을 바그다드 동남부를 겨냥해 발사했다. 미군의 이라크 공격 작전명은 '이라크 자유작전(Operation Iraqi Freedom)'이었다. 이라크 국민을 사담 후세인에게서 해방시켜 자유를 되찾게 해준다는 취지였다. 미군은 압도적인 화력을 집중해 이라크군의 전쟁의지를 순식간에 무력화시켰다.

한 달 여에 걸친 공격으로 후세인 정권이 붕괴하고 미국과 영국의 점령군이 이라크에 들어섰으며, 후세인은 체포됐다. 그러나 미군은 철수하지 못했다. 반복되는 테러로 희생자는 끊임없이 누적됐다. 미군이 완전히 철수하기까지 9년이 걸렸다.

이라크에서 서서히 전쟁의 그림자가 옅어지고 있을 즈음, 이 땅을 주목하는 사람이 있었다. 김승연 한화그룹 회장이었다. 김 회장은 1970년대 태평양건설에서 해외 담당 임원과 사장을 지낸 건설맨이었다.

"분명 대규모 전후 복구사업이 잇따를 겁니다. 잘만 하면 제2의 중동 붐도 가능해요. 철저히 준비해봐요."

김 회장은 2009년 김현중 부회장에게 이라크 재건사업 수주 준비를 주문했다. 1950년생인 김 부회장 역시 1981~1984년 리비아에서 일한 중동 건설맨이었다. 아니나 다를까. 김 회장의 예측은 정확히 들어맞았다. 2010년 2월 최경환 지식경제부 장관이 이라크 시장을 시찰할 민관 경협사절단을 구성한다는 소식이 전해졌다. 김승연 회장은 김현중 부회장에게 직접 사절단 일원으로 참여해 전후 복구사업의 가능성을 타진해보라고 주문했다.

두바이를 경유해 바그다드 공항에 내린 김현중 부회장은 혀를 내둘렀다. 공항은 1980년대에 머물러 있었다. 아랍에미리트, 카타르가 부를 늘려갈 때 이라크는 전쟁으로 바빴으니 어쩔 수 없었겠지만, 상황은 예상보다 심각했다. 특히 2003년 이라

2012년 5월 30일
김승연 한화 회장이
이라크 비스마야 신도시 건설공사 계약체결 후
말리키 총리와 악수하고 있다.

크 전쟁과 내전이 남긴 상처가 유독 선명했다. 2009년만 해도 한 해 테러 희생자가 4500명에 달할 때였다. 지난달에는 바그다드 유명 호텔 3곳이 연쇄폭탄테러를 당하며 37명이 사망하고 100명이 중상을 입었다.

'이 상황에서 이라크 정부가 재건사업을 추진할 수 있을까?' 김현중 부회장은 경호업체가 제공한 방탄차량을 타고 도로 일부 구간에 로켓포 공격에 대비하기 위한 방호벽인 티월(T-wall · T자 모양의 강화 콘크리트)을 바라봤다. 티월에는 포탄 자국이 역력했다. 그러나 김현중 부회장은 이 폐허 속에서 동시에 가능성을 엿봤다. 오랜 전쟁으로 주택과 전기 등기본 인프라가 완전히 파괴된 이라크는 건설인의 피를 끓게 했다.

'그래, 답은 대규모 신도시 건설사업이다.' 경협 사절단이 다녀간 지 1개월이 흐른 후 이라크 국가투자위원회가 전후복구사업의 일환으로 바그다드 외 15개 지역에 100만 가구 국민주택을 건설하는 '국가 주택 프로그램'을 발표했다. 그 첫 번째 사업이 바로 바그다드 인근 비스마야 지역에 국민주택 10만 가구를 건설하는 '비스마야 뉴시티 프로젝트'였다.

희소식이었지만 망설임이 앞섰다. 이라크라는 지역적 위험요인도 있지만 두바이, 카자흐스탄 등의 해외 주택사업은 국내 건설사들의 무덤이었다. 사업을 수주해도 현지 건설사에 하도급을 줘야 하기 때문에 외국 건설사가 이익을 남기는 것은 거의 불가능했다. 믿지지 않으면 다행이었다. 역시나 세계 선진국 130여 개 건설사가 비스마야 뉴시티 프로젝트에 부정적 의사를 피력하며 사업 참여를 포기했다. 하지만 김승연 회장의 진출 의지는 단호했다.

"한화건설이 수의계약으로 사업 주도권만 쥔다면 승산이 있을 겁니다. 모두가 망설일 때 우리가 나서지 않으면 기회의 땅이 어떻게 열리겠습니까?"

전쟁의 땅에서 '수주戰'을 펼치다

한화건설의 수주전이 시작됐다. 전쟁의 땅에서 펼치는 수주전은 갖가지 전술을 필요로 했다. 다각적인 채널을 총동원해 이라크 국가투자위원회와 접촉하며 정보를 모았다.

2011년 2월, 드디어 이라크 투자위원회에 한화건설의 사업제안서를 제출할 기회가 찾아왔다. 그러나 투자위원회 측의 반응은 냉담했다.

"삼성, 현대는 알지만 당신들은 누군지 모르겠소."

아직 글로벌 인지도가 낮은 한화건설의 시공 능력을 의심한 것이다. 김현중 부회장은 애가 탔다. 이 사실을 김승연 회장에게 보고했다.

"아무래도 우리 기업의 글로벌 브랜드가 약하다보니, 발주처에서 시공 능력을 의심합니다."

"그럼, 직접 보여줘요. 우리 능력을 보여주란 말이오."

한화건설은 이라크 관리가 한국을 방문할 때마다 헬기를 태워 인천 남구 고잔동 일대에 238만㎡ 규모로 조성 중인 '한화 에코메트로'를 보여줬다.

이라크 관리들은 엄지를 치켜세웠다. 하지만 문제는 계속됐다. 여러 업체가 이라크 내에 신도시를 건설하겠다는 제안서를 제출했지만 제한된 예산을 맞추지 못해 흐지부지되는 것이 일반적인 상황이었다. 투자위원회 측은 한화건설도 마찬가지 수순을 밟을 것으로 예상하는 기색이 역력했다. 그러나 1970년대 건설맨인 김 회장과 1980년대 중동 건설맨인 김 부회장은 저돌적으로 부딪쳤다.

선진국 건설회사는 겁이 많아 이라크에 들어오지도 못하고 있었다. 그들은 헝그리 정신이 없었다. 하지만 한국 건설의 헝그리 정신을 현장에서 몸소 배운 한국 건설맨들은 여기에서 진출 가능성을 읽었다. 이라크는 오랜 전쟁 탓에 현지 업체가 전멸한 상황이었다. 다시 말해 현지 업체에 무리하게 하도급을 줄 필요가 없다는 뜻이었다.

선진국 회사, 심지어 일본 건설사들까지 이라크를 '레드오션'으로 봤지만, 한화에는 이 시장이 '블루오션'으로 보였다. 김승연 회장은 이라크 정부와 수의계약을 맺어 추진 하면 이 사업은 '남는 장사'가 될 것임을 직감했다.

대신 한화건설은 단순히 주택을 지어 인도하는 방식을 탈피했다. 주택건설을 신도시 개발사업으로 탈바꿈시킨 셈이다. 사업제안서 제출일, 김현중 부회장은 도로와 상하수도, 발전소, 조경 등 도시 인프라 구축을 모두 포함하는 안을 발주처 테이블에 올려놓았다. 그리고 열정적으로 이 사업의 성공 가능성을 설명했다. 그 순간 발주처 관

그때 우리는 : 글로벌 금융위기 속 경제 휘청

외화벌이 든든한 버팀목 '건설' 자동차 수출액의 **4배** 넘게 벌어

2000년 정보기술(IT) 버블 붕괴, 2008년 세계 금융위기 등 2000년대에 들어서자 전 세계는 허황된 꿈을 좇다 좌절하는 사이클을 여러 번 반복했다. 1997년 IMF 외환위기 여파에 허덕이던 한국 경제는 불안정한 세계 거시경제 변수에 또다시 좌절했지만, 해외건설은 위기의 순간마다 외환보유고의 구원투수로 등장했다.

새로운 밀레니엄이 열리고 세계 주식투자자들은 IT에 광적으로 투자하기 시작했다. 얼마 지나지 않아 IT 주식 버블은 순식간에 꺼졌고, 2000년 3월 2925를 찍던 코스닥지수는 당해연도 12월 516으로 추락했다. 한국 경제가 깊은 수렁에 빠지는 듯했으나 뒤에는 든든한 한국 건설이 있었다. 2000년도 해외건설 수주액은 자동차 수출액 152억달러의 4배에 달하는 563억달러였다. 당시 외환보유액은 약 96억달러밖에 안 됐기 때문에 엄청난 수출금액이었다.

해외건설의 진가는 2007년 시작된 세계 금융위기에서 명확히 느러났다.

2007년 미국의 서브프라임 모기지 대출사의 파산신청과 더불어 2008년 9월 투자 은행(IB) 리먼 브러더스의 파산으로 전 세계는 경제위기 악몽에 빠졌다. 한국은 주가 폭락, 환율 폭등, 금리 상승으로 인한 부채 부담 증가 등 총체적 난국에 빠졌고, 2007년 2617억달러에 달하던 외환보유액은 2008년에 613억달러가 사라진 2004억달러로 내려앉았다.

이 같은 혼란 속에서도 해외건설은 꾸준한 외화벌이로 든든한 버팀목이 됐다.

2007년 해외건설 수주액은 398억달러였지만 한국 경제가 본격적으로 어려워진 2008년에는 476억달러로 외환보유고를 늘려나갔다. 이 추세는 계속 이어져 2009년 12월 처음으로 아랍에미리트(UAE)에 47조원에 달하는 원전사업을 수출했고, 2010년 수주액은 716억달러로 정점을 찍었다. 현재 일본과 마찬가지로 한국 경제가 디플레이션에 빠지는 게 아니냐는 우려의 목소리도 나오고 있지만, 해외 건설은 잠정 누적 수주액 7000억달러를 돌파하면서 잠자는 한국경제를 깨우는 효자 노릇을 톡톡히 하고 있다.

| 김현지기자 hyun@

계자들의 눈빛이 변했다.

2011년 4월, 한국 정부의 공식 초청으로 알-말리키 이라크 총리가 방한했다. 한화건설은 총리의 빡빡한 일정에서 틈새 시간을 마련해 신도시 프로젝트에 관한 브리핑 기회를 마련했다. 김현중 부회장이 직접 브리핑을 맡았다.

"단독 면담 시간은 단 10분입니다. 10분을 절대 넘기지 않도록 주의하십시오."

"알겠습니다."

김현중 부회장과 한화건설팀은 만반의 준비를 갖추고 알-말리키 총리 앞에 섰다. 그리고 설계부터 시공, 건자재 확보 방안, 자금 조달 등에 대한 세부방안을 빈틈없이 설명하기 시작했다. 약간 굳은 얼굴로 브리핑을 듣던 총리의 얼굴에 점점 웃음이 피어났다. 총리는 30분이 지나도록 발표를 막지 않았다. 브리핑이 끝나고 둘은 악수를 나눴다. 김현중 부회장과 한화건설팀은 브리핑 장소를 떠났다.

"김 부회장님, 감이 괜찮죠?"

"음…."

당초 10분의 브리핑 시간이 30분으로 연장된 것은 좋은 소식이었지만, 섣부른 낙관은 금물이었다. 방심은 늘 일을 그르친다는 것을 김 부회장은 오랜 현장 경험으로 알고 있었다. 그러나 돌아선 김 부회장은 보지 못했다. 알-말리키 총리는 수행원들에게 웃으며 지시했다.

"한화건설에 사업을 맡겨보자고. 저 친구들 잘할 것 같아."

그해 5월25일, 한화건설은 이라크 국가투자위원회와 비스마야 신도시 건설공사에 관한 MOA를 체결했다. 김 부회장은 이라크에서 전화를 걸어, 김승연 회장에게 현지 상황을 보고했다. 두 시간 넘게 통화가 이어져 휴대전화 배터리가 떨어질 즈음 김 회장이 굵직한 목소리로 말했다.

"김 부회장, 당신은 영웅이야!"

코앞에서 포탄이 떨어지다

그러나 진짜 승부는 MOA 체결 이후 시작됐다. 이라크 정부는 까다롭게 굴었다. MOA는 구속력이 없다. 제3국 건설업체들도 본계약 체결에 훼방을 놨다. 한화그룹은 100명이 넘는 인원으로 이라크 수주팀을 짰다. 한화그룹 역사상 최대 규모 TF팀이었다. 김승연 회장은 "흔들리지 말고 나가라"면서 TF팀에 힘을 실어줬다. 이례적으로 김 회장이 프로젝트의 세세한 부분까지 직접 챙기며 관련 회의를 주관했다. 해당 프로젝트의 규모가 크기도 했지만, 이 사업은 대한민국의 위상을 결정하는 중대한 사업이기 때문이었다.

"이거 잘못하면, 우리가 한국 이미지를 망가뜨리는 거야. 단순히 한화만 망가지고 끝나는 게 아니라고."

김승연 회장은 이 사업이 안겨줄 국가적 이익과 상징성에 부담감을 느꼈다. 이 때문에 계약 체결의 세부내용까지 회장이 직접 살폈다. 계약 한번 잘못 맺어서 사업 중간에 잡음이 생기면 한화는 물론이고 국제시장에서 나라 이미지가 망가지는 것은 순식간이었다. 본계약 체결까지 김현중 부회장 및 실무진이 20차례에 걸쳐 이라크를 방문해 계약조건 변경과 협의를 진행했다. 한번 이라크에 들어가면 통상 일주일을 체류했으니 여행금지 국가인 이라크에서 6개월을 산 셈이었다. 그 정도로 본계약 체결까지의 과정이 험난했다.

이라크 국가투자위원회는 기본계약서로 국제계약에 널리 쓰이는 FIDIC 대신 이라크 정부가 수정한 고유의 계약서를 쓰자고 고집을 부렸다. 해당 계약서를 받아든 한화건설은 당황했다.

"기성지급이 늦어지거나 지급되지 않아도 시공사가 공사를 중단할 수 없게 우리를 묶어놨습니다."

"그게 상식적으로 말이 돼?"

"이것뿐만이 아니에요. 계약서 곳곳이 지뢰밭입니다."

"…."

김승연 회장은 TF팀에 특명을 내렸다. 이런 조건을 받아들이고 공사하다간 까딱 회사가 무너질 수 있었다. 어떻게든 발주처가 FIDIC 계약서를 채택하도록 해야 했다. 계약서를 변경하는 데만 3개월이 걸렸다. 그동안 국내외에서는 루머가 퍼졌다. 한화가 결국 계약 체결에 실패하리라는 예측이 난무했다.

"흔들리지 마. 귀를 막으라고."

김승연 회장은 TF팀을 독려했다. 시간이 걸려도 제대로 계약을 맺으라는 뜻이었다. 계약 문제 때문에 김현중 부회장은 이라크에서 사실상 살다시피 했다. 그러던 2011년 10월 어느 날이었다. 김 부회장은 오전 8시부터 이튿날 새벽까지 이라크 국가투자위원회(NIC) 관료들과 마라톤협상을 마친 후 지칠 대로 지친 몸으로 침대에 누웠다. 그런데 현지인의 다급한 목소리가 들려왔다.

"미스터 김, 미스터 김, 괜찮아요?"

박격포 포탄이 한화건설 캠프 앞에 떨어진 것이다.

다른 이들은 포격 소리에 놀라 방공호로 대피했는데 김 부회장만 방공호로 대피하지 못했다. 잠에 곯아떨어져 포탄 터지는 소리조차 듣지 못한 거다.

"미스터 김, 운이 좋은 줄 알아요. 보통 박격포 세발을 쏘는데 오늘은 특이하게 한 발밖에 쏘지 않은 겁니다. 평소대로 쐈다면 미스터 김은 이 자리에 없을 거예요."

포격사건 이후 '미스터 김은 포탄도 두려워하지 않는 독종'이라는 소문이 발주처에 돌았다. 그러나 이후에도 협상은 지리하게 이어졌다. 특히 그해 12월, 프로젝트가 좌초될 위기에 처했다. 발주처 측에서 기성지급을 위한 시스템 미비 등을 이유로 대금지급을 연(年) 단위로 할 수밖에 없다는 청천벽력 같은 소식을 전해왔다. 한화 입장에서는 연 단위의 대금 지급을 받으면 자금 부담이 커 프로젝트를 진행시킬 수 없는 상황이었다. 이 사실을 전해 들은 김승연 회장은 승부수를 띄웠다.

"버리면, 오는 거야."

한화건설은 발주처 대표인 알-아라지 의장에게 단호하게 의사를 전하고 이라크에서 철수했다. 2~3주의 냉각기가 이어졌다. 겉으론 냉각기였지만, 한화는 이 시간을 효과적으로 이용했다. 현지 채널을 가동해 발주처의 지급조건을 앞당기는 노력을 했고, 동시에 회사가 자금 흐름에 영향을 받지 않는 수준이 어느 정도인지 검토하는 작업에 착수했다.

그 결과, 재협상이 시작되자 한화는 발주처의 조건 일부 수용이 가능했다. 결국 가장 중요한 이슈던 대금 지급조건이 완화돼 한화의 자금 흐름에 영향이 없는 수준까지 대금지급 기일이 짧아졌다. 이후 계약협상은 일사천리로 진행됐다.

2012년 3월 이라크 국가기술위원회가 한국을 방문했다. 설계 및 기술 관련 최종 협상을 위해서였다. 그리고 해당 내용은 그대로 5월15일 이라크 국무회의를 통과했다.

7전8기의 결과였다. 1965년 한국 건설이 처음 해외에 발을 디딘 지 거진 반세기가 흐른 시점이었다. 21세기를 맞이한 한국 건설의 '아들'들은 여전히 '아버지'의 정신을 잊지 않았고, 전쟁터 한가운데에서 승부수를 띄웠다. 아들은 아버지가 물려준 유산, '하면 된다'는 단 하나의 신조를 잊지 않았다.

| 최지희기자 jh606@

해외건설 50년 성과

삼성물산이 수주한
호주 시드니 웨스트 커넥스
(West Connex) 프로젝트의
1단계 1B구간 사업의 조감도

'불가능은 없다' 정신으로 7000억달러 고지 넘어서

"1960년대 초까지만 해도 건설업이 해외로 진출할 수 있다는 것은 감히 생각도 하지 못하던 때였다."
이재준 대림산업 회장은 베트남에서 처음 시공한 락지아 항만항타공사의 수주 일화를 회고하며 이렇게 말했다. 1965년 9월 540만달러의 공사를 따내며 시작된 해외건설은 올해 50년 만에 누적 수주액이 7000억달러(약 791조원)를 돌파했다. '감히 생각도 하지 못하던' 일이 50년 사이 '불가능은 없다'는 신화로 자리매김했다.

최초로 태국 고속도로 사업 진출 때만 해도 한국에는 시방서를 본 기술자가 없었다. 16개국 28개 경쟁업체를 제치고 따낸 사업이었는데, 선진국의 경쟁사보다 약 200만달러나 적은 금액에 입찰한 덕분에 간신히 수주할 수 있었다. 태국 고속도로 현장에는 서울대, 한양대, 연세대 등 국내 명문 공대생들이 모두 투입됐지만 해외 감리사들에게 갖은 욕을 먹어가며 공사를 수행해야 했다. 전압 장비조차 없어 쩔쩔매던 현대건설은 결국 약속한 공기보다 3개월가량 늦게 준공했고, 공사비도 300만달러나 초과되는 손실을 입었다.

그러나 정주영 회장은 이 사업을 가리켜 "손실보다 더 많은 것을 얻었다"고 두고두고 말했다. 태국 고속도로 사업은 '건설이란 이런 것이다'를 한국 건설에 가르쳐준 사업이기도 했지만, 적자 시공 속에서도 묵묵히 사업을 끝까지 완성하며 '한국 건설' 하면 '끈기'와 '인내'라는 단어가 떠오르는 연상작용의 발단을 만든 사업이기도 했다.

그렇게 50년이 지난 2015년 6월4일 삼성물산은 9억호주달러(6억9407만US달러)에 달하는 호주 도로건설 공사를 수주했다. 광복 70주년, 해외건설 50주년을 맞이한 뜻깊은 해에 삼성물산의 호주 도로건설 공사의 수주로 누적수주액은 7000억5593만달러를 기록했다.

누적수주액 6000억달러를 기록한 2013년 12월 이후 약 1년6개월 만에 이룬 쾌거다.

공교롭게도 한국 건설의 해외 시장 진출 반세기 역사는 처음과 끝이 모두 도로공사로 맺어졌다. 길은 어디로든 통한다고 했던가. 다시 시작된 한국 건설의 새로운 반세기가 쭉 뻗은 도로 위에 몸을 실었다. | 최지희기자

해외건설 시장개척 지원사업

국토교통부는 건설업계의 해외 신시장 진출을 활성화하고 시장다변화를 통한 수주확대를 실현하기 위해 2003년부터 "해외건설 시장개척 지원사업"을 실시하여 2016년까지 936개사에 373억원 859건의 해외사업을 지원하였다.

이를 통해 그동안 35개국에서 85건 52.4억불의 해외사업 수주에 성공하여 해외시장 진출의 마중물 역할을 하고 있다.

사업목적 :

- 해외건설시장 진출 활성화를 위해 리스크 부담이 큰 新시장 개척 시 투입되는 비용의 일부를 정부가 지원하여 적극적인 해외시장 개척을 유도하고 이를 통해 시장다변화 및 수주확대 실현

지원내용 :

- 사업기간 내 소요되는 수수교섭 또는 타당성조사 비용
  - 수주교섭 : 국외활동, 발주처 초청 비용 등
  - 타당성조사 : 국외활동, 발주처 초청, 현지조사 및 외주 비용 등

지원금액 및 비율(보조금 비율) :

- 지원금액 : 각 개별사업 최대 2억원 이내 (타당성조사는 3억원 이내)
- 지원비율 : 총 사업소요비용 대비 중소 70%, 중견 50%, 대 · 공기업 30%

신청가능 국가(참고자료 대상국가 참조) :

- 미진출 국가 및 최근 5년간 수주실적이 4억불 미만인 국가
- 토목, 건축, 용역분야의 최근 5년간 수주실적이 각각 2억불 미만이거나 10건 미만인 국가
- 플랜트 분야의 최근 5년간 수주실적이 5억불 미만이거나 10건 미만인 국가
- 토목 분야 중 도로, 상수도, 하수도, 댐, 항만, 공항, 운동장, 조경, 철도공사, 단지조성, 그 밖의 토목 세부공종별 최근 5년간 수주실적이 각각 1억불 미만이거나 5건 미만인 국가
- 그 밖에 국토교통부장관이 전략적 참여가 필요하다고 인정하는 국가

신청자격 :

- 「해외건설 촉진법」에 따른 해외공사
- 「해외건설 촉진법」에 따른 해외건설업 신고를 마친 기업
- 대기업 및 공기업이 중소 · 중견기업과 공동 신청한 경우
- 대기업 및 공기업이 미주, 유럽, 사하라 이남 아프리카 지역에 진출하는 경우 단독 신청 가능
- 직전년도 지원사업이 있는 기업인 경우에는 해당 지원사업의 예산 집행률이 60% 이상인 기업
- (신청제외) 국내기업 하도급, 타기관의 다른 지원사업과 중복

지원업체 선정 절차 :

신청서류 :

- 신청서
- 사업계획서(제안서)
- 사업자등록증 또는 법인등록증
- 최근년도 대차대조표 및 손익계산서
- 국세 및 지방세 완납증명서
- 신청기업의 기업규모를 확인할 수 있는 확인서
- 중소기업 : 중소기업 확인서 또는 중소기업 등 기준 검토표 등
- 중견기업 : 중견기업 확인서

해외건설

도전이라 묻고 성공이라 답하다

인 쇄 일 2017. 12. 15
발 행 일 2017. 12. 20
기 획 해외건설협회
발 행 처 **건설경제**
소 재 지 서울 강남구 언주로 711, 12층(논현동, 건설회관)
전 화 02)515-7320
홈 페 이 지 www.cnews.co.kr
디자인 · 제작 ㈜비컴

ISBN 979-11-88761-06-7 | **정가** 20,000원